动物营养学

⦿ 邓凯东　张民扬　主编

DONGWU YINGYANGXUE

中国农业科学技术出版社

内 容 简 介

本书主要论述了动物的碳水化合物、蛋白质、脂类、能量、维生素和矿物质等营养原理，概述了饲料营养价值的评定方法，系统地介绍了畜、禽等在不同生理状态时的营养需要量，并阐述了营养调控等方面的理论和技术。

本书可作为高等院校动物科学专业、动物营养专业、饲料加工专业、生物科学、生物工程以及相关专业的师生教材，也可作为畜牧兽医及饲料科技人员等的参考书。

图书在版编目（CIP）数据

动物营养学 / 邓凯东，张民扬主编 . -- 北京：中国农业科学技术出版社，2025.9. -- ISBN 978-7-5116-7544-6

Ⅰ . S816

中国国家版本馆 CIP 数据核字第 2025QP7494 号

责任编辑	陶　莲
责任校对	王　彦
责任印制	姜义伟　王思文

出 版 者	中国农业科学技术出版社
	北京市中关村南大街 12 号　邮编：100081
电　　话	（010）82109705（编辑室）　（010）82106624（发行部）
	（010）82109709（读者服务部）
网　　址	https://castp.caas.cn
经 销 者	各地新华书店
印 刷 者	北京建宏印刷有限公司
开　　本	185 mm×260 mm　1/16
印　　张	12
字　　数	277 千字
版　　次	2025 年 9 月第 1 版　2025 年 9 月第 1 次印刷
定　　价	80.00 元

版权所有·翻印必究

《动物营养学》编写人员

主　编　邓凯东　金陵科技学院
　　　　　张民扬　金陵科技学院
副主编　唐　倩　金陵科技学院
　　　　　边高瑞　金陵科技学院
　　　　　何晓芳　金陵科技学院
参　编（以姓氏笔画为序）
　　　　　朱红梅　南京可莱威生物科技有限公司
　　　　　汪成飞　江苏奥迈生物科技有限公司
　　　　　殷雨洋　浙江湖州市农业科技发展中心
　　　　　黄　强　安徽禾丰牧业有限公司

目　　录

第一章　绪　论 ... 1
　第一节　定义和地位 ... 1
　第二节　研究内容与作用 ... 2

第二章　动物与饲料的化学组成 ... 6
　第一节　相关概念与营养成分 ... 6
　第二节　饲料的基本营养功能 ... 7
　第三节　概略养分分析 ... 9
　第四节　范氏纤维分析方法 ... 11
　第五节　动植物体成分的差异 ... 14

第三章　动物对饲料的消化和吸收 ... 16
　第一节　采食量的概念及其意义 ... 16
　第二节　采食量的影响因素 ... 17
　第三节　单胃动物的消化方式 ... 20
　第四节　反刍动物的消化方式 ... 22
　第五节　营养物质的化学性消化 ... 24
　第六节　消化率的影响因素 ... 25

第四章　水 ... 28
　第一节　性质和生理作用 ... 28
　第二节　水平衡的调节 ... 30
　第三节　需水量及缺乏的后果 ... 34

第五章　蛋白质 ... 38
　第一节　氨基酸结构与肽键 ... 38
　第二节　生理作用 ... 42
　第三节　单胃动物的蛋白质消化与吸收 ... 45
　第四节　瘤胃微生物与瘤胃环境 ... 49
　第五节　反刍动物瘤胃内蛋白质代谢 ... 53

     第六节 反刍动物对非蛋白氮的利用 56
     第七节 反刍动物的蛋白质代谢特点 58
     第八节 反刍动物的饲料蛋白质评价 61
第六章 碳水化合物 65
     第一节 分类 65
     第二节 饲料中碳水化合物类型 67
     第三节 生理作用 70
     第四节 非淀粉多糖的抗营养作用 71
     第五节 单胃动物对碳水化合物的消化和利用 72
     第六节 反刍动物瘤胃内碳水化合物的消化 75
     第七节 瘤胃内 VFA 的吸收与利用 77
     第八节 瘤胃内碳水化合物代谢 78
第七章 脂 类 80
     第一节 分类与属性 81
     第二节 生理作用 87
     第三节 单胃动物的脂类消化和吸收 90
     第四节 反刍动物瘤胃内的脂类代谢 96
第八章 能量代谢 98
     第一节 能量来源和生理作用 98
     第二节 饲料能量在动物体内的转化 100
     第三节 能量体系 103
     第四节 能量利用效率 104
第九章 矿物质 107
     第一节 分类 107
     第二节 常量元素 107
     第三节 微量元素 116
第十章 维生素 127
     第一节 脂溶性维生素 127
     第二节 水溶性维生素 132
     第三节 综合应用 137
第十一章 营养素之间的关系 139
     第一节 三种有机营养物质的转化关系 139
     第二节 其他有机营养物质的相互关系 144
     第三节 矿物质与维生素的关系 145

第十二章 动物营养学的研究方法 ... 147
第一节 化学成分 ... 147
第二节 消化试验 ... 150
第三节 代谢试验 ... 159
第四节 饲养试验 ... 160

第十三章 动物的营养需要 ... 165
第一节 营养需要 ... 165
第二节 维持的营养需要 ... 167
第三节 生长育肥的营养需要 ... 168
第四节 妊娠营养需要 ... 170
第五节 泌乳的营养需要 ... 172
第六节 产蛋的营养需要 ... 175

主要参考文献 ... 179

第一章 绪 论

第一节 定义和地位

一、定义

动物营养学是一门专注于动物食物中各种营养成分的来源、含量、消化、吸收、代谢、生理功能及饲料的配制和饲养技术的科学。动物营养学是畜牧学的一个重要分支，对于提高动物生产性能、保障动物健康、促进畜牧业可持续发展具有重要意义。动物营养学的研究不仅揭示了动物对营养物质的利用规律，而且为动物产品的高效生产、人类健康及生态环境保护提供了重要的理论依据。通过对动物营养需求的深入研究，可以更好地理解动物如何摄取、消化、吸收和利用食物中的营养物质，包括碳水化合物、脂类、蛋白质、维生素和矿物质等。

首先，了解动物对营养物质的利用规律有助于优化饲料配方和饲养管理，从而提高动物产品的生产效率。科学配制的饲料，可以确保动物获得充足的营养，满足其生长、发育和生产的需要。这不仅有助于提高动物的体重、产奶量、产蛋率等生产指标，还可以减少饲料的浪费，降低生产成本。

其次，动物营养学的研究对于人类健康具有重要意义。动物产品是人类饮食中重要的蛋白质来源，因此，动物的营养状况直接影响到人类食物的质量和安全性。例如，通过合理调整饲料中的营养成分，可以降低动物产品中的脂肪含量，减少饱和脂肪酸的摄入，从而有助于预防心血管疾病等慢性疾病。

最后，动物营养学的研究还有助于保护生态环境。动物的饲养活动对环境造成的影响日益引起人们的关注，如饲料资源的消耗、粪便排放造成的环境污染等。通过提高动物对营养物质的利用效率，可以减少饲料的消耗，降低粪便排放量，减轻对环境的压力。同时，合理的饲养管理还有助于减少兽药和抗生素的使用，降低对环境的污染。

总之，动物营养学的研究不仅有助于提高动物生产在植物—动物—人的食物链中对能量和物质的利用效率，而且对于促进动物产品的高效生产、保障人类健康及生态环境保护具有重要意义。动物营养学的研究成果广泛应用于畜牧业生产、饲料工业、动物健康、环境保护等领域，对于实现高效、健康、可持续的畜牧业生产具有重要意义。

二、地位

在本科生课程体系中,动物营养学被设定为核心专业课程。这是因为动物营养学直接关系到动物生产效率和产品质量,学生需要深入学习营养代谢等核心内容,为后续学习动物科学、兽医科学等相关专业的课程奠定坚实的基础。

动物营养学不仅是理论知识的传授,还包括试验和实践教学。通过试验室试验、实习和现场考察等实践活动,学生可以将理论知识与实际生产相结合,提高解决实际问题的能力。这对于培养具有实践能力和创新精神的应用型人才具有重要意义。

动物营养学与其他学科如生物化学、生理学、遗传学、生态学等有着密切的联系。通过学习动物营养学,学生可以更好地理解这些学科在动物生产中的应用,培养跨学科的思维能力和综合素质。

对于希望在畜牧业、饲料工业、研究机构或相关政府部门工作的学生来说,动物营养学的知识是必不可少的。这门课程可为他们未来的职业生涯打下坚实的基础,使他们能够在工作中科学合理地配制饲料,提高动物的生产性能,保障动物健康,促进畜牧业的可持续发展。

动物营养学的研究成果对于推动畜牧业的发展、提高饲料利用效率、减少环境污染等方面具有重要意义。通过学习动物营养学,学生可以培养科研兴趣和创新思维,为未来的科学研究和技术创新打下基础。此外,动物营养学的研究还可以为人类提供更安全、更健康的动物产品,提高人民的生活水平。

第二节 研究内容与作用

一、研究内容

(一)营养与代谢

代谢是指动物体内对摄入营养素的吸收、利用、储存和排泄过程,这些代谢过程受到遗传、环境、饲料成分和动物健康状况等多种因素的影响。营养与代谢是动物营养学中一个重要的研究领域,主要关注动物对营养成分的消化、吸收、转运、代谢等过程,以及营养物质在动物体内的生理功能。营养与代谢的研究成果对于指导饲料配制、饲养管理、疾病防治等实际生产具有重要意义。通过对动物营养与代谢的深入研究,可以为畜牧业生产提供科学依据,实现高效、健康、可持续的畜牧业发展。同时,营养与代谢的研究也有助于提高动物产品的质量和安全,满足人们对高品质动物产品的需求。

(二)营养需要量

动物营养需要量的确定是动物营养学的核心内容之一,其主要目的是保障动物健康、提高生产性能和繁殖能力,实现科学饲养和合理配制饲料。动物营养需要量的确定通常采用试验研究、现场调查、数学模型等多种方法,结合动物品种、生理特点、生产目的和环境条件等因素,为科学配制饲料和合理饲养提供依据。通过对动物营养需要量的准确确定，可以提高动物生产性能，降低生产成本，促进畜牧业的可持续发展。同时，合理满足动物营养需要也有助于保障动物健康，减少环境污染，提高动物产品的质量和安全。

（三）饲料原料的营养价值评定

饲料原料的营养价值评定是动物营养学中的一个重要环节，其主要目的是了解和评估饲料原料中各种营养成分的含量和可利用性，从而为科学配制饲料提供依据。饲料原料营养价值的评定主要包括常规营养成分（水分、粗蛋白质、粗脂肪、粗纤维、粗灰分等）、能量价值、氨基酸含量、脂肪酸组成、矿物质和维生素含量、抗营养因子和有毒有害物质、可消化性和利用率、新型饲料原料开发与评定等。通过对饲料原料的营养价值进行全面、准确的评定，可以为动物提供合理、高效的营养供给，提高动物生产性能，降低生产成本，促进畜牧业的可持续发展。同时，饲料原料营养价值评定也有助于保障动物健康，减少环境污染，提高动物产品的质量和安全。

（四）营养与环境

营养与环境是动物营养学研究的一个重要领域，主要关注动物营养与环境因素之间的相互作用和影响。营养与环境的研究对于实现畜牧业的可持续发展、保护环境、提高动物福利水平具有重要意义。通过对动物营养与环境的深入研究，可以为饲料配制、饲养管理、环境保护等实际生产提供科学依据，实现高效、健康、可持续的畜牧业发展。同时，营养与环境的研究也有助于提高动物产品的质量和安全，满足人们对高品质动物产品的需求。

（五）饲养管理技术

饲养管理技术是指科学地管理和照料动物，以提供良好的生长和生产条件，从而实现高效、健康、可持续的畜牧业生产。饲养管理技术的应用有助于提高动物生产性能，降低生产成本，保障动物健康，减少环境污染，提高动物产品的质量和安全。同时，科学的饲养管理也有助于实现畜牧业的可持续发展，满足人们对高品质动物产品的需求。饲养管理技术包括饲养环境、饲养方式、饲料投喂等多个方面。

（六）饲料配方设计

饲料配方设计是动物营养学中的一个重要环节，其主要目的是根据动物的营养需要量和饲料原料的营养价值，科学合理地配制饲料，以满足动物的生长发育、生产和繁殖等需求。饲料配方设计的主要内容包括确定饲料配方目标、选择饲料原料、计算饲料配方、调整和优化饲料配方、饲料配方的安全性评估、饲料配方的经济性评估和饲料配方的环境友好性评估。饲料配方设计需要综合考虑动物营养学、饲料原料学、饲料加工工艺学、动物生产学等多个学科的知识，以实现科学合理、高效安全、经济环保的饲料配制。通过对饲料配方的科学设计，可以提高动物生产性能，降低生产成本，保障动物健康，减少环境污染，促进畜牧业的可持续发展。同时，饲料配方设计也有助于提高动物产品的质量和安全，满足人们对高品质动物产品的需求。

（七）饲料加工技术

饲料加工技术是指将饲料原料经过一系列的加工工艺和方法处理后，制成适合饲喂动物的饲料产品。饲料加工技术的合理运用可以提高饲料的消化吸收率和利用率，减少饲料浪费，保证动物营养需求得到满足，从而提高动物生产性能和健康水平。同时，合理的饲料加工技术也有助于保障动物产品的质量和安全，促进畜牧业的可持续发展。

（八）营养与免疫

营养与免疫是动物营养学研究的一个重要领域，主要关注动物营养与免疫系统之间的相互作用和影响。营养与免疫的主要内容包括营养对免疫系统的影响、免疫营养学、营养与免疫应答、营养与炎症、营养与抗氧化、营养与免疫记忆、营养与免疫相关疾病、营养与免疫功能的评估等。营养与免疫的研究对于保障动物健康、提高动物生产性能、减少动物疾病的发生具有重要意义。通过对动物营养与免疫的深入研究，可以为饲料配制、饲养管理、疾病防治等实际生产提供科学依据，实现高效、健康、可持续的畜牧业发展。同时，营养与免疫的研究也有助于提高动物产品的质量和安全，满足人们对高品质动物产品的需求。

（九）营养与基因

营养与基因是研究营养与动物基因表达的相互关系，以及通过营养调控改善动物生产性能和健康水平的基因技术，是动物营养学研究的一个重要领域，主要关注动物营养与基因表达、遗传机制等方面的相互作用和影响。营养与基因的主要内容包括营养与基因表达、营养与基因多态性、营养与遗传改良、营养与表观遗传学、营养与基因组学、精准营养与基因、营养与基因编辑、营养与免疫遗传等。营养与基因的研究对于揭示动物营养代谢的遗传机制、优化饲料配制、提高动物生产性能、减少动物疾病的发生具有重要意义。通过对动物营养与基因的深入研究，可以为畜牧业生产提供科学依据，实现高效、健康、可持续的畜牧业发展。同时，营养与基因的研究也有助于提高动物产品的质量和安全，满足人们对高品质动物产品的需求。

二、作用

动物营养学的研究和应用与我国的粮食安全、食品安全和生态安全紧密相关。随着我国经济的快速发展和人民生活水平的不断提高，对动物产品的需求也在持续增长。因此，动物营养学在满足人民对优质动物蛋白的需求、提高饲料转化率、减少环境污染、促进农业可持续发展等方面扮演着重要角色。动物营养学在畜牧业中的具体应用是多方面的，它涉及饲料的配制、动物生产性能的提升、环境保护、疾病预防等多个领域。

（一）饲料配方和营养调控

动物营养学通过对动物营养需求的深入研究，为不同种类、不同生长阶段的动物制定出科学合理的饲料配方。这些配方能够确保动物获得充足且平衡的营养，促进其健康生长。同时，通过营养调控，可以调整动物的代谢途径，提高其生产性能，如增加体重、提高产奶量或产蛋量等。

（二）饲料资源的开发和利用

动物营养学还致力于饲料资源的开发和利用，包括对传统饲料进行改良，使其营养成分更符合动物的需求；开发非常规饲料资源，如农作物副产品、食品工业副产品等，以降低饲料成本；研究新型饲料添加剂，如酶制剂、益生菌等，以提高饲料的利用效率。

（三）环境保护

动物营养学通过优化饲料配方，可以减少动物排泄物中的氮、磷等营养物质的排放，减轻对环境的影响。此外，通过营养调控，还可以减少温室气体排放，实现畜牧业的可持续发展。

（四）动物健康和疾病预防

合理的营养供给是动物健康的基础。动物营养学通过提供科学的营养方案，帮助预防营养相关的疾病，提高动物的抗病能力。此外，通过营养调控，还可以减少动物对抗生素的依赖，降低药物残留，保障食品安全。

（五）饲养管理和生产效率

动物营养学还涉及饲养管理技术的改进。通过优化饲养环境、饲养方式和饲料投喂技术，可以提高动物的生产效率和饲料转化率，降低生产成本。

（六）产品品质控制

营养状况直接影响动物产品的品质。动物营养学通过调控动物的饮食，改善肉、蛋、奶等动物产品的品质，满足市场和消费者的需求。例如，通过调整饲料中的脂肪酸组成，可以改善肉品的风味和营养价值。

（七）科研和教育

动物营养学的研究成果还被用于科学研究和教育领域。培养专业的畜牧人才，推动畜牧业的科技进步和知识传播。此外，通过科研合作和技术交流，可以不断推动动物营养学的发展，为畜牧业提供更多的技术支持。

（张民扬　邓凯东）

第二章 动物与饲料的化学组成

第一节 相关概念与营养成分

动物营养学是一门研究动物对饲料中营养物质的摄取、消化、吸收、代谢和利用的科学。它的目标是揭示动物营养需要的规律,并为高效、健康、安全、可持续的动物生产提供理论基础和技术支撑。在动物生产中,合理的营养供给是提高动物生产性能、改善动物健康、降低饲养成本、减少环境污染的关键因素。因此,理解动物营养的基本概念和营养成分的作用,是从事畜禽养殖、饲料加工、配方设计等工作的基础。

一、概念

(一) 营养(Nutrition)

营养是指动物通过摄取食物中的营养物质,满足生命活动所需的全过程。包括饲料的采食、消化、吸收、运输、代谢以及最终的排泄。

(二) 营养物质(Nutrients)

营养物质是指饲料中能被动物消化吸收并参与其生命活动的化学物质。它们是动物生长、繁殖、产物形成和维持正常生理功能的物质基础。

(三) 营养需要(Nutritional Requirements)

营养需要是指动物在特定生理阶段(如生长、妊娠、泌乳等)所必需的各种营养物质的种类与数量。营养需要受品种、年龄、生理状态、生产水平和环境等因素影响。

(四) 饲料(Feed)与饲料养分(Feed Nutrients)

饲料是指供动物食用的、含有营养成分的物质。饲料养分是指饲料中可被动物利用的营养物质,如蛋白质、能量、矿物质等。

(五) 营养平衡(Nutritional Balance)

动物摄入的各种营养物质应在种类和数量上协调,满足其生理需求而不过量。营养平衡有助于提高生产效率、改善动物健康、减少环境污染。

二、基本营养成分

动物所需的基本营养成分主要包括水、蛋白质、碳水化合物、脂类、矿物质和维生素六大类。

（一）水

水是最基本的营养成分，在动物体内占比通常为 60%~70%。水参与消化吸收、物质代谢、体温调节及废物排出等过程。水的来源包括饮水、饲料中含水量和代谢水。缺水会迅速影响动物的生产性能，严重时可致死亡。

（二）蛋白质

蛋白质是由氨基酸组成的有机大分子，是构成机体组织和参与生命活动的重要物质。动物对蛋白质的需要实质上是对氨基酸的需要。蛋白质既可供能，又是酶、激素和抗体等的组成成分。饲料中常用的蛋白质来源包括豆粕、鱼粉、血粉等。

（三）碳水化合物

碳水化合物是动物主要的能量来源，提供 60%~80% 的代谢能。其主要包括糖类（如葡萄糖、蔗糖）、淀粉和纤维素。非反刍动物主要消化利用淀粉等可溶性碳水化合物，而反刍动物则通过瘤胃微生物分解纤维素，合成挥发性脂肪酸（VFA）作为能量来源。

（四）脂类

脂类是高能营养物质，每克脂类可提供约 9 kcal 能量（约 37.7 kJ），是碳水化合物的 2.25 倍。脂类还参与细胞结构的构成，是脂溶性维生素（维生素 A、维生素 D、维生素 E、维生素 K）的载体，并含有必需脂肪酸（如亚油酸）。常见饲料脂类来源有植物油、动物油和脂肪副产品。

（五）矿物质

矿物质在动物体内参与骨骼构成、酸碱平衡、神经传导及酶的活化等多种生理功能。按需求量可分为常量元素（如钙、磷、钠、钾、氯、镁）和微量元素（如铁、铜、锌、锰、硒、碘）。缺乏或过量都可引起营养性疾病。

（六）维生素

维生素是维持动物正常代谢和健康所必需的有机化合物，分为脂溶性维生素（维生素 A、维生素 D、维生素 E、维生素 K）和水溶性维生素（B 族维生素、维生素 C）两类。维生素不能或很少由动物体合成，必须从饲料中获得。维生素缺乏常表现为生长迟缓、免疫力下降和繁殖障碍等。

第二节 饲料的基本营养功能

饲料是动物获取营养物质的主要来源，其营养功能直接关系到动物生长发育、繁殖性能以及生产性能。饲料不仅提供构建机体组织的原料和能量来源，还参与调控动物体内的各种生理和代谢过程。科学理解饲料的营养功能，是开展饲料配制与动物营养调控的基础。

一、提供能量

动物维持生命活动、生长发育、繁殖和产出（如产奶、产蛋、育肥）等过程都需要能量。饲料中的碳水化合物、脂肪和部分蛋白质是动物体内能量的主要来源。通过能量的摄取与代谢，动物可维持体温、合成体组织、进行肌肉活动以及维持内环境稳定。饲料中的碳水化合物，如淀粉是单胃动物最重要的直接能量来源。脂肪可提供高密度能量，每克脂肪可释放约 9 kcal 能量，尤其适用于高产动物或高能配方。此外，蛋白质在能量供应不足时，被分解代谢为能量，但这会降低其构建组织的效率。

二、构建机体组织

饲料中的蛋白质、脂类、矿物质和水是构成动物机体组织的基础物质。如蛋白质和氨基酸可构成肌肉、器官、皮肤、毛发等组织，并参与酶、激素、抗体等活性物质的合成。动物对必需氨基酸（如赖氨酸、蛋氨酸、苏氨酸等）的摄入尤其敏感。在矿物质中，钙和磷是构成骨骼和牙齿的主要成分，铁参与血红蛋白合成，锌参与皮肤组织的修复与免疫调节。水是组织细胞的重要组成部分，构成血液和体液，参与多种生理功能。当饲料中上述成分供应不足时，会影响动物的生长速度、组织发育和器官功能，甚至导致营养缺乏病。

三、调控生理功能

饲料中的多种营养物质在动物体内参与调节代谢和维持生理功能的平衡，是保证动物健康和繁殖性能的重要物质基础。其中，维生素可参与多种酶系统的辅酶合成，调节代谢反应，如维生素 A 参与视觉与上皮细胞维护，维生素 D 调控钙磷代谢，维生素 E 具有抗氧化作用。如碘是甲状腺激素的重要成分，硒参与谷胱甘肽过氧化物酶合成，调节氧化还原反应和免疫功能。另外，在非营养性活性物质中，现代饲料中还可能添加功能性添加剂（如益生菌、酶制剂、植物提取物等），以改善肠道健康、提升免疫力或促进生产性能。调控功能的营养物质虽在饲料中含量较低，但作用极其关键，缺乏常引起代谢障碍或功能紊乱。

四、促进繁殖与产出

高产动物（如母猪、奶牛、蛋鸡等）对营养的需求更高，饲料功能不仅限于维持生命和生长，还需满足繁殖和产出需要。在繁殖功能方面，合理的蛋白质、脂类、维生素 E、维生素 A、锌、硒等供应，有助于改善繁殖性能，提高受胎率、产仔率和胚胎成活率。在产出功能方面，如蛋鸡产蛋、奶牛泌乳、肉鸡增重等，依赖能量和蛋白质的高效供给及营养平衡。蛋白质质量、必需氨基酸比例、矿物质（如钙）的供给都直接关系到产出水平。如果饲料中营养供给不足或配比不当，常导致繁殖障碍、产量下降或动物亚健康状态。

五、影响动物产品品质

饲料营养组成还直接影响动物产品的品质特性。在肉品质方面，脂肪类型、蛋白水平等会影响肉色、风味和嫩度。在蛋品质方面，如饲料中添加叶黄素可改善蛋黄颜色，脂溶性维生素影响蛋壳质量。在奶品质方面，能量与蛋白质的合理配比能优化乳脂率和乳蛋白率；矿物质和维生素供给则有助于维持乳品稳定性。因此，在高端畜产品生产中，饲料不仅是营养来源，更是产品品质调控的重要工具。

第三节　概略养分分析

概略养分分析（Proximate Analysis）是饲料化学成分常规测定的一种基础方法体系，最早由德国科学家魏尔斯和亨内伯格于1860年提出，至今仍在动物营养学和饲料科学中广泛应用。该分析法将饲料中的营养成分划分为六个主要项目：水分（Moisture）、粗蛋白质（Crude Protein）、粗脂肪（Ether Extract）、粗纤维（Crude Fiber）、粗灰分（Crude Ash）和无氮浸出物（Nitrogen-Free Extract）。通过这些指标，能较为全面地反映饲料的基本化学组成，为饲料评价与配方提供基础依据。

一、水分（Moisture）或干物质（Dry Matter）

水分是饲料中最容易变化的组成部分，对饲料的贮存、运输和营养计算都有重要影响。干物质则指饲料中除水分以外的所有物质。饲料中的水分常以两种状态存在：一种是含于动植物体细胞间、与细胞结合不紧密、容易挥发的水，称为游离水或自由水；另一种是与细胞内胶体物质紧密结合在一起、形成胶体水膜、难以挥发的水，称为结合水。两种水分之和称为总水分。

（一）测定原理

水分通常通过恒重干燥法测定，即将饲料样品在105℃下烘干至恒重，其失重即为水分含量。干物质含量（%）= 100%-水分（%）。

（二）营养意义

饲料的水分含量直接影响其贮藏性，高水分饲料（如青贮、青绿饲料）易腐败变质。在营养配方中，需以干物质为基础进行养分含量的统一比较。动物采食量多以干物质摄入量衡量，不宜仅以鲜料计算。

二、粗蛋白质（Crude Protein；CP）

粗蛋白质是饲料中含氮有机化合物的总称，包括真蛋白和非蛋白氮（如尿素、游离氨基酸、多肽等）。

（一）测定原理

采用凯氏定氮法测定样品中总氮含量，乘以换算系数6.25（因蛋白质平均含氮量约为16%）得到粗蛋白质含量。粗蛋白质含量（%）= 总氮含量（%）×6.25。

（二）营养意义

粗蛋白质是衡量饲料蛋白质含量的标准指标。对单胃动物（如猪、鸡）而言，更需关注蛋白质质量和必需氨基酸含量；对反刍动物而言，非蛋白氮亦可为瘤胃微生物利用，转化为微生物蛋白。

（三）局限性

该法无法区分可被动物利用的真蛋白与非蛋白氮，因此在评价某些蛋白替代品（如尿素、酱油渣）时需结合其他方法。

三、粗脂肪（Ether Extract；EE）

粗脂肪是指可被无水乙醚提取的脂溶性物质总和，包括中性脂类（甘油三酯）、磷脂、蜡类、脂溶性维生素、挥发油等。

（一）测定原理

用无水乙醚对干燥饲料样品连续提取数小时，提取物经回收、干燥后称重，计算出粗脂肪含量。

（二）营养意义

粗脂肪是高能量营养物，1 g 脂肪释放能量约为 9 kcal。含脂量高的饲料（如油料饼粕、鱼粉）是能量饲料的重要组成。此外，粗脂肪还影响饲料适口性及脂溶性维生素的吸收。

（三）局限性

该方法不能区分结构不同的脂类成分，也可能提取非营养性物质，如色素、蜡质等，造成测值偏高。

四、粗纤维（Crude Fiber；CF）

粗纤维是植物细胞壁的主要组成成分，主要包括纤维素、部分半纤维素和木质素等难以被单胃动物酶解的结构性碳水化合物。

（一）测定原理

样品经稀酸和稀碱连续煮沸处理，残渣滤出后干燥、灼烧，称得粗纤维含量。

（二）营养意义

对单胃动物而言，粗纤维可刺激肠道蠕动，但含量过高会影响消化率；对反刍动物而言，粗纤维是瘤胃微生物发酵的主要底物，可转化为 VFA（如乙酸）为其提供能量。粗纤维高的饲料（如干草、秸秆）是反刍动物饲粮的基础。

（三）局限性

粗纤维分析低估了纤维成分的总量，不能准确表示中性洗涤纤维（Neutral Detergent Fiber；NDF）和酸性洗涤纤维（Acid Detergent Fiber；ADF）含量，近年来多用范氏（van Soest）纤维分析法替代。

五、粗灰分（Crude Ash；Ash）

粗灰分是饲料经高温灼烧（通常在 550~600℃）后残留的无机物总量，主要为矿物元素。

（一）测定原理

饲料样品在高温马弗炉中完全燃烧有机物，残留灰烬即为粗灰分。

(二)营养意义

粗灰分是饲料矿物质总量的粗略反映。某些高灰分饲料（如贝壳粉、骨粉、矿物预混料）是补钙、磷等矿物的主要来源。

(三)局限性

粗灰分不能反映各矿物质的具体种类与含量，需进一步进行矿物元素分析（如原子吸收光谱法等）。

六、无氮浸出物（Nitrogen-Free Extract；NFE）

无氮浸出物包括饲料中易被消化吸收的碳水化合物，如淀粉、糖类等，是计算值。

(一)计算方法

NFE（%）= 100%-水分（%）-粗蛋白质（%）-粗脂肪（%）-粗纤维（%）-粗灰分（%）

(二)营养意义

NFE 主要代表可溶性碳水化合物，是动物能量的直接来源。在单胃动物中，NFE消化率较高，适口性好。在反刍动物中，NFE 可快速发酵提供丙酸等 VFA，从而提高能量利用效率。

(三)局限性

该项为计算值，误差受其他五项测定精度影响较大，不能区分糖类与淀粉等具体组分。

七、应用价值与局限

(一)应用价值

为饲料营养价值评价、饲料配方设计提供基础数据；可用于饲料标签营养标准说明、营养平衡评估；操作相对简便，广泛用于生产一线和实验室检测。

(二)局限性

不能提供具体营养素（如氨基酸、维生素、单糖、矿物元素等）的详细信息；对于新型饲料（如发酵饲料、酶解蛋白、功能添加剂等）适用性较弱；难以评价饲料的实际可消化性和生物学利用率。

第四节 范氏纤维分析方法

随着动物营养学的发展，人们对饲料纤维的认识逐步深入。传统的粗纤维分析法存在严重低估纤维成分、不能准确反映不同纤维组分营养价值的弊端，尤其无法有效区分纤维的结构复杂性和消化率差异。为解决这一问题，美国康奈尔大学营养学家 van Soest 于 20 世纪 60 年代提出了系统的范氏纤维分析法（van Soest Fiber Analysis System）。该方法依据细胞壁化学结构，将饲料中的纤维成分细分为更具生物学意义的组分，成为现代动物营养研究和反刍动物饲料配方的基础工具。

一、细胞壁结构与纤维组分划分基础

植物细胞的结构可分为细胞内容物（Cell Contents）和细胞壁（Cell Wall）两部分。细胞内容物包括糖、淀粉、蛋白质、脂肪、部分矿物质等，通常消化率高、可被单胃和反刍动物较好利用。细胞壁成分主要包括纤维素（Cellulose）、半纤维素（Hemicellulose）、木质素（Lignin）、果胶和角质素等，属于结构性碳水化合物。范氏纤维分析法正是围绕细胞壁成分构建的，将其划分为 NDF、ADF 和酸不溶木质素（Acid Detergent Lignin；ADL）等三个核心指标。

二、核心指标及其意义

（一）NDF

NDF 是指饲料样品经中性洗涤液处理后，去除细胞内容物后剩余的残渣，主要包括纤维素、半纤维素和木质素，即植物细胞壁的主要结构物质。反映了饲料中总体的结构性碳水化合物含量；NDF 含量越高，饲料的体积性越大、采食量越受限；与动物的干物质摄入量（DMI）呈负相关，是饲粮设计中预测采食量的重要参数。

（二）ADF

ADF 是指饲料经酸性洗涤液处理后，去除半纤维素和细胞内容物所剩的残渣，主要包括纤维素和木质素。反映了饲料中较难消化的纤维成分；ADF 越高，通常表示饲料的消化率越低；是评估饲料消化能（DE）和净能（NE）估算的重要依据。

（三）ADL

ADL 是指在 ADF 残渣基础上，进一步用 72%硫酸处理后所剩的不可溶部分，主要为木质素及极少量角质素。木质素不可被动物消化，对纤维消化率有显著抑制作用；不同饲料中木质素比例差异大，是衡量纤维"生物可利用性"的关键因素，高木质素含量表明饲料老化严重或粗劣程度高。

三、各项指标的计算与关系

范氏纤维系统的各项指标之间存在以下换算关系：

半纤维素（Hemicellulose）= NDF-ADF

纤维素（Cellulose）= ADF-ADL

木质素（Lignin）= ADL

四、在动物营养中的应用

（一）反刍动物营养

NDF 与反刍动物采食量密切相关，通常建议饲粮 NDF 含量不低于 28%~30%，以维持瘤胃健康；ADF 与消化率和能量供应正相关，可用于评估粗饲料（如干草、青贮）的营养价值；ADL 含量过高的饲料通常适口性差，消化率低，不宜大量使用。

（二）饲草品质评价

高质量牧草（如紫花苜蓿）具有低含量 ADF 和适中含量 NDF；青贮玉米收割适期

需兼顾 ADF/NDF 指标，确保最佳消化率；干草贮藏期越长，木质素越高，NDF 和 ADF 增加，品质下降。

（三）饲粮纤维结构设计

用于调控饲粮结构性与非结构性碳水化合物比例（NSC 与 NDF 比例）；合理控制粗纤维与可发酵碳水化合物平衡，有利于维持瘤胃 pH、避免酸中毒。

五、与传统粗纤维分析的对比

传统的粗纤维分析法主要用于测定饲料中纤维素和部分木质素的含量，其方法简便，但存在显著的局限性，尤其在评估反刍动物对结构性碳水化合物的消化利用方面准确性较差。粗纤维法不能有效区分半纤维素、纤维素和木质素，也无法反映纤维的真实生物学消化特性，因而逐渐被更为精细和科学的范氏纤维分析方法所取代。

相比之下，范氏纤维分析法通过分步化学洗涤，系统地将植物细胞壁成分划分为 NDF、ADF 和 ADL，不仅能够更准确地评价饲料的物理填充作用和能量贡献，还能根据木质素的含量预测纤维的可消化性和动物对其的利用程度。范氏纤维分析法特别适用于反刍动物饲粮配方，是现代动物营养研究和生产中不可或缺的分析工具。而粗纤维分析法在实际应用中价值有限，主要作为基础指标或用于简单配合饲料质量控制中（表 2-1）。

表 2-1　粗纤维分析法与范氏纤维分析法对比

项目	粗纤维分析法	范氏纤维分析法
分析组分	纤维素+部分木质素	细分为 NDF、ADF、ADL
反映内容	粗略估计结构性碳水化合物	精确划分细胞壁成分
消化性评价能力	差	强，能预测 DMI、能值
适用动物	一般用于单胃动物	反刍动物饲粮核心指标
应用价值	基础数据，较过时	现代饲粮配方核心参数

六、发展趋势与现代应用技术

随着饲料分析技术进步，范氏纤维分析法逐步发展为标准化分析流程（如 Ankom 滤袋法），并广泛应用于：近红外光谱法（NIRS）预测模型建立，用于快速评估 NDF/ADF 含量；瘤胃降解动力学模型结合范氏纤维分析用于构建精准营养供给体系；特定纤维组分的功能研究，如可溶性 NDF 对瘤胃发酵微生态的影响。

范氏纤维分析方法以科学的植物结构划分为基础，系统地评价了饲料中结构性碳水化合物的组成与营养价值，尤其适用于反刍动物的饲料研究与配方设计。其核心指标——NDF、ADF、ADL 分别从采食量预测、能量利用和消化限制方面提供了关键参考。现代动物营养管理中，范氏纤维分析法已成为不可或缺的工具，为实现精准营养调控和高效生产提供了科学依据。

第五节 动植物体成分的差异

动物和植物作为生命体,虽然都由细胞构成,且含有蛋白质、脂类、水分、无机元素等基本化学成分,但由于其生活方式、生理结构、代谢特点以及生态功能存在根本差异,因此在化学组成及其功能方面表现出显著不同。掌握动植物体成分的差异不仅有助于理解动物营养的基本需求与消化代谢规律,也有利于指导饲料资源的开发与利用。

一、总体组成差异

(一) 水分

水是构成生命体最重要的物质之一。动物体含水量一般较高,占体重的60%~70%,而植物体水分含量变化较大,在新鲜植物中可达70%~90%,但干物质组成差异显著。动物组织中的水多为细胞内液和体液形式,参与代谢反应、运输营养物质与代谢产物。植物体内水分在维持细胞膨压、光合作用和物质运输中发挥作用,但水分主要来源于环境吸收,控制能力较弱。

(二) 有机物与无机物

在干物质(去除水分后)中,动物体的主要成分是蛋白质和脂类,而植物体则以碳水化合物为主。动物体干物质中,蛋白质占50%~60%,脂类可变但通常较高,尤其在畜禽育肥阶段显著增加。植物干物质中,结构性碳水化合物(如纤维素、半纤维素)和非结构性碳水化合物(如淀粉)可占80%以上。因此,动物体是"高蛋白、高脂类"结构,而植物体则是"高碳水化合物"结构。

二、主要营养成分的结构与功能差异

(一) 蛋白质

动物体中的蛋白质主要分布于肌肉、内脏、皮肤、酶类、抗体与激素中,具有合成组织、调节代谢、维持生理功能等作用。动物蛋白质一般为完全蛋白质,含有丰富的必需氨基酸(如赖氨酸、蛋氨酸等)。植物蛋白质的种类多样,但整体上含量较低且氨基酸组成不平衡,如豆科植物蛋白富含赖氨酸但缺乏蛋氨酸,而谷类则相反。这种差异是动物饲料配方中需进行氨基酸互补的重要依据。

(二) 脂类

动物脂类主要以甘油三酯形式储存于脂肪组织、皮下、腹腔等部位,为高能量储备物质。动物脂肪饱和脂肪酸含量较高,且有良好的代谢稳定性。植物脂类主要集中在种子和果实中,以植物油形式存在,富含不饱和脂肪酸(如亚油酸、亚麻酸),对动物具有重要的营养调节作用。

(三) 碳水化合物

碳水化合物在动物体中主要以葡萄糖、糖原等形式存在,是能量代谢的关键底物,但总量有限,占动物体干物质的1%~2%。而植物体中碳水化合物是主要组成部分,尤

其在细胞壁中以纤维素和半纤维素形式存在；在储能结构如种子、根茎中则以淀粉、可溶性糖等形式积累，是饲料中主要的能量来源。由于动物缺乏分解纤维素的酶，因此结构性碳水化合物主要依赖反刍动物的瘤胃微生物发酵利用，而单胃动物（如猪、鸡）利用率较低。

（四）矿物质

动物体中的无机元素包括钙、磷、钠、钾、铁、锌、硒等，广泛参与骨骼构建、神经传导、酶活性调节等功能。其中钙和磷主要集中于骨骼，比例约为2∶1。植物体的无机元素种类较多，但钙含量通常偏低，磷以植酸形式存在，生物利用率差。此外，植物中某些元素（如硅、草酸盐）可能妨碍矿物质吸收。因此，植物性饲料中常需补充无机盐类或添加酶制剂以提高利用率。

（五）维生素

动物体可合成部分维生素（如维生素 D 可由胆固醇在阳光作用下生成），但大多数必须从饲料中摄取，尤其是脂溶性维生素（维生素 A、维生素 D、维生素 E、维生素 K）和部分水溶性维生素（如 B 族维生素、维生素 C 等）。植物体中维生素含量丰富且分布广泛，如绿叶植物富含维生素 A 前体（β-胡萝卜素）和维生素 K，但部分 B 族维生素和维生素 D 较少。因此，在动物饲粮中通常需按需要平衡植物性和动物性原料以满足全面营养需求。

三、在动物营养学中的意义

理解动植物体成分的差异，对于营养供给、饲料资源开发与饲养管理具有重要意义。植物性饲料为动物提供能量、部分蛋白质和维生素，而动物性原料则弥补植物蛋白中必需氨基酸的不足，是饲粮蛋白互补的关键。在动物不同生长阶段（如生长、妊娠、泌乳）中对蛋白质和能量的需求不同，应结合植物与动物原料特性合理搭配，以提高生产性能和经济效益。结构性碳水化合物消化难度高，需通过青贮、发酵、添加酶制剂等技术提高其消化率，从而提高植物性饲料的利用价值。

动植物体在组成成分、组织结构、代谢方式和营养储存形式上存在显著差异。动物体富含蛋白质与脂类，结构复杂、代谢活跃；植物体则以碳水化合物为主，结构坚固、代谢缓慢。掌握这些差异是动物营养学研究的基础，也是进行科学饲料配制、精准营养供给和高效养殖管理的前提。

（张民扬　唐　倩）

第三章 动物对饲料的消化和吸收

采食量受到多种因素的影响,包括动物的生理状态、环境条件、饲料品质等。采食量直接反映了动物对食物的摄取能力和利用效率。

第一节 采食量的概念及其意义

一、概念

动物在 24 h 内采食饲粮的质量被称为采食量。采食量过低因不能满足动物的生长需要而降低实际生产中的生产效率;采食量过高会引起动物产品质量下降、饲料转化率降低。因此,动物生产效率及生长性能在很大程度上受到采食量的影响。

动物的采食量受大脑神经信号的调节,包括外周信号和下丘脑食欲中枢网络调控两个部分,是一种复杂的调节机制。食欲的外周信号主要包括来自胃肠道和肝脏以及血液中的一些营养物质、激素和代谢产物等,而食欲中枢调节是指一些外周信号和食欲调节肽类通过刺激下丘脑食欲中枢神经而对采食做出的调节行为。

根据采食测定方式不同,又分为三类:

随意采食量(Voluntary Feed Intake,VFI),即单个动物或动物群体在自由接触饲料的条件下,一定时间内采食饲料的重量。随意采食量是动物在自然条件下采食行为的反映,是动物的本能。它一般随动物日龄或体重的增加而增加。

实际采食量,即在实际生产中,正常健康的动物在一定时间内实际采食饲料的总量。实际采食量可能等于或不等于随意采食量,这取决于动物自由接触饲料的程度和方式。

剩余采食量(Residual Feed Intake,RFI),它是畜禽实际采食量与根据其体型大小和生长速度预期的采食量的差值。换句话说,RFI 是畜禽实际采食量与用于维持和增重所需要的预测采食量之差。

二、意义

采食量在动物营养学和畜牧业生产中具有重要意义,具体表现在以下几个方面。

(一)影响动物生产效率

采食量是影响动物生产效率的重要因素。采食量过低,不能满足动物的最低生长需要，会导致生产效率急剧下降。

（二）配制动物饲粮的基础

采食量是配制动物饲粮的基础。了解动物的采食量有助于制定合理的饲料配方，确保动物获得所需的营养物质。

（三）合理利用饲料资源的依据

采食量是合理利用饲料资源的依据。通过准确测量动物的采食量，可以优化饲料的利用，减少浪费，提高经济效益。

（四）合理组织生产的依据

采食量也是合理组织生产的依据。畜牧业生产者可以根据动物的采食量来安排饲料的生产、储存和运输，以确保生产的顺利进行。

第二节 采食量的影响因素

食欲是指动物想吃食的愿望，通常由一些内在因素（如生理或心理因素）刺激或抑制。食欲的强弱直接影响动物的采食量。当动物出现饿感且食欲强时，它们能够采食大量的饲料；相反，若动物出现饥饿感但缺乏食欲，则采食量可能会减少。采食量与食欲是两个紧密相关的概念，它们共同影响着动物的摄食行为。

一、动物的食欲调控

动物的食欲调控机制是一个复杂而精细的系统，涉及多个层面的相互作用。

（一）中枢神经系统

动物的觅食、采食、咀嚼、吞咽等行为均受大脑的直接控制。下丘脑是调节摄食行为的关键中枢，其中下丘脑腹内侧核是抑制摄食的中枢部位，称为饱中枢；下丘脑外侧区则是刺激摄食的中枢部位，称为饥饿中枢。这两个中枢共同构成了摄食中枢，通过神经递质和激素的调节，实现对食欲的精细控制。

（二）激素

许多激素参与了食欲的调控过程。例如，胰岛素和瘦素是两种重要的调节进食的激素。胰岛素由胰腺的胰岛细胞产生，而瘦素则由体内的脂肪细胞产生。这两种激素是反映体内脂肪贮存量的主要信号因子，它们作用于中枢神经系统，抑制进食，从而减少体内脂肪的贮存。

（三）神经递质

神经递质在食欲调控中也发挥着重要作用。它们通过刺激或抑制食欲神经路径的调节，实现对食欲的精细调控。例如，某些神经递质可以作用于下丘脑的摄食中枢，影响动物的采食量。

（四）物理和化学因素

动物的食欲还受到物理和化学因素的调节。物理因素主要包括胃肠道的紧张度、体内温度变化等，这些因素可以通过影响消化道的感受器来调节采食量。化学因素则主要包括消化道食糜中的物质及消化吸收过程中的代谢产物，它们可以通过不同途径直接或间接作用于中枢神经系统来调节采食量。例如，葡萄糖、VFA 等化学物质在消化道中的浓度变化可以影响食欲。

（五）感觉

动物的食欲还受感觉系统的调控。通过视觉、嗅觉、味觉及相应的感受器，动物可以感知食物的颜色、外观、气味和味道等信息，从而选择适合自己的食物。这种感觉调控机制有助于动物获取营养丰富的食物，并避免摄入有害物质。

（六）其他因素

动物的食欲还受年龄、代谢（如妊娠、泌乳和活动水平）、热应激、光照、疾病和心理等因素的影响。这些因素可以通过影响中枢神经系统的功能或改变激素和神经递质的水平来间接影响动物的食欲。

二、采食量与食欲

影响家畜采食量的因素多种多样，这些因素相互交织，共同影响着家畜的摄食行为。

（一）相互影响

采食量与食欲之间存在相互影响的关系。当动物食欲旺盛时，它们的采食量通常会增加；而当动物食欲不佳时，采食量则会相应减少。同时，采食量的多少也会影响动物的食欲状态。例如，当动物摄入过多的食物时，会感到饱腹并降低食欲；而当食物摄入不足时，食欲则会增强。

（二）共同调节

动物的采食量和食欲受到多种因素的共同调节。这些因素包括中枢神经系统、激素和神经递质的作用、物理和化学因素的刺激以及感觉系统的反馈等。这些调节机制共同作用于动物的食欲和采食量，以确保它们能够根据自身的需要和环境条件来合理地摄取食物。

（三）适应性与生存

采食量和食欲的调节机制对于动物的适应性与生存具有重要意义。通过调节采食量和食欲，动物可以确保自己获得足够的营养来维持生命活动，并适应不同的环境条件。同时，这种调节机制也有助于动物在食物资源有限的情况下提高食物的利用效率，从而增加生存的机会。

三、影响采食量的因素

（一）饲料

1. 气味

饲料的气味对家畜的采食量有显著影响。例如，香味剂的变化、饲料发霉变质、酸败、油脂种类以及其他原料的特殊气味等，都可能影响家畜的食欲和采食量。

2. 适口性

饲料的适口性决定家畜对其接受的程度，进而影响采食量。提高饲料的适口性可以通过选择适当的原料、防止饲料氧化酸败和霉变、添加风味剂等方式实现。

3. 成分

饲料中的营养成分，如氨基酸、矿物质、维生素等，对采食量有直接影响。缺乏或过量的营养成分都可能导致食欲下降。

4. 加工方法

饲料的加工方法，如粉碎粒度、混合均匀度等，也会影响家畜的采食量。

（二）**环境**

1. 温度

温度是影响采食量的重要因素。过高或过低的温度都可能导致食欲下降。例如，在高温环境下，家畜可能因为热应激而减少采食量；在低温环境下，为了维持体温，家畜可能会增加采食量。

2. 湿度

湿度过高可能导致体感不适，影响食欲和采食量。

3. 通风

良好的通风有助于保持舍内的空气质量，进而影响食欲和采食量。通风不良可能导致空气质量下降，影响家畜的呼吸系统和食欲。

4. 光照

适量的光照可以促进家畜的活动和食欲，但过强的光照可能导致家畜不适，影响其采食量。

（三）**饲养管理**

1. 饲喂制度

如饲喂时间、饲喂频率、饲喂量等，对家畜的采食量有直接影响。合理的饲喂制度可以提高家畜的食欲和采食量。

2. 饮水管理

充足、清洁的饮水对家畜的食欲和采食量至关重要。饮水不足或水质不佳都可能导致食欲下降。

3. 饲养密度

饲养密度过高可能导致家畜间的竞争加剧，影响其采食行为。

（四）**动物因素**

1. 品种与遗传

不同品种的家畜在采食量上可能存在差异，这与其遗传特性有关。

2. 生理状态

家畜的生理状态，如发情、妊娠、泌乳等，都可能影响其采食量。例如，发情期的母猪可能因为激素变化而减少采食量。

3. 健康状况

疾病是影响家畜采食量的重要因素。疾病可能导致家畜食欲下降，甚至完全拒食。

第三节 单胃动物的消化方式

单胃动物（Monogastric Animals）是指具有单一胃室的动物，包括猪、家禽、马、兔等。与反刍动物不同，单胃动物的消化系统结构简单，主要依赖胃和小肠进行消化和吸收。了解单胃动物的消化方式与特点，对于优化饲料配方、提高饲料利用率和改善动物生产性能具有重要意义。

一、消化系统结构

1. 口腔

单胃动物的牙齿结构因物种而异。例如，猪具有发达的犬齿和臼齿，适合咀嚼多种饲料；家禽没有牙齿，依赖肌胃磨碎食物。

唾液腺分泌唾液，其中含有淀粉酶（如唾液淀粉酶）。

2. 食管

食管是连接口腔和胃的管道，负责将食物输送到胃中。通过蠕动将食物推入胃中。

3. 胃

通常为一个腔室，分为贲门、胃体和幽门三部分。通过机械搅拌和化学消化将食物分解为食糜。胃壁分泌胃酸（盐酸）和消化酶（如胃蛋白酶），开始蛋白质的消化。

4. 小肠

分为十二指肠、空肠和回肠三部分，是消化和吸收的主要场所。小肠分泌消化酶（如胰酶、肠酶），并吸收营养物质。小肠壁具有丰富的绒毛结构，增加吸收表面积。

5. 大肠

包括盲肠、结肠和直肠。大肠主要吸收水分和电解质，并形成粪便。某些单胃动物（如兔）的盲肠发达，具有发酵功能。

6. 附属消化器官

肝脏分泌胆汁，帮助脂肪的消化和吸收。胰腺分泌胰液，其中含有多种消化酶（如胰淀粉酶、胰蛋白酶、胰脂肪酶）。

二、消化过程

1. 口腔

机械消化通过咀嚼将食物磨碎，增加表面积以利于消化酶发挥作用。唾液中的淀粉酶开始碳水化合物的化学消化，将淀粉分解为麦芽糖。

2. 胃

胃壁的蠕动将食物与胃液混合，形成食糜。胃酸（盐酸）降低胃内 pH，激活胃蛋白酶原，将蛋白质分解为多肽。

3. 小肠

胰液中的胰淀粉酶、胰蛋白酶和胰脂肪酶分别分解碳水化合物、蛋白质和脂肪。胆汁可以乳化脂肪，增加脂肪酶的作用表面积。肠液的中消化酶（如麦芽糖酶、肽酶）将二糖和多肽分解为单糖和氨基酸。

4. 大肠

大肠吸收食糜中的水分和电解质，形成粪便。某些单胃动物（如兔）的盲肠中含有微生物，可发酵纤维素和其他难以消化的碳水化合物。

三、营养消化

1. 消化酶

碳水化合物的消化主要依赖唾液淀粉酶、胰淀粉酶和肠麦芽糖酶，将淀粉分解为葡萄糖。蛋白质的消化主要依赖胃蛋白酶、胰蛋白酶和肠肽酶，将蛋白质分解为氨基酸。脂肪的消化主要依赖胰脂肪酶和胆汁，将脂肪分解为甘油和脂肪酸。

2. 消化效率

单胃动物对易消化营养物质（如淀粉、蛋白质）的消化率较高，对纤维素的消化能力有限，主要依赖大肠中的微生物发酵。

3. 消化时间

单胃动物的消化时间较短，通常为 24~48 h。饲料在单胃动物消化道中的通过速度较快，影响营养物质的吸收效率。

四、营养吸收

1. 吸收部位

小肠是主要的吸收部位，可以吸收葡萄糖、氨基酸、脂肪酸、维生素和矿物质。大肠主要吸收水分和电解质，某些单胃动物（如兔）还可吸收微生物发酵产生的 VFA。

2. 吸收机制

吸收机制分为主动运输、被动扩散和胞吞作用三种。如葡萄糖和氨基酸的吸收需要能量和载体蛋白，为主动运输。如脂肪酸和脂溶性维生素的吸收依赖浓度梯度，为被动扩散。如大分子物质（如免疫球蛋白）的吸收，为胞吞作用。

五、健康管理

1. 常见消化系统疾病

消化不良，如胃溃疡、肠炎。寄生虫感染，如蛔虫、球虫。

2. 预防措施

合理饲喂，避免过量饲喂或饲料突变。卫生管理，保持饲养环境清洁，定期消毒。疫苗接种，预防传染性消化系统疾病。

单胃动物的消化系统结构简单，主要依赖胃和小肠进行消化和吸收。其消化过程包括口腔消化、胃内消化、小肠消化和大肠消化，具有高消化效率和短消化时间的特点。了解单胃动物的消化方式与特点，对于优化饲料配方、提高饲料利用率和改善动物生产性能具有重要意义。在实际生产中，应通过科学的饲养管理和饲料调控策略，确保单胃动物的消化系统健康，以实现最佳的生产效益。

第四节 反刍动物的消化方式

反刍动物（Ruminants）是一类具有复杂消化系统的草食性动物，包括牛、羊、鹿等。其消化系统的最大特点是具有四个胃室（瘤胃、网胃、瓣胃和皱胃），并依赖微生物发酵分解纤维素和其他难以消化的碳水化合物。反刍动物的消化方式与单胃动物有显著不同，其独特的消化系统使其能够高效利用粗饲料，如饲草、秸秆等。

一、消化系统结构

1. 口腔

反刍动物具有发达的门齿和臼齿，适合咀嚼粗饲料。上颌无门齿，依赖下颌门齿与上颌齿垫的配合切断草料。反刍动物每天分泌大量唾液（牛每天可达 100~150 L），其中含有碳酸氢盐和磷酸盐，用于中和瘤胃中的酸性环境，维持适宜的 pH（6.0~7.0）。

2. 食管

食管不仅将食物送入瘤胃，还能将瘤胃内容物返回口腔进行反刍。这种双向蠕动功能是反刍动物消化系统的独特之处。

3. 胃室

反刍动物的胃分为四个部分，各具独特功能：

瘤胃（Rumen）是最大的胃室，容量可达 100~150 L（成年牛），占据整个胃室的 80%以上。瘤胃是微生物发酵的主要场所，含有大量细菌、原生动物和真菌，分解纤维素、半纤维素和淀粉。网胃（Reticulum）与瘤胃相连，内壁呈蜂窝状结构，负责过滤较大的饲料颗粒并将其返回口腔进行反刍。瓣胃（Omasum）内壁具有多层叶片状结构，通过吸收水分和电解质浓缩食糜，减少进入皱胃的食糜体积。皱胃（Abomasum）相当于单胃动物的胃，分泌胃酸（盐酸）和消化酶（如胃蛋白酶），进行化学消化。

4. 小肠

分为十二指肠、空肠和回肠，是消化酶分泌和营养物质吸收的主要场所。小肠壁具有丰富的绒毛结构，增加吸收表面积。

5. 大肠

包括盲肠、结肠和直肠，主要吸收水分和电解质，并形成粪便。盲肠在某些反刍动物（如鹿）中较为发达，具有额外的发酵功能。

6. 附属消化器官

肝脏分泌胆汁，帮助脂类的消化和吸收。胰腺分泌胰液，其中含有多种消化酶（如胰淀粉酶、胰蛋白酶、胰脂肪酶）。

二、消化过程

1. 口腔

反刍动物通过咀嚼将粗饲料磨碎,增加表面积以利于微生物发酵。唾液中的缓冲物质可以中和瘤胃中的酸性环境,维持适宜的 pH。

2. 瘤胃发酵

细菌分解纤维素、半纤维素和淀粉,产生 VFA、CH_4 和 CO_2。原生动物吞噬淀粉颗粒和细菌,调节瘤胃微生物区系。真菌分解纤维素和木质素,促进粗饲料的消化。

VFA 主要包括乙酸、丙酸和丁酸,是反刍动物的主要能量来源。乙酸用于合成乳脂,丙酸用于合成葡萄糖,丁酸用于提供能量。VFA 的产量和比例受饲料类型和瘤胃 pH 的影响。高纤维饲料增加乙酸产量,高淀粉饲料增加丙酸产量。发酵过程中产生大量气体(主要是 CH_4 和 CO_2),通过嗳气排出体外。

3. 反刍

瘤胃中的饲料经过初步发酵后,较大的颗粒被返回口腔重新咀嚼,进一步磨碎并与唾液混合,提高了饲料的消化率,特别是粗饲料。

4. 网胃与瓣胃

网胃过滤较大的饲料颗粒,并将其返回口腔。瓣胃吸收水分和电解质,浓缩食糜。

5. 皱胃的作用

皱胃分泌胃酸和消化酶(如胃蛋白酶),开始蛋白质的消化。

6. 小肠与大肠消化

小肠主要进行消化酶的分泌和营养物质的吸收。大肠吸收水分和电解质,微生物发酵残留的纤维素。

三、消化特点

1. 微生物发酵

反刍动物依赖瘤胃微生物分解纤维素和半纤维素,这是其与单胃动物的最大区别。微生物利用非蛋白氮(如尿素)合成微生物蛋白,供宿主利用。

2. VFA 的利用

VFA 是反刍动物的主要能量来源,其中乙酸用于合成乳脂,丙酸用于合成葡萄糖。VFA 的产量和比例受饲料类型和瘤胃 pH 的影响。

3. 氮代谢

反刍动物可将尿素通过唾液返回瘤胃,供微生物利用。微生物蛋白是反刍动物的重要蛋白质来源,其氨基酸组成较为平衡。

四、营养吸收

1. 吸收部位

瘤胃吸收 VFA 和部分氨。小肠吸收葡萄糖、氨基酸、脂肪酸、维生素和矿物质。大肠吸收水分、电解质和部分 VFA。

2. 吸收机制

被动扩散如 VFA 的吸收依赖浓度梯度。主动运输如葡萄糖和氨基酸的吸收需要能量和载体蛋白。

五、健康管理

1. 常见消化系统疾病

瘤胃酸中毒由于过量摄入易发酵碳水化合物，导致瘤胃 pH 下降。鼓胀病是由于瘤胃气体无法排出，导致瘤胃膨胀。

2. 预防措施

避免突然改变饲料类型或过量饲喂精饲料。监测瘤胃 pH 和微生物区系，及时调整饲料配方。

第五节 营养物质的化学性消化

饲料营养物质的化学性消化是动物消化过程中至关重要的一环，它涉及在消化液中酶的作用下，将复杂的有机大分子降解为易被机体吸收的小分子的过程。

化学性消化主要依赖消化液中的酶进行。酶是一种具有催化作用的特殊蛋白质，能够加速化学反应的速率，而不改变反应的总能量变化。在消化过程中，具有消化作用的酶被称为消化酶。这些消化酶能够分解食物中的蛋白质、脂肪和碳水化合物等营养物质，使其转化为更小的分子，便于肠道吸收。

一、主要过程

1. 蛋白质

在胃和小肠中被蛋白酶分解为多肽和氨基酸。胃蛋白酶在胃液中起作用，将蛋白质初步分解为多肽；而小肠中的胰蛋白酶和糜蛋白酶则进一步将多肽分解为氨基酸。氨基酸是蛋白质的基本组成单位，通过小肠黏膜的吸收进入血液，供动物机体利用。

2. 脂类

在胃和小肠中被脂肪酶分解为甘油和脂肪酸。胃脂肪酶在胃液中起作用，但主要作用发生在小肠。小肠中的胰脂肪酶和辅脂酶协同作用，将脂类分解为甘油一酯和脂肪酸。这些产物随后被小肠黏膜吸收进入血液。

3. 碳水化合物

主要包括淀粉、纤维素等。淀粉在口腔和小肠中被唾液淀粉酶和胰淀粉酶分解为麦芽糖等低聚糖，再进一步被麦芽糖酶分解为葡萄糖。纤维素等难以消化的碳水化合物则主要在反刍动物的瘤胃内被微生物发酵分解为 VFA 等产物。

二、影响因素

不同种类的酶对不同的营养物质具有特异性。同时，酶的数量也直接影响消化速率。当酶数量不足时，消化速率会减慢。酶的作用易受温度的影响。在适宜的温度范围内，酶的活性较高，消化速率较快。温度过高或过低都会导致酶活性降低，从而影响消化速率。酶的活性还受 pH 影响。不同种类的酶具有不同的最适 pH 范围。当 pH 偏离最适范围时，酶的活性会降低，从而影响消化速率。饲料的成分也会影响化学性消化的速率和效率。例如，纤维素等难以消化的物质会减慢消化速率；而易于消化的营养物质则能更快地被酶分解和吸收。

三、作用

化学性消化将饲料中的大分子营养物质分解为小分子物质，使其更易于被动物机体吸收和利用。这些营养物质为动物提供了能量和构建组织所需的原料，对维持动物的生命活动和生长具有至关重要的作用。

第六节　消化率的影响因素

饲料消化率（Feed Digestibility）是指动物对饲料中营养物质的消化和吸收效率，通常以百分比表示。消化率是评价饲料营养价值的重要指标，直接影响动物的生长、繁殖和生产性能。了解饲料消化率的影响因素，对于优化饲料配方、提高饲料利用率和改善动物生产性能具有重要意义。

一、饲料消化率

1. 饲料消化率的定义

饲料消化率是指动物对饲料中某种营养物质的消化和吸收效率。

2. 饲料消化率的分类

表观消化率（Apparent Digestibility）：未考虑内源性损失（如消化液、脱落细胞）的消化率。

真消化率（True Digestibility）：扣除内源性损失后的消化率。

$$表观消化率（\%）= [（营养素摄入总量 - 营养素排出总量）/ 营养素摄入总量] \times 100\%$$

$$真消化率（\%）= [（营养素摄入总量 - （营养素排出总量 - 内源损失量））/ 营养素摄入总量] \times 100\%$$

3. 测定方法

全收粪法通过收集动物全部粪便，计算摄入量和排出量的差值；指示剂法使用指示剂（如氧化铬）测定饲料和粪便中指示剂的浓度，间接计算消化率；体外消化法在试验室中模拟消化过程，测定饲料的消化率。

二、影响饲料消化率的因素

（一）动物因素

不同物种和品种的消化能力差异显著。例如，反刍动物对纤维素的消化能力高于单胃动物；幼龄动物和体重较大的动物消化能力较强；生长、妊娠、哺乳期的动物消化能力增强；疾病或应激会降低消化能力。

（二）饲料因素

1. 营养成分

高能量饲料通常消化率较高；优质蛋白质（如豆粕、鱼粉）消化率高于劣质蛋白质（如羽毛粉）；高纤维饲料（如秸秆）消化率较低，但适量纤维可促进肠道健康。

2. 抗营养因子

单宁可以降低蛋白质和碳水化合物的消化率；植酸可以与矿物质结合，降低矿物质的消化率；非淀粉多糖（NSP）可以增加食糜黏度，降低消化率。

3. 物理形态

适当粉碎可提高消化率，但过度粉碎可能降低消化率；硬度过高的饲料难以消化；适当的含水量有利于消化，但过高的含水量可能降低消化率。

（三）环境因素

高温环境会降低消化率，而低温环境可能增加消化率；高湿度可能降低饲料的消化率；过高的饲养密度会导致竞争压力，降低消化率。

（四）管理因素

自由采食通常比限制饲喂的消化率高；增加饲喂频率可提高消化率；充足的饮水有助于提高消化率。

三、饲料消化率的调控策略

（一）优化饲料配方

通过添加风味剂、甜味剂等提高饲料的适口性；根据动物的营养需求调整饲料的能量、蛋白质和纤维含量；通过热处理、酶处理等方法降低抗营养因子的含量。

（二）改善饲料加工工艺

粉碎与制粒可以提高饲料的消化率和适口性；热处理如膨化、烘烤，破坏抗营养因子，可以提高营养价值；微生物发酵可以提高饲料的消化率。

（三）使用添加剂

酶制剂如淀粉酶、蛋白酶、纤维素酶，可以提高饲料的消化率；益生菌能够改善肠道微生物区系，促进消化和吸收；酸化剂能够降低胃肠道 pH，提高消化酶的活性。

四、在生产中的应用

（一）生长性能

高消化率饲料可提高动物的生长速度和饲料转化率。

(二）繁殖性能

高消化率饲料可提供充足的营养物质，改善繁殖性能。通过优化饲料消化率，提高繁殖率和后代质量。

(三）泌乳性能

高消化率饲料可提高泌乳动物的产奶量和乳成分。通过提高饲料消化率，改善乳脂率和乳蛋白含量。

(四）健康与福利

高消化率饲料可减少消化不良和肠道疾病的发生。通过改善营养状况，提高动物的免疫力。

饲料消化率是评价饲料营养价值的重要指标，直接影响动物的生长、繁殖和生产性能。了解饲料消化率的影响因素，对于优化饲料配方、提高饲料利用率和改善动物生产性能具有重要意义。在实际生产中，应通过科学的饲养管理和饲料调控策略，确保饲料的高消化率，以实现最佳的生产效益。

（何晓芳　朱红梅）

第四章 水

水是生物生存的基本物质之一，所有的生命活动都与水密切相关。一方面，水是动物机体细胞中含量最多的组分，生命活动中的所有化学反应都是在水环境中进行的，因此水是维持机体正常生理活动的重要营养物质。另一方面，水是最廉价、最易得的营养物质，因此它的重要性往往容易被忽略。生产实践中，动物生产性能的充分发挥首先需要保证充足饮水。

第一节 性质和生理作用

一、性质

水（H_2O）是由氢、氧两种原子以共价键结合组成的无机物，在常温、常压下为无色、无味的透明液体。水所具有的独特物理和化学性质，在机体生命活动中发挥了重要作用。

(一) 比热容

水分子间形成的氢键使水具有优异的储热能力，水所吸收的大部分热能用来克服氢键，因此不会增加液体的温度。水的比热容（单位质量的水温度升高 1℃ 所吸收的热量，简称比热）为 4.18 J/（g·℃），是所有液体中最高者。这种高比热容使动物机体中的水成为一种良好的热量储存媒介而发挥调节体温的作用，体内热量的增加或减少都不会引起体温的过大波动，对于恒温动物维持体温有重要作用。

(二) 蒸发潜热

由于水分子间氢键的存在，水蒸发时需要吸收大量能量用于断开氢键。在 37℃ 时，蒸发 1 g 水需要 2.26 kJ 的热量，是所有已知溶剂中最高的。水蒸发潜热高的特性对于恒温动物在高温环境中维持体温很重要，因为动物通过体表蒸发少量的汗水即可散发大量的热量。

(三) 溶剂

由于水具有极性，是离子和极性化合物（如无机盐、水溶性维生素等）的良好溶剂，也是动物体内营养物质消化、吸收、运输和排泄的载体，物质代谢过程中的生物化学反应都只能发生在水溶液中。

（四）表面张力

水具有所有非金属液体中最大的表面张力值，是蛋白质等有机大分子构象的稳定剂，可维持细胞的形态、弹性和硬度。

二、生理作用

（一）动物机体的主要组成成分

水是细胞的主要组成成分，初生动物体内水分可占体重的80%~90%，成年动物体内也含有50%~70%的水分。水在动物体内大部分和亲水胶体相结合，如蛋白质胶体中的结合水参与构成机体细胞，并使组织器官保持一定的形态、弹性及硬度。机体缺水时则组织器官功能发生障碍，严重缺水时可致死。

（二）机体内重要的溶剂

水是离子和极性化合物的良好溶剂，因此也是动物体内有机营养物质（碳水化合物、蛋白质、脂类和维生素）和无机盐消化、吸收、运输和排泄的载体。机体内的水作为运输媒介，将吸收的营养物质运送到各器官、组织，同时将营养物质在细胞内的代谢产物运送到肾脏、皮肤、肺、肠等，随尿、汗、粪和气体排出体外。另外，营养物质在体内代谢的生物化学反应都只能发生在水溶液中。

（三）参与机体生物化学反应

水是机体内许多化学反应的参与物，包括合成、分解、氧化、还原、聚合、降解、络合等过程都有水参与。消化道内碳水化合物、蛋白质和脂类的消化主要是水解过程，水分子的参与使复杂的有机营养物分解为简单物质而被吸收。例如：

麦芽糖的水解：$C_{12}H_{22}O_{11}+H_2O \rightarrow 2C_6H_{12}O_6$（葡萄糖）；

淀粉的水解：$(C_6H_{10}O_5)_n+nH_2O \rightarrow nC_6H_{12}O_6$（葡萄糖）；

二肽、多肽的水解：$H_2NCH_2CONHCH_2COOH+H_2O \rightarrow 2H_2NCH_2COOH$。

（四）调节体温

水的比热容高，因而能吸收和贮存较多的热量，使机体不致因气候寒冷而出现体温降低；水的蒸发潜热亦很高，机体在物质代谢中产生的热也可通过水参与的血液循环和体液交换，使多余的热量经肺部和皮肤表面水分的蒸发（如呼吸、出汗）而散失，保证机体不致因天气炎热而出现体温升高。因此，机体内的水在维持恒温动物体温恒定、维持动物内环境稳定中发挥重要的作用。

（五）润滑剂

动物骨骼各关节腔内的润滑液，以及胸、腹腔中各内脏器官间的润滑液中，都含有大量的水分，它们能减少骨关节的摩擦，使之活动自如，并缓解碰撞与震动对关节和内脏的损伤。唾液中的水能湿润饲料，使之易于吞咽；消化液中的水有助于食糜运动；泪液有助于眼球的活动；肺液则有助于呼吸道的湿润。

第二节 水平衡的调节

一、水的来源

动物机体水分的丧失是持续的，经过一段时间，机体就会发生缺水现象，必须通过摄取水而保持水的动态平衡。动物机体内水分的来源有三条途径，即饮水、饲料水和代谢水。

（一）饮水

饮水通常是动物获得水的最主要方式，是动物调节体内水平衡的最重要途径。当饲料水和代谢水发生变化时，水的需要量依靠饮水来调节。饮水量随动物种类、年龄、生理阶段、饲料、生产水平和环境温度等不同而变化。在生产实践中，动物的饮水通常完全依靠人工供应，因此每天为动物提供充足、清洁的饮水是十分重要的。

（二）饲料水

饲料中水分含量随饲料种类不同而异，动物采食饲料亦可获得一部分水分。新鲜的青绿饲料含水量较高，通常含70%~90%的水分，青贮饲料含水量40%~70%，而干燥环境中储藏的干草、谷类、糠麸、饼粕等饲料的含水量较低，一般为9%~15%。配合颗粒饲料含水量大大低于鲜湿饲料配合的饲粮。

饲料中的水可以部分替代饮水，因此饲料的含水量直接影响动物的饮水量。随着饲料水的摄入量增加，动物的饮水量相应下降。

（三）代谢水

动物细胞中有机营养物质的分解代谢或合成代谢均产生水，这种水称作代谢水。有机营养物质中含氢量不同，代谢产生的水量亦不同。1 g蛋白质氧化生成的水量少于淀粉，而脂肪氧化生成的水量最高，但以相同能量的营养物质产水量来看，蛋白质最低，而淀粉最高，脂肪则介于二者间（表4-1）。

表4-1　有机营养物质的代谢水

	代谢水（g）	
	每克营养物质	每兆焦能量
淀粉	0.56	33.5
蛋白质	0.40	23.9
脂肪	1.07	28.7

改编自：Maynard等（1979）。

大多数动物体内生成的代谢水仅占机体水供应总量的5%~10%，并且只要机体代谢率恒定，代谢水也保持恒定。在特定生理条件下，这部分代谢水对动物新陈代谢、维持机体正常功能有十分重要的意义，如冬眠动物水的供应完全来自代谢水，而自由活动的大袋鼠、叉角羚、几种非洲羚羊、很多食肉的食虫鸟和兽类，它们采食的饲料水和机体代谢水即可满足机体水需要而无需饮水。

二、含量与分布

动物体内含水量随品种、年龄、生理阶段、组织脂肪含量等因素而变化。幼龄动物机体含水量高于成年动物，随年龄增长，动物机体含水量逐渐降低（表4-2）。胚胎发育期水占体重的比例可达90%，新生动物为70%~80%，而成年动物为50%~70%。另外，动物机体的水含量与脂肪含量成反比。肥胖动物机体含水量比消瘦动物含水少，肥育猪后期的机体含水量可降至40%。

表4-2 动物机体内含水量

动物种类	年龄	机体含水量（%）
牛	1~12月龄	70
	成年	64
	肥育	54
绵羊	青年	62
	成年	55
猪	新生	83
	7~12月龄	66
	成年	46

改编自：周顺伍（1999）。

动物机体的水主要分布于各组织、器官的体液中。相当于体重50%的水存在于细胞内液中，其中以肌肉、皮肤细胞含水最多。细胞外液中含有占体重20%的水，其中血浆占5%、细胞间液占15%。水在血浆、细胞间液和细胞内液间不断交换，使机体中的水保持动态平衡。

动物的不同组织，其含水量亦不同。血液含水量最高，其中血浆含水量可达90%，心、肺、肾次之，牙齿中仅含10%的水分（表4-3）。

表4-3 动物组织和器官的含水量

组织和器官	水分（%）	组织和器官	水分（%）
脂肪组织	7	肌肉	75
牙齿	10	心、肺	80
骨骼	28	肾脏	81
皮肤	58	全血	82
肝脏	70	脑（灰质）	86

引自：Maynard等（1979）。

当以无脂体重计算含水量时，不同种类和品种的动物机体含水量则基本一致，包括猪、鸡、牛、羊、鱼、大鼠、小鼠等，水占无脂体重的比例为70%~75%，平均为73%。因此，可根据动物机体含水量估测机体脂肪含量：机体脂肪（%）=[（100%-机体水（%）]/0.73。

三、水的排出途径

机体内水通过粪、尿、皮肤蒸发、呼吸、动物产品等形式排出，以维持机体内的水平衡。

（一）粪与尿

动物由尿中排出的水一般占总排出水量的50%左右。尿液的主要成分是水，正常情况下，猪、牛、马、羊的尿液含水量分别为96%、94%、90%、85%。排尿量受动物种类、饮水量、饲料性质、动物活动量以及环境温度等多种因素的影响。其中饮水量影响最大，饮水越多，尿量越多；活动量越大，环境温度越高，尿量越少。

以粪便形式排出的水量，因动物种类不同而异，牛、马等动物排粪量大，粪中含水量又高，从粪中排出的水量较多，猪和鸡次之，绵羊、家兔、狗、猫等较少。正常情况下，牛、猪、马、鸡、山羊的鲜粪中含水量分别为83%、80%、78%、70%、65%。羊粪中的水占总排水量的13%~24%，奶牛粪排出的水占总排水量的30%~32%。同一种动物，当胃肠消化机能发生紊乱时，往往从粪中丧失大量水分，且失水速度也快。

（二）皮肤和肺脏蒸发

与动物间断性排泄粪、尿不同，动物皮肤和肺脏蒸发的水是连续的、无知觉的，因此皮肤和肺脏蒸发的水分是动物排泄水分的重要途径。由皮肤表面失水的方式有两种，一是水分从毛细血管和皮肤的体液中简单扩散到皮肤表面而蒸发，二是通过排汗失水。皮肤出汗和散发体热、调节体温密切相关。具有汗腺的动物处在高温时，一般的体热散失方式已不能满足需要，则汗腺活动经出汗排出大量水分，如马的汗液中含水量约为94%，排汗量随气温上升及肌肉活动量的增强而增加。在适宜的环境条件下，动物通过排汗途径仅散失少量水分。

动物肺脏呼出气体的含水量往往大于吸入气体的含水量，这是由于呼出的气体在体温下水蒸气几乎达到饱和。在适宜的环境条件下，动物经呼吸散失的水量是恒定的；随环境温度的提高和动物活动量的增加，动物呼吸频率加快，经肺脏呼出的水分增加。汗腺不发达或缺乏汗腺动物体内水的蒸发，多以水蒸气的形式经肺脏呼气排出。例如，无汗腺的母鸡，通过皮肤的扩散作用失水和肺脏呼出水蒸气的排水量占总排水量的17%~35%。

（三）动物产品

动物产品中沉积的水也是机体排出水的途径之一，特别是泌乳动物和产蛋家禽。如牛乳含水量高达87%，每产1 kg牛奶可排出0.87 kg水，日产奶35 kg时，排水量30.5 kg。鸡蛋的含水量为70%以上，每产1枚60 g蛋可排出至少42 g水。

四、水平衡的调节机制

动物机体内含水总量保持相对恒定,这种水平衡主要依赖机体调节水代谢的一系列机制,维持机体得水量与各失水途径损失的失水量相当(表4-4)。在这些调节机制中,机体含水量制约水的摄取和尿排泄。

表4-4 舍饲绵羊在20~26℃时体内的水平衡

			试验一	试验二
采食量				
	干物质	(g/d)	795	789
	粗蛋白质	(g/d)	122	50
	代谢能	(MJ/d)	8.4	5.8
水摄入				
	饮水	(g/d)	2 093	1 613
	占总摄水	(%)	87.8	88.1
	饲料水	(g/d)	51	50
	占总摄水	(%)	2.1	2.7
	代谢水	(g/d)	240	167
	占总摄水	(%)	10.1	9.1
	总摄水	(g/d)	2 384	1 830
水的排泄				
	粪水	(g/d)	328	440
	占总排水	(%)	13.8	24.0
	尿水	(g/d)	788	551
	占总排水	(%)	33	30.1
	蒸发水	(g/d)	1 268	839
	占总排水	(%)	53.2	45.9
	总排水	(g/d)	2 384	1 830

引自:Pond等(2005)。

(一)摄入调节

动物对水的摄入依靠渴觉调节。渴觉主要由于动物失水而引起细胞外液渗透压的升高,刺激下丘脑前区的渗透压感受器而产生,进而引发饮水行为;动物体内水充足时,渗透压恢复正常,动物无渴感而不饮水。除此之外,动物失水缺水也降低唾液腺的分泌速度,使口腔黏膜和喉咙发干,由传入神经产生失水刺激信号,直接传入下丘脑渴觉中枢而引起渴感和饮水行为。动物的摄水量调节过程如下:动物失水细胞外液渗透压升高下丘脑渗透压感觉器渴感和饮水行为;或者,动物失水传入神经产生失水刺激信号下丘脑渴觉中枢兴奋渴感和饮水行为。

(二)排泄调节

动物机体水的排出,主要依靠肾脏的排尿量调节。如果动物缺水,则从尿中排泄水的速度将降低,排尿量减少;反之,如果动物大量饮水,则排尿量增加,经尿排泄的水量增加。动物的最低排尿量取决于两个因素,一个是机体必须排出的溶质量,另一个是肾脏对尿液的浓缩能力。不同种类的动物,其肾脏对尿液的浓缩能力亦不同。

肾脏对水的排泄主要受脑垂体后叶分泌的抗利尿激素(加压素)的调节。当动物缺水而导致血浆渗透压上升时,刺激下丘脑渗透压感受器,反射性刺激垂体后叶释放抗利尿激素,从而改变肾小管通透性、加强肾脏对水的重吸收,使尿液浓缩,尿量减少,水的排泄减少;反之,动物大量饮水后,血浆渗透压降低,则抗利尿激素分泌减少,水分重吸收减弱,尿量增加,水排泄量增加。此外,肾上腺皮质分泌的醛固酮激素在促进肾小管对 Na^+ 重吸收的同时,也增强对水的重吸收。

第三节 需水量及缺乏的后果

一、各种动物的需水量

动物需水量受很多因素的影响,如动物种类、饲料、生理阶段、生产水平、活动量和环境等。生产实践中,动物需水量(不包括代谢水),常以饲料干物质采食量为基础估计:每采食 1 kg 饲料干物质,成年动物需水 2~4 kg。通常情况下,牛需水量最高,其次是家禽和马,猪和羊最低:牛采食干物质与饮水量比例为 1:4,家禽和马为 1:(2~3),猪和羊为 1:(2~2.5)(表4-5)。由于禽类的氮代谢终产物是尿酸,尿酸的排泄需水量较低,因此禽类需水量通常低于哺乳动物。

幼龄动物需水量高于成年动物:幼龄动物每采食 1 kg 干物质需水 3~8 kg。泌乳牛采食 1 kg 饲料干物质的需水量较空怀牛高 1~1.8 kg。另外,动物的需水量与环境温度呈正相关:在适宜环境温度下,每日牛的饮水量相当于体重的 5%~6%;高温时,牛饮水量则相当于体重的 12%或更高。

表4-5 适宜环境条件下动物的需水量

动物种类	生理阶段	需水量(L/d)
肉牛	生长母牛和阉牛(180 kg)	15~22
奶牛	妊娠	26~49
	泌乳,22.7 kg 牛奶/d	91~102
	泌乳,45.4 kg 牛奶/d	182~197
猪	11 kg 体重	1.9
	90 kg 体重	9.5
	妊娠	17~21
	泌乳	22~23

(续表)

动物种类	生理阶段	需水量（L/d）
绵羊	干奶母羊	7.6
	泌乳母羊	11.3
山羊	2~9 kg 体重	0.4~1.1
肉鸡	4 周龄	0.10
	8 周龄	0.20
蛋鸡	16~20 周龄	1.20~1.60

引自：计成（2008）。

二、水缺乏的后果

动物摄水是间断性的，而失水是持续性的，因此机体水分如不能及时补充，动物将面临缓慢脱水，严重脱水包括水和电解质同时丢失。畜禽饮水不足会降低采食量，进而导致生产水平和生产效率下降。短期缺水时，幼龄动物生长受阻，肥育动物增重缓慢，泌乳母畜产奶量急剧下降，母鸡产蛋量迅速下降、蛋重减轻、蛋壳变薄。母鸡断水 24 h，产蛋量将下降 30%，且恢复供水 25~30 d 后方恢复正常产蛋；若断水 36 h，母鸡则无法恢复正常产蛋。动物长期饮水不足，会损害健康。动物失水量达到体重的 1%~2% 时，会出现脱水的首要特征，即寻找水源和产生饮水行为，随后食欲减退、尿量减少。动物机体失水达到体重 8%~10% 时，出现严重口渴感、食欲丧失、消化机能减弱，并因黏膜干燥降低了对疾病的抵抗力和机体免疫力。犬在适宜条件下禁水 5 d，失水量可达体重的 10%，其中失水量的 67% 来自细胞外液、33% 来自细胞内液。动物失水达到体重 20% 时，则可以致死。

长期水饥饿的动物，血液变浓稠、营养物质代谢发生障碍，但组织中的脂肪和蛋白质分解加强，体温升高，常因组织内蓄积有毒的代谢产物而死亡。实际上，动物缺水比缺食物更难维持生命。例如，鸽子禁水 3~4 d 即可致死，而禁食但保证饮水条件下，可维持生命 10~14 d。

三、影响需水量的因素

动物对水的需要受动物种类及品种、饲料、环境等因素的影响。

（一）动物因素

不同种类动物对水的需求差异很大。例如，禽类泄殖腔对水的重吸收能力很强，尿较浓稠，尿中含水量较哺乳动物低。同时，禽类体表着生稠密羽毛，从皮肤蒸发的水分少。因此，禽类的需水量较哺乳动物低。同种动物而言，幼龄动物由于体内含水量相对较高，代谢旺盛，因此较成年动物需水量大。

另外，动物的生理状态和生产水平也影响需水量。如妊娠和哺乳母畜需水量较空怀母畜高；高产和快速生长的动物需水量增加。动物的活动量较大时，体内水消耗增多，对水的需要量也相应增加。

(二) 饲料因素

动物的饮水量与饲料干物质采食量呈正相关，干物质采食量越多，需水量就越多。与采食干草相比，动物采食含水量较高的青绿饲料和青贮饲料时，饮水量显著降低。另外，饲料组成不同，动物的需水量亦不同。当动物采食高蛋白饲料时，蛋白质代谢的终产物尿素生成量增加，这需要较多的水稀释尿素，因此动物需水量增加。当采食粗纤维含量高的饲料时，无法消化的粗纤维残渣需排出体外，也需要充足的水，因此动物饮水量会增加。动物对食盐、碳酸氢钠或其他盐类的采食量增加时，需水量亦增加。

(三) 环境因素

环境温度与动物饮水量具有明显的正相关关系，即环境温度升高，需水量增加。因此，正常情况下，动物夏季饮水量远高于冬季饮水量。当气温在10℃以下时，动物需水量减少，饮水量明显降低。气温达到27~30℃时，泌乳奶牛饮水量显著增加；气温高于30℃时的饮水量，较10℃以下时增加75%。另外，环境相对湿度较大时，动物的需水量同样也会增加。

四、水的卫生质量

水的质量影响动物饮水量和健康。清洁、卫生的饮水可以保障动物的饮水量，促进采食，改善生产性能。

动物的饮水通常来自水井、池塘或者蓄水池，这些水中或多或少都含有盐分。尽管动物能耐受盐度较高的饮水，特别是反刍动物，水中盐或固体可溶物总量（Total Dissolved Solids，TDS）是判定水可用性的重要指标，通常钠盐是饮水中的主要可溶性盐，其次是钙盐和镁盐，其中有毒物质包括亚硝酸盐、重金属盐和氟化物等。其他影响水品质的物质有病原微生物、杀虫剂、除草剂等。如果饮用水被病原微生物污染，如沙门氏菌和大肠杆菌，那么对动物生产是十分危险的。高硫酸盐可能影响某些营养物质的利用，而高亚硝酸盐对动物的健康有害。

(一) 固体可溶物总量

各类动物饮水中固体可溶物总量以低于2 000 mg/L为宜，而动物通常拒绝饮用固体可溶物总量达到2 000~4 900 mg/L的饮水（NRC，2007）。饮水中固体可溶物含量的突然增加，会显著影响动物饮水量，并可引起轻微腹泻。含盐量为3 000~5 000 mg/L的水则不适于家禽饮用，否则会导致粪便变稀和蛋壳变形。经过一段时间适应，牛、羊、猪和马可饮用含盐量高达5 000~7 000 mg/L的水。在无热应激和其他环境应激的情况下，成年反刍动物和马甚至可耐受含盐量为7 000~10 000 mg/L的水，但不能作为幼龄、妊娠、哺乳动物的饮水（表4-6）。羊耐受盐分的能力比牛强，而牛又比猪强。绵羊和山羊可以耐受饮水中含高达1.7%的固体可溶物或1.3%氯化钠（NRC，2007）。

通常随着饮水中钙盐、磷盐、镁盐、硫酸盐和其他污染物含量的增加，动物的饮水量将下降，进而导致饲料干物质采食量降低。然而，如果动物从饲料或饮水中摄入过量食盐，则动物为排泄过量的Na^+会增加饮水量。

表 4-6 畜禽对水中不同浓度可溶性盐（TDS）的反应

可溶性盐含量（mg/L）	评价等级	动物反应
<1 000	安全	适于各种动物
1 000~2 999	满意	不适应的动物可出现轻度腹泻
3 000~4 999	满意	可能出现暂时性拒绝饮水或腹泻，上限水平不适于家禽
5 000~6 999	可接受	不适于家禽和妊娠或泌乳母畜
7 000~10 000	不适合	对妊娠或泌乳母畜危害大，无应激成年动物可适应
>10 000	危险	任何情况下皆不适宜

引自：NRC（1974）。

（二）硝酸盐、亚硝酸盐和有毒矿质元素

饮水中通常都含有硝酸盐和亚硝酸盐。硝酸盐对动物无毒性，动物可耐受硝酸盐浓度为 1 320 mg/L 的饮水，但亚硝酸盐浓度超过 33 mg/L 时就有毒性作用。亚硝酸盐可将血红素中的铁氧化为高铁血红蛋白，使血红蛋白丧失载氧能力而使动物中毒。环境中硝酸盐含量过高时，细菌可将硝酸盐转化成亚硝酸盐而污染水源。饮水中的重金属含量过高，如铅、汞、铬、镉等，也对动物有毒害作用（表 4-7）。

表 4-7 动物饮水的质量指标

指标	最高限（mg/L）	指标	最高限（mg/L）
固体可溶物总量（TDS）	3 000	镍	1.00
硝酸盐-N	100	铜	0.50
亚硝酸盐-N	10	锌	25.0
砷	0.20	硒	0.05
铅	0.10	钴	1.00
汞	0.01	钼	0.50
铬	1.00	铝	5.00
镉	0.05	氟	2.00

引自：NRC（1974）。

（何晓芳　邓凯东）

第五章 蛋白质

蛋白质是构成动物机体组织和器官的主要物质基础,是维持生命活动不可或缺的重要营养素。在动物体内,蛋白质不仅是肌肉、皮肤、毛发、酶、激素和抗体等关键结构和功能分子的组成成分,而且在生长发育、组织修复、免疫调节、遗传信息表达及代谢调控等过程中发挥着核心作用。动物一旦缺乏蛋白质或其组成单位——必需氨基酸,将导致生长迟缓、生产性能下降、免疫力减弱,严重时甚至危及生命。

动物的蛋白质营养与其消化生理特性密切相关。单胃动物与反刍动物在蛋白质的摄入、消化、吸收与代谢过程中存在显著差异。单胃动物依赖饲粮蛋白质本身的质量与氨基酸组成,而反刍动物则在瘤胃微生物的参与下,将饲料蛋白质和非蛋白氮转化为微生物蛋白,从而实现对氮源的再利用。这种代谢机制的差异对饲料蛋白质的评价和配制策略提出了不同的要求。

第一节 氨基酸结构与肽键

蛋白质是动物体内最重要的生物大分子之一,广泛存在于机体的细胞和组织中,是构成生命物质的基础,参与多种生命活动。蛋白质由氨基酸组成,而氨基酸之间通过肽键相互连接形成多肽链,进而折叠成具有特定空间结构和功能的蛋白质。因此,系统理解氨基酸的基本结构和肽键的形成机制,是掌握动物蛋白质营养的前提。本节将介绍氨基酸的基本结构、分类、理化性质及肽键的形成和性质,为后续理解蛋白质的营养作用和代谢机制奠定基础。

一、氨基酸

氨基酸(Amino Acids,AA)是组成蛋白质的基本单位。生物体中的氨基酸种类有180多种,通常认为构成蛋白质的常见氨基酸有20种,后来确认硒代半胱氨酸是第21种。氨基酸的结构通式为与羧基相邻的α-碳原子上结合一个氨基(脯氨酸除外)、氢原子和侧链(R基团),如图5-1所示。

二、肽键

一个氨基酸中的C与另一个氨基酸中的N形成C-N,称为肽键(Peptide Bond)。上列反应的产物是一个二肽(Dipeptide)。更多的氨基酸以同样的方式一个一个地加上

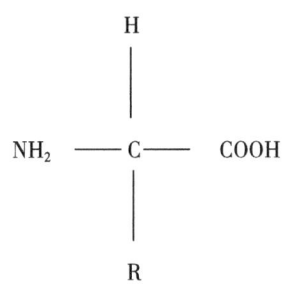

图 5-1 氨基酸的结构

去，形成的产物就是多肽（Polypeptide）。多肽发生水解作用时，一个水分子加上去就破坏一个肽键，于是一个氨基酸被释放出来，剩下的是比原来的多肽少一个氨基酸的多肽。多肽可以由数个单体（在多肽链中特称为氨基酸残基）至成千上万个单体组成。每一种多肽有其独特的氨基酸序列，并因而具有独特的三维形状。

在蛋白质和多肽分子中连接氨基酸残基的共价键除肽键外，还有一种较常见的是在两个 Cys 残基侧链之间形成的二硫键（Disulfide Bond），也称二硫桥（Disulfide Bridge）。它可以使两条单独的肽链共价交联起来或使一条肽链的某一部分形成环。含 2 个、3 个、4 个、5 个等氨基酸残基的肽分别称为二肽、三肽、四肽、五肽等。十肽可写成 10-肽，十五肽可写成 15-肽等。通常把含几个至十几个氨基酸残基的肽称为寡肽（Oligopeptide），含多于 20 个残基的肽称为多肽（Polypeptide）。虽然"蛋白质"和"多肽"这两个术语有时可以交互使用，但称为多肽分子的相对分子质量一般小于 10 000（<100 个残基），称为蛋白质的则高于此值，可以是几千个残基。肽链中的氨基酸由于肽键的形成已经不是原来完整的分子，因此称为氨基酸残基（Amino Acid Residue），有时简称残基。通常在一条多肽链的主链中，含有游离 α-氨基的那一末端氨基酸残基称为氨基端（Amino-terminal）残基，在另一末端含有游离 α-羧基的氨基酸残基称为羧基端（Carboxyl-terminal）残基。肽链有时由于这两个游离的末端基团连接起来而成环状肽（Cyclicpeptide）。

三、氨基酸的分类

氨基酸侧链基团（R 基团）因氨基酸种类不同而异。通常根据 R 基团将氨基酸分为脂肪族、芳香族和杂环族三类，其中芳香族包括苯丙氨酸和酪氨酸；杂环族包括色氨酸、组氨酸和脯氨酸；其余为脂肪族氨基酸。此外，根据氨基酸结构中氨基和羧基数目、含硫与否、是否存在支链等区分为酸性氨基酸（天冬氨酸和谷氨酸）、碱性氨基酸（赖氨酸、精氨酸和组氨酸）、含硫氨基酸（半胱氨酸和蛋氨酸）、支链氨基酸（缬氨酸、亮氨酸和异亮氨酸）。此外，谷氨酸和天冬氨酸属于兴奋性氨基酸。

除甘氨酸（无不对称碳原子）外，氨基酸具有 L 型和 D 型两种构型。大多数 D 型氨基酸不能被动物利用或利用率很低，L 型氨基酸的生物学效价比 D 型高（蛋氨酸除外）。天然饲料仅含 L 型氨基酸，微生物能合成 L 型和 D 型两种氨基酸，化学合成的氨基酸多为 D 型和 L 型混合物。

为表达蛋白质或多肽的氨基酸序列需要，氨基酸的名称常使用三字母的简写符号表示，有时也使用单字母的简写符号表示，后者主要用于表达长的蛋白质多肽链的氨基酸序列。这两套简写符号见表 5-1。

表 5-1 基本氨基酸的名称及其缩写

名称	三字母符号	单字母符号
丙氨酸	Ala	A
精氨酸	Arg	R
天冬酰胺	Asn	N
天冬氨酸	Asp	D
半胱氨酸	Cys	C
谷氨酰胺	Gln	Q
谷氨酸	Glu	E
甘氨酸	Gly	G
组氨酸	His	H
异亮氨酸	Ile	I
亮氨酸	Leu	L
赖氨酸	Lys	K
甲硫氨酸	Met	M
苯丙氨酸	Phe	F
脯氨酸	Pro	P
丝氨酸	Ser	S
苏氨酸	Thr	T
色氨酸	Trp	W
酪氨酸	Tyr	Y
缬氨酸	Val	V

（一）非极性氨基酸

这一组氨基酸的 R 基是非极性的、疏水的。丙氨酸、缬氨酸、亮氨酸和异亮氨酸在蛋白质分子内倾向于成串聚集，借疏水相互作用稳定蛋白质的结构。甘氨酸是唯一的不含手性碳原子的氨基酸，因此不具旋光性，是氨基酸中结构最简单的。虽然它很容易与非极性氨基酸成簇聚在一起，但它的侧链 R 基只不过是一个氢原子，对疏水相互作用没有作出实质性的贡献，介于非极性和极性之间，有时甚至把它归入不带电荷的极性类。甲硫氨酸或称蛋氨酸是两个含硫的氨基酸之一，在它的侧链中有一个非极性的硫醚基，它是体内代谢中甲基的供体。脯氨酸具有一个特殊的环状结构的脂族侧链。它与一

般的 α-氨基酸不同，没有自由 α-氨基，是一种 α-亚氨基酸（α-imino acid），后者可以看成是 α-氨基酸的侧链取代了自身氨基上的一个氢原子而成的杂环结构。脯氨酸残基的二级氨基（亚氨基）处于刚性构象，此构象使含有脯氨酸的多肽区域的结构柔性降低。

（二）芳香族氨基酸

具有芳香族侧链的苯丙氨酸、酪氨酸和色氨酸是非极性的、疏水的，它们都参与疏水相互作用。酪氨酸的羟基能形成氢键，并且是某些酶的重要功能基。酪氨酸和色氨酸的极性明显比苯丙氨酸大，这是因为酪氨酸的羟基和色氨酸的吲哚环氮的缘故。色氨酸在植物和某些动物体内能转变为烟酸或称尼克酸（Nicotinicacid），是维生素 PP 的一种。血浆或尿中苯丙氨酸浓度的测定被用于苯丙酮尿症的诊断指标。

这 3 个芳香族 R 氨基酸都有吸收紫外光的能力，但苯丙氨酸比色氨酸和酪氨酸要弱得多。这就是大多数蛋白质之所以在 280 nm 波长处具有特征性光吸收的原因，并被研究者用来作为蛋白质含量的测定方法之一。

（三）极性、不带电荷的氨基酸

这组氨基酸比非极性氨基酸在水中的溶解度大或亲水性大，因为它们含有能跟水形成氢键的官能团。这组氨基酸包括丝氨酸、苏氨酸、半胱氨酸、天冬酰胺和谷氨酰胺。丝氨酸和苏氨酸的极性由它们的羟基提供。半胱氨酸的极性来自它的巯基（Sulmydryl Group），巯基是一个弱酸，能与氧或氮形成氢键。半胱氨酸很容易氧化成共价连接的二聚氨基酸，称为胱氨酸（Cystine）。胱氨酸中的两个半胱氨酸分子或残基通过二硫键或称二硫桥（Sulfide Bridge）连接在一起，二硫键连接的残基是强疏水的（非极性的）。天冬酰胺和谷氨酰胺的极性是由于它们的酰胺基（Amide Group）。这两个酰胺化合物在生理 pH（约 7.0）范围内其酰胺基不被质子化，因此侧链不带电荷。天冬酰胺和谷氨酰胺分别是蛋白质中存在的另两个氨基酸天冬氨酸和谷氨酸的酰胺。天冬酰胺和谷氨酰胺很容易被酸或碱水解成它们的游离氨基酸。

（四）带正电荷氨基酸

大多数的亲水 R 基氨基酸都是带正电荷或负电荷的。在 pH 7.0 时其 R 基具有净正电荷的氨基酸是赖氨酸、精氨酸和组氨酸。赖氨酸在脂族侧链的 ε 位置上有第二个一级氨基；精氨酸含有一个带正电荷的胍基（Guanidinium Group）；组氨酸有一个芳香族的弱碱性咪唑基（Imidazole Group）。在 pH 6.0 时，组氨酸分子 50% 以上质子化，但在 pH 7.0 时，质子化的分子不到 10%。组氨酸是唯一的一个 R 基的 pKa（pKR）值在中性附近的氨基酸。组氨酸由于起着质子供体/接纳体的作用，使许多酶促反应变得容易发生，如丝氨酸蛋白酶类的催化部位中组氨酸所起的作用。

（五）带负电荷氨基酸

属于这一组的是两种酸性氨基酸，天冬氨酸和谷氨酸。这两种氨基酸都含有两个羧基，并且第二个羧基在 pH 7.0 左右也完全解离，因此分子带有静负电荷。蛋白质是由很多氨基酸通过肽键连接而形成的多肽链，氨基酸数目差异很大，肽类（如生长激素）一般含 2~20 个氨基酸残基；多肽类（如胰岛素）一般含 20~100 个氨基酸残基；大多数蛋白质至少含有 100 个氨基酸残基。由于氨基酸的数量、种类和排列顺序不同而形成各种各样的蛋白质。猪体不同组织蛋白质的氨基酸含量见表5-2。

表 5-2　猪体不同组织蛋白质的氨基酸组成　　　　　　　　　　　　　　　（%）

名称	骨骼肌	骨	皮毛	脂肪组织	肝	血	消化道	整体
赖氨酸	8.4	4.2	4.3	5.5	7.4	9.5	6.4	7.2
蛋氨酸	2.7	1.0	1.1	1.5	2.3	0.8	2.1	2.1
半胱氨酸	1.3	0.6	2.1	1.1	2.1	1.4	1.5	1.3
精氨酸	6.5	7.4	7.6	6.8	6.2	4.5	6.4	6.6
组氨酸	3.6	1.2	1.1	1.9	2.6	7.2	2.0	3.1
异亮氨酸	4.9	1.3	2.1	2.9	4.8	1.4	3.9	3.8
亮氨酸	8.4	4.4	4.6	5.9	9.5	14.2	7.5	7.6
苯丙氨酸	3.9	2.7	2.6	3.3	5.1	7.3	3.9	3.8
酪氨酸	3.3	1.3	1.6	2.3	3.7	2.9	3.4	2.8
苏氨酸	4.6	2.5	2.7	3.1	4.7	3.7	4.2	4.0
缬氨酸	4.9	3.1	3.3	4.2	5.8	9.1	4.8	4.7
丙氨酸	6.3	7.9	8.0	7.6	6.1	8.4	6.5	6.9
谷氨酰胺	15.7	19.4	11.4	11.8	13.1	9.7	13.0	13.8
甘氨酸	5.9	20.1	18.6	14.3	6.2	5.0	9.2	9.7
脯氨酸	4.8	10.9	11.3	8.7	5.1	3.8	6.3	6.5
丝氨酸	4.0	3.4	4.3	3.8	4.5	4.7	4.3	4.0
天冬氨酸	8.8	6.1	6.4	7.3	9.4	12.1	8.0	8.2
组织氮占整体氮	56	12	10	8	3	5	4	100

第二节　生理作用

蛋白质作为动物体内最重要的生物大分子之一，在维持生命活动、促进生长发育、提高生产性能等方面发挥着至关重要的作用。蛋白质不仅是细胞和组织结构的基本构成成分，还参与了多种生理功能和代谢过程。本节将详细介绍蛋白质在动物体内的生理作用，涵盖其在结构、催化、运输、免疫、调节等方面的功能。

一、组织与细胞结构

（一）细胞和组织

蛋白质是所有细胞和组织的基础构成成分，几乎所有的细胞都由蛋白质、脂质、碳水化合物和核酸等物质组成。在动物机体中，蛋白质占细胞干重的50%以上，特别是在肌肉、皮肤、毛发、骨骼等组织中，蛋白质含量极为丰富。例如，哺乳动物骨骼肌的干重中约有75%的蛋白质，而皮肤、毛发、血液中的蛋白质也是支撑这些组织结构和功能的关键。

1. 肌肉蛋白质

肌肉是动物体内含蛋白质最多的组织，主要由两类蛋白质组成：结构蛋白和收缩蛋白。结构蛋白如肌动蛋白（Actin）和肌球蛋白（Myosin）构成肌肉纤维的框架，而收缩蛋白则直接参与肌肉收缩和运动。蛋白质的合成和分解直接影响肌肉的生长、修复与功能。

2. 皮肤与毛发

皮肤的主要成分之一是胶原蛋白，它是动物体内最丰富的结构蛋白，主要构成皮肤、骨骼、韧带和关节等组织。毛发、羽毛等也主要由角蛋白构成，这些蛋白质的特性与动物的生长、保护和美观等方面密切相关。

3. 血液

血液中的蛋白质主要包括血浆蛋白和血红蛋白。血浆蛋白如白蛋白和球蛋白不仅参与体内的液体平衡，还在运输、免疫反应和凝血过程中发挥重要作用。血红蛋白则在氧气和CO_2的运输中起着至关重要的作用。

（二）细胞膜

细胞膜是细胞与外界环境之间的屏障，主要由脂质和蛋白质构成。细胞膜上的蛋白质不仅起到结构支持作用，还参与了物质的跨膜运输、信号传递、细胞识别等生理过程。膜蛋白分为外周膜蛋白和跨膜蛋白，后者可以跨越细胞膜，参与物质的选择性运输和细胞间的相互作用。

二、催化反应

（一）酶的催化作用

酶是一类具有催化功能的蛋白质，是动物体内最重要的生物催化剂。酶加速了体内化学反应的速率，极大地提高了代谢效率。在动物体内，酶催化的反应几乎涉及所有的生理过程，包括消化、能量代谢、免疫反应、合成代谢和分解代谢等。例如，胃蛋白酶、胰蛋白酶和淀粉酶等消化酶负责食物的分解，而酮酸脱氢酶和ATP合成酶则参与能量代谢过程。

（二）酶的特异性与调节作用

酶具有高度的底物特异性和反应选择性。每种酶通常只能催化一种或一类特定的底物反应。此外，酶的活性也可以通过激活剂或抑制剂的作用进行调节，从而确保生理过程的精细控制。例如，胰岛素通过激活酶促使细胞吸收葡萄糖，而胰高血糖素则通过抑制酶来调节血糖水平。

三、运输

（一）氧气

蛋白质在动物体内的氧气运输中起着至关重要的作用。血红蛋白（Hemoglobin）是最典型的运输蛋白，它能够结合氧气并将其从肺部输送到全身的各个组织，同时又能够结合 CO_2 并将其运送回肺部。每个血红蛋白分子由四个亚基组成，每个亚基含有一个血红素结构，可以与一个氧分子结合，从而提高血液的氧气运输能力。

（二）脂质与维生素

在动物体内，许多脂溶性物质如脂肪酸、脂溶性维生素（如维生素 A、维生素 D、维生素 E、维生素 K）需要借助蛋白质进行运输。例如，载脂蛋白（Apolipoproteins）在脂蛋白颗粒中与脂肪酸结合，通过血液运输到组织。肝脏合成的胆固醇、脂肪酸等物质也通过特定的蛋白质进行运输和分配，确保细胞的正常功能。

四、免疫反应

（一）免疫球蛋白

免疫球蛋白（Ig）是体内的抗体，主要由蛋白质组成。它们通过识别和结合抗原，参与动物的免疫防御。免疫球蛋白能够中和外来病原，如细菌、病毒和毒素，防止它们对机体的侵害。此外，免疫球蛋白还可以通过激活补体系统、调动白细胞等机制，加强免疫反应，清除病原。

（二）抗体

蛋白质在免疫反应中的作用不仅限于直接识别外来物质，还与免疫记忆的形成密切相关。初次感染后，机体通过 B 细胞生成特异性的抗体，这些抗体在体内的半衰期较长，并且会为二次免疫反应提供快速应答。

五、激素与酶

（一）激素

蛋白质在激素合成与调节方面也发挥着重要作用。激素是调节生理过程的化学信使，大部分激素是由蛋白质或肽类分子构成。例如，胰岛素、促甲状腺激素、生长激素等均为蛋白质类激素。它们通过与受体结合，激活细胞内信号通路，从而调节细胞的代谢、增殖、分化等过程。

（二）调控作用

蛋白质还通过与其他分子相互作用，调节细胞的功能。例如，酶抑制剂和激活剂的作用，能通过调节酶的活性，控制代谢通路的速率，保证机体内稳态的维持。

六、维持体内平衡

蛋白质在机体内起到平衡调节作用，尤其在液体和电解质平衡、酸碱平衡等方面具有不可替代的作用。血浆中的白蛋白通过调节血液中的水分分布，维持血液容量；同时，肌肉和内脏器官中的蛋白质也在调节机体内外环境的稳定性方面发挥着重要作用。

蛋白质在动物体内的生理作用是多方面的，其功能不仅仅局限于提供能量或维持机体的基本结构。它们参与了细胞结构的构建、酶的催化反应、物质运输、免疫防御、激素调控等一系列复杂的生理过程，是生命活动的基础。因此，合理摄入蛋白质、满足不同生理状态下的蛋白质需求，是动物健康和生产性能的保证。通过对蛋白质生理作用的深入理解，我们能够更好地进行动物营养管理与饲料配制，以优化动物的生长发育和生产效益。

第三节 单胃动物的蛋白质消化与吸收

单胃动物的蛋白质消化与吸收是其营养代谢过程中至关重要的一环，涉及从口腔摄取蛋白质食物到肠道最终吸收氨基酸及其代谢产物的全过程。该过程不仅影响动物的生长、繁殖和生产性能，还与饲料利用率及动物健康密切相关。本节将详细介绍单胃动物蛋白质消化与吸收的机制，包括消化系统的结构特点、蛋白质的分解过程、消化酶的作用以及氨基酸的吸收与运输等内容。

一、单胃动物的消化系统

单胃动物的消化系统结构相对简单，由口腔、胃、小肠、大肠等部分组成。其消化系统主要依赖于胃和小肠的分泌物及消化酶来完成食物的分解与营养吸收。与反刍动物不同，单胃动物没有瘤胃，因此其蛋白质的消化主要依赖胃液中胃酸和消化酶的作用。

（一）口腔

在单胃动物的消化过程中，口腔是食物摄入的第一站，口腔内的机械作用和唾液中的酶类开始对食物进行初步消化。对于蛋白质来说，口腔并不参与直接消化，但唾液中的某些酶，如淀粉酶，开始作用于食物中的碳水化合物，促进食物的进一步消化。

（二）胃

蛋白质的消化在胃中完成的主要部分。胃分泌的胃酸（主要成分为盐酸）具有强烈的酸性，pH 通常为 1.5~3.5，这样的酸性环境能够激活胃蛋白酶原转化为胃蛋白酶（Pepsin），从而开始分解食物中的蛋白质。胃蛋白酶通过水解肽键，将大分子蛋白质分解成较小的多肽链、肽段及少量氨基酸。

1. 胃酸

胃酸不仅能够激活胃蛋白酶，还能够为胃蛋白酶提供适宜的酸性环境。胃酸通过降低胃腔的 pH，破坏食物中的蛋白质的空间结构，使其变性，从而提高蛋白酶的作用效率。胃酸还起到杀菌作用，减少进入胃部的病原微生物对动物的潜在危害。

2. 胃蛋白酶

胃蛋白酶是胃壁细胞分泌的酶，最初以非活跃的胃蛋白酶原（Pepsinogen）形式存在，进入胃腔后被酸激活为具有水解作用的胃蛋白酶。胃蛋白酶能够水解蛋白质分子中的肽键，产生多肽链、二肽、三肽以及少量的自由氨基酸。这一过程是蛋白质消化的初步阶段。

（三）小肠

胃中的蛋白质经过初步消化后，进入小肠。小肠是蛋白质消化的主要场所，分泌的胰液和肠液中的多种消化酶共同作用，完成蛋白质的进一步分解，并进行吸收（表5-3）。

表 5-3　蛋白质消化酶的种类、来源、底物与产物

酶的种类	来源	消化的底物	消化的产物
胃蛋白酶	胃黏膜主细胞	蛋白质、多肽	肽
胰蛋白酶	胰腺	蛋白质、多肽	肽
糜蛋白酶	胰腺	蛋白质、多肽	肽
羧基肽酶	胰腺	肽	短肽、氨基酸
氨基肽酶	小肠黏膜	肽	短肽、氨基酸
二肽酶	小肠黏膜	短肽	氨基酸
核苷肽酶	小肠黏膜	核蛋白质	核苷酸、核苷
核苷酶	小肠黏膜	核苷	嘌呤、嘧啶

1. 胰液

胰腺分泌的胰液含有多种消化酶，其中最重要的是胰蛋白酶（如胰蛋白酶、胰凝乳蛋白酶和胰脂肪酶等）。胰蛋白酶能够在小肠中进一步分解胃中未完全消化的多肽，将其转化为更小的肽段。胰蛋白酶的作用范围包括肽链的肽键、芳香族氨基酸残基的裂解等。

胰蛋白酶的激活过程需要通过肠道中的酶（如肠激酶）将胰蛋白酶原转化为活性酶。在小肠内，胰蛋白酶与胃蛋白酶共同作用，分解蛋白质及其肽链，最终产物为氨基酸、二肽、三肽等小分子。

2. 肠液

小肠的肠腺细胞分泌的肠液中，含有肽酶（如氨基肽酶、二肽酶等），它们能够水解肠腔中的二肽、三肽等小分子多肽，将其进一步分解为氨基酸。这些氨基酸是通过小肠绒毛上皮细胞吸收的。

（四）氨基酸的吸收与运输

小肠的上皮细胞通过活性转运机制和易化扩散机制，吸收蛋白质分解产物——氨基酸。氨基酸的吸收主要发生在小肠的空肠部分，吸收的氨基酸通过肠壁上皮细胞进入门静脉系统，随后运送到肝脏进行代谢。肝脏是氨基酸代谢的重要中心，参与氨基酸的转化、储存和分配。

1. 胃肠道的吸收

氨基酸的吸收依赖于肠道上皮细胞的氨基酸转运蛋白。氨基酸转运可分为主动转运和易化扩散两种方式。主动转运需要能量输入，能够将氨基酸从肠腔低浓度区域转运到肠壁细胞高浓度区域。易化扩散则依赖浓度梯度的差异，氨基酸通过载体蛋白的协助进入上皮细胞。

游离的氨基酸以及少量小分子肽（相对分子质量低于 1 000）主要在小肠的前三分之二段被吸收，其中十二指肠是主要的吸收部位。在马属动物中，大肠黏膜也能吸收氨基酸，其主要通过三种载体（中性氨基酸载体、酸性氨基酸载体、碱性氨基酸载

体）吸收氨基酸。有资料报道，尚有第四种载体即亚氨基酸与甘氨酸载体，转运脯氨酸与甘氨酸。氨基酸到达肠黏膜上皮细胞外表面时，就与载体相遇，载体和氨基酸结合，而后穿过黏膜细胞进入内表面，载体与氨基酸分离，载体重返原位置。被吸收的氨基酸主要是经门静脉到达肝脏，仅少量氨基酸随淋巴液转运。在肠道内，各种氨基酸吸收速率有明显差异。一些氨基酸吸收速率的大致顺序是：半胱氨酸>蛋氨酸>色氨酸>亮氨酸>苯丙氨酸>赖氨酸≈丙氨酸>丝氨酸>天门冬氨酸>谷氨酸，并且，L-氨基酸吸收速率大于D-氨基酸。幼龄动物尤其是初生动物小肠黏膜可直接吸收大分子蛋白质，如免疫球蛋白（抗体）。

2. 肝脏对氨基酸的代谢

吸收到血液中的氨基酸将通过门静脉输送到肝脏。在肝脏中，氨基酸可以被用于合成新的蛋白质，也可以进行脱氨基作用，生成氨基酸代谢产物（如尿素），通过尿液排出体外。肝脏还负责调节血浆氨基酸的浓度，确保体内氨基酸的稳态。

二、影响因素

单胃动物对蛋白质的消化与吸收不仅依赖消化器官与酶系统的生理基础，还受到多种内外在因素的影响。动物的品种、性别、年龄决定其基础代谢与消化能力，而饲料的蛋白性质、抗营养因子、纤维含量及加工方式则影响其营养释放与利用效率。科学地评估这些因素，并在饲料配方与饲养管理中予以优化，是提升动物生产性能与饲料利用率的关键。

（一）动物因素

1. 品种

不同动物品种对同一饲料中蛋白质的消化和吸收能力存在差异，主要归因于其消化系统结构、消化酶分泌量及酶活性的不同。在常见的单胃动物中，猪的蛋白质消化力最强，其次是鸡。值得注意的是，在家禽中，蛋鸡的消化力通常高于肉鸡，可能与其消化道发育程度及肠道酶系统的差异有关。

2. 年龄

动物的消化系统功能随着年龄的增长而逐步完善。幼龄动物的消化腺分泌能力弱，消化酶活性低，胃酸分泌不足，导致其对蛋白质的消化率相对较低。随着动物发育成熟，消化器官发达、酶活性增强，蛋白质消化率也随之提高。因此，在不同生长阶段应合理调整蛋白质供给形式和水平。

3. 性别

性别因素也对蛋白质的消化吸收产生影响。一般而言，雄性动物的消化能力优于雌性动物，这可能与其激素水平（如雄激素促进肌肉合成）以及生理代谢需求差异有关。然而，这种差异并非普遍，具体表现还需结合动物种属和生理状态分析。

（二）蛋白质的理化性质

1. 溶解度

蛋白质在水中的溶解性直接影响其在消化道中的酶促反应效率。可溶性蛋白质更容易与消化酶结合，从而加快水解速度并提高消化率。反之，不溶性蛋白质或在胃肠道形成凝胶的蛋白质则可能减缓其消化进程。

2. 二硫键结构

某些蛋白质分子中存在稳定的二硫键（—S—S—），这一结构增强了蛋白质的立体构象稳定性，使其难以被胃肠道中的蛋白酶水解。若未经过适当的热处理或加工破坏其稳定结构，二硫键会显著降低蛋白质的消化率。

3. 粗蛋白质含量

在一定范围内，饲粮中粗蛋白质水平越高，动物对蛋白质的利用率通常越高。较高的蛋白水平可激发动物的消化酶系统活性，提升蛋白质分解效率。然而，若蛋白质过量而氨基酸不平衡，仍会导致蛋白质浪费或氨排出负担加重。

4. 粗纤维含量

粗纤维含量是影响蛋白质消化的重要饲料组成因子。粗纤维在消化道中具有稀释营养、缩短食糜在胃肠停留时间、包裹其他营养物质等作用。当饲粮中粗纤维比例过高时，不仅抑制消化酶与蛋白质底物的接触，还可刺激肠道蠕动，减少蛋白质充分水解的机会，从而降低其吸收率。

5. 抗营养因子

某些饲料原料中天然存在的抗营养因子会显著影响蛋白质的消化。例如抗胰蛋白酶因子（Trypsin Inhibitors）：广泛存在于未经处理的大豆和豆类中，能抑制胰蛋白酶活性，阻碍蛋白质水解；单宁（Tannins）：能与蛋白质形成不溶性复合物，妨碍酶促反应；植酸：通过与蛋白质或金属离子结合，间接影响酶活性与营养素利用；皂素、凝集素等：会破坏肠道上皮完整性，降低营养物质吸收效率。

6. 饲料热加工

适当的热处理，如对豆类进行焙炒、膨化、蒸汽压片等工艺，可以有效破坏饲料中的抗营养因子，提升蛋白质的生物学利用率。同时，加热使蛋白质发生变性，暴露其内部肽键，更利于消化酶作用。然而，加热温度过高或时间过长会导致氨基酸尤其是赖氨酸、苏氨酸等敏感氨基酸变性；蛋白质与糖类发生美拉德反应，形成难以利用的结合物；饲料中蛋白质的真消化率反而下降。因此，在热处理饲料时必须兼顾提高消化率与保护营养价值。

7. 添加剂

现代动物营养学常通过添加外源蛋白酶、酸化剂等功能性物质，以提高蛋白质消化效率。如蛋白酶添加剂，补充动物内源酶系统不足或提高初期消化效率，对断奶仔猪等幼龄动物效果明显；酸化剂（如有机酸）可降低胃pH，增强胃蛋白酶活性，提高胃内初始水解效率；益生菌与酶复合制剂调节肠道微生态，增强肠壁吸收能力，间接改善蛋白质利用率。

单胃动物的蛋白质消化与吸收是一个复杂的生理过程，涉及胃、小肠和肝脏等多个器官和系统。通过胃酸、消化酶的作用，蛋白质被分解为氨基酸及其衍生物，这些氨基酸经过小肠吸收后进入血液，供给机体生长、修复和能量代谢等需要。理解这一过程不仅有助于优化饲料的配制，还能够提高动物的生产性能和健康水平。

第四节 瘤胃微生物与瘤胃环境

一、瘤胃微生物

瘤胃微生物主要包括细菌、原虫和真菌。每毫升瘤胃内容物大约含有细菌1 000亿~5 000亿个、原虫20万~200万个、真菌80万个左右。原虫数量虽然显著少于细菌，但因其细胞体积远大于前者，因而就菌体体积而论，两者几乎各占1/2。

瘤胃内各种微生物分布有序，各有其相对固定的栖居点或生态位点，按分布情况可分为三大群落：①生活于瘤胃液中的细菌。瘤胃液相内容物流动性大，它们生长和繁殖的速度，很大程度上取决于瘤胃液更新速率（即"瘤胃稀释率"）；②以食糜颗粒或食糜团粒深部为栖居点的微生物。它们多属分解纤维素和发酵糖类的微生物群；③定植于瘤胃上皮细胞层的菌群。它们从动物幼龄阶段开始就出现于瘤胃内容物中。

瘤胃微生物的作用主要是分解纤维素及合成各种B族维生素。瘤胃微生物产生的纤维素酶是复合酶，都能断开β-1,4-糖苷键而降解纤维素。除木质素以外的植物壁成分，不断被降解至单糖后，大部分随即被利用糖类的微生物进一步发酵为VFA以及发酵气体（CH_4和CO_2等）。VFA被瘤胃壁吸收后被宿主动物加工利用，CH_4和CO_2等气体则随嗳气排出。另一部分单糖可被微生物吸收，转变为糖原并贮藏于细胞内。在合成B族维生素方面，约大部分的硫胺素和40%以上的生物素、泛酸和吡哆醇均存在于瘤胃液中，可被瘤胃吸收。留在微生物细胞内的叶酸、核黄素、烟酰胺和维生素B_{12}，则需在皱胃后当微生物细胞解体后释出，被宿主动物吸收利用。

（一）细菌

瘤胃内的多种细菌在降解饲料的有效成分时起着很大的作用。细菌之间的相互作用以及与其他微生物的相互作用有助于VFA和微生物蛋白的生成。对于饲喂以粗饲料为主的饲粮时，已发现的瘤胃内细菌的特性如下：①多数细菌为革兰氏阴性菌。在高能量饲粮条件下革兰氏阳性菌有增加的趋势；②大多数细菌为专性厌氧菌。一些细菌对氧气非常敏感，如果暴露在空气中很快就死亡。少量细菌要求非常低的氧化还原电位（为了保证高度厌氧的环境），它们生长的环境氧化还原电位低于-350 mV；③瘤胃细菌生长的最适pH为6.0~6.9；④最适温度为39℃；⑤细菌可以耐受较高的有机酸而不影响它们正常的代谢。

目前已分离出瘤胃细菌约200种，通常按它们利用底物及发酵产物进行分类，可分为11类：纤维素分解菌，它是瘤胃中数量最大的一类细菌，能产生纤维素酶，但不能发酵单糖；半纤维素分解菌；淀粉分解菌；利用糖的细菌；利用酸的细菌；蛋白分解菌；产氨的细菌；产CH_4菌；果胶分解菌；脂肪分解菌；尿素分解菌。

约70%的瘤胃细菌黏附在饲料颗粒上，通常黏附于植物的气孔、皮孔或饲料的破损边缘；29%的瘤胃细菌在瘤胃液中自由游动；1%的瘤胃细菌附着在瘤胃黏膜层上；少数瘤胃细菌黏附在其他细菌或原虫上。

(二) 原虫

瘤胃原虫主要是纤毛虫,还有数量不多的鞭毛虫。瘤胃内的纤毛虫根据其型态特征被分为2种:全毛虫和内毛虫;或者根据其利用不同的营养物质进行分类,如利用可溶性糖的原虫、降解淀粉的原虫以及降解纤维素的原虫。全毛虫可以分泌淀粉酶、蔗糖酶、果胶酶和多聚半乳糖醛酸酶降解大量的淀粉、蛋白质和可溶性糖作为能源。据报道,全毛虫分泌的酶也可以降解纤维素和半纤维素,但其降解水平远低于内毛虫。瘤胃纤毛虫的繁殖速度非常快,在正常的反刍动物瘤胃内,每天数量能增加2倍,并以相同的数量流入皱胃和小肠,作为蛋白质来源被反刍动物消化吸收。

(三) 真菌

真菌的分类主要是基于菌体的形态特征。目前人们从瘤胃中分离得到的真菌共计5个属10余个种之多,并把其划分为两个类型,即多中心类型真菌和单中心类型真菌。单中心菌种的生活史均为游走孢子和植物性菌体阶段交替发生,并产生孢子囊;多中心真菌的生活史较为复杂,相关的研究报道甚少。

真菌在瘤胃内以两种形态存在,一种是可以自由运动的游动孢子,其数量可在短期内发生很大的变化;另一种是植物性菌体形态,附着于纤维碎片上,其数量和生物量在瘤胃食糜内有很大的差异。这就造成真菌与瘤胃液中其他微生物以及通过物理化学手段从食糜颗粒上分离出来的微生物种类有很大的区别,其他微生物均可以采用合适的培养基进行培养和计数,而自由运动的游动孢子以及分离的孢子囊必须用适当的培养基进行稀释和培养,并对单个菌落进行计数。

尽管瘤胃真菌的浓度相对于细菌和原虫而言很低,但其拥有能水解植物细胞壁的多种酶。电子显微镜扫描发现,这些真菌附着在植物的木质化组织上。许多研究表明,瘤胃真菌有很强的穿透能力和降解纤维素的能力,可以穿透牧草角质层屏障,降低植物纤维组织的内部张力,使其变得疏松而易于被瘤胃微生物降解,因而可以降解无法被细胞和纤毛虫降解的木质素纤维物质,能部分降解或削弱更多的抗性组织。真菌对降解纤维的实质是物理降解和化学降解的综合过程。厌氧真菌对瘤胃纤维物质的降解起着重要作用,与好氧真菌和细菌一样,也需要内切 β-1,4-β-葡聚糖酶、纤维二糖水解酶(外切 β-1,4-β-葡聚糖酶)和 β-葡萄糖苷酶。真菌还具有降解蛋白质和淀粉的能力,能产生 α-淀粉酶及淀粉葡萄糖苷酶。有学者报道,瘤胃真菌能分泌蛋白酶(具有氨基酶的活性)和淀粉酶。此外,瘤胃真菌蛋白含有较高的谷氨酸、天冬氨酸及丙氨酸,其所含的精氨酸、组氨酸、缬氨酸及异亮氨酸等必需氨基酸显著高于其他真菌。瘤胃真菌细胞壁中的几丁质成分能够抗瘤胃蛋白酶降解,被小肠内蛋白酶降解。

二、瘤胃环境

(一) 温度

瘤胃内温度为39~40℃,略高于反刍动物体温。瘤胃微生物在这一恒定温度下才能有最好的生长和繁殖速度,瘤胃原虫在高于40℃的环境中难以存活。瘤胃温度是影响饲料在瘤胃中发酵的重要条件。瘤胃的温度受很多因素的影响。当反刍动物采食或饮水、瘤胃内容物达到相对稳定的状态后,瘤胃内容物的温度为38~41℃,平均为39℃。

影响瘤胃内温度的因素主要有饲料种类和饮水温度。易发酵的饲料如三叶草、苜蓿干草的发酵可使瘤胃温度高达41℃（高于直肠温度）。一年四季外界气温存在很大的变异，同时也影响反刍动物的饮水温度，特别是在寒冷冬季，饮水温度可低至5~10℃，这对于反刍动物的瘤胃发酵有很大的影响。例如，反刍动物饮用温度为25℃的饮水，可使瘤胃内容物的温度下降5~10℃，而后大约需要2 h才能使瘤胃温度恢复。瘤胃温度还受测定位置的影响，从瘤胃的腹囊到背囊温度有所升高。

（二）pH

反刍动物采食的饲料碳水化合物在瘤胃中可被发酵产生大量的VFA，使pH下降。瘤胃内容物的pH是食糜中VFA与唾液中缓冲盐相互作用、瘤胃上皮对VFA吸收及随食糜流出等因素综合作用的结果。这些因素使瘤胃pH为6~7，最佳为6.2~6.8。这个酸度恰好是瘤胃微生物存活的最佳条件，同时对ADF或NDF的消化降解以及VFA的形成有促进作用。只有在这个范围内，才能保证最高的采食量、最佳的消化率，瘤胃中产生乳酸的淀粉分解菌耐受pH不得超过5.5，但纤维分解菌在pH 6.0以下无法存活，而最适纤维分解菌作用的pH是6.4，可见瘤胃pH影响不同微生物种群的数量和比例，进而影响瘤胃的发酵功能和饲料的消化率。

影响瘤胃内容物pH的因素主要包括：

1. 采食与反刍时间

在采食与反刍过程中，反刍动物产生大量的唾液。唾液流入瘤胃对VFA进行缓冲，使VFA的酸度得以中和。另外，瘤胃中的VFA还可以通过瘤胃上皮被吸收进入血液，瘤胃是吸收VFA的主要器官。瘤胃上皮对VFA的吸收能力很强，总吸收量可达75%以上。未被瘤胃上皮吸收的VFA随着瘤胃食糜流入真胃与小肠。真胃对VFA的吸收量约为20%左右，小肠对VFA的吸收量仅5%左右。

不连续饲喂的反刍动物，采食后瘤胃pH下降，而后逐渐升高。其瘤胃pH呈波动变化。这是因为动物采食饲料后，碳水化合物在瘤胃中被发酵产生VFA的速度较快、数量较多，而瘤胃上皮对VFA的吸收及流出慢于产生的速度，所以瘤胃中VFA的浓度逐渐升高，导致pH下降。随着碳水化合物发酵产生的VFA的浓度下降，瘤胃上皮对VFA的吸收及流出速度相对加快，瘤胃中VFA的浓度下降，导致pH上升。

2. 饲粮精粗比例

饲粮中粗料比例高时，瘤胃pH较高。这是因为粗料中的纤维素、半纤维素等难以被发酵的碳水化合物较多，而淀粉、可溶性糖等易被发酵的碳水化合物较少，产生的VFA数量也较少。反之，饲粮中精料比例提高时，瘤胃pH下降。这是因为精料中碳水化合物如淀粉、可溶性糖含量较多，容易被快速发酵，使瘤胃发酵产生VFA的速度较快、产生的数量较多。

3. 饲粮颗粒

饲粮颗粒大小对瘤胃pH的影响比较复杂。一方面，饲料颗粒缩小，可使微生物与饲料的接触面积增加，使饲料的发酵速度加快，也使发酵更为完全，瘤胃pH下降；但另一方面，饲料颗粒缩小导致饲料在瘤胃中停留时间缩短，使瘤胃微生物对饲料的消化时间缩短，又会导致VFA产量的减少。因此，饲料加工细度对瘤胃pH的作用取决于这两方面的相互作用结果。

(三) 酸碱缓冲能力

反刍动物的唾液中含有大量呈弱碱性盐类,而碳酸盐和磷酸盐是主要盐类。唾液不断地流入瘤胃中,与碳水化合物发酵产生 VFA 相互作用,使瘤胃内容物呈弱酸性。反刍动物的唾液产生量取决于动物采食和反刍的时间。采食和反刍的时间越长,唾液的分泌量越多。采食和反刍的时间受饲料物理结构和饲料种类的影响:饲料的纤维素、半纤维素含量越高,饲料的结构越粗糙,采食和反刍的时间越长,唾液的分泌量也越大。

当大量的唾液不断地流入瘤胃中时,唾液中缓冲盐类也不断流入瘤胃中。这些缓冲盐到达瘤胃后,对饲料中的酸、碱物质有一定的缓冲能力。当饲料的 pH 为 6.8~7.8 时,瘤胃内容物可对其很好地缓冲,使瘤胃内容物的 pH 保持在正常范围之内。如果饲料的 pH 超出 6~7,瘤胃内容物不能对其进行很好的缓冲。反刍动物采食饲料的时间、饲料组成、饲料特性以及饮水量等,对瘤胃内容物的酸碱缓冲能力都有很大影响。瘤胃内容物的缓冲能力还受唾液的质、量、瘤胃中 VFA 与 CO_2 产量、瘤胃上皮对瘤胃内容物中 VFA 的吸收以及瘤胃内容物的外流等因素的影响。生产反刍动物的饲粮时,应考虑饲粮的酸碱性质,特别是一些饲料添加剂的酸碱性质。饲喂酸度或碱度较强的饲料,对于保持瘤胃的正常消化功能及饲料的消化利用是极为不利的。反刍动物的矿物质添加剂主要由一些矿物盐类组成。在设计这些添加剂时,应该考虑对瘤胃缓冲能力的影响。

(四) 渗透压

渗透压以渗透摩尔(Osmoles)来表示。一个渗透摩尔(1 000 个毫渗透摩尔,mOsm)含有 6×10^{23} 个溶解离子/L 溶液。渗透压来自离子对水分子的吸引力。通常用溶液冰点降低的程度来表示。冰点每下降 1.86℃ 相当于 1 000 mOsm/L。正常情况下,瘤胃内容物的渗透压为 260~340 mOsm/L,平均为 280 mOsm/L。

对于非连续采食的反刍动物,瘤胃液渗透压通常呈波动变化。反刍动物采食饲料前,瘤胃液渗透压通常较低;动物采食饲料后,瘤胃液渗透压则逐渐升高,而后逐渐恢复至采食前的水平。这是因为动物采食饲料后,饲料的营养成分被瘤胃微生物逐渐降解,产生各种离子和分子,使瘤胃液中离子或分子的浓度逐渐升高,导致瘤胃液渗透压升高。而这些离子或分子一方面可以通过瘤胃上皮被吸收进入血液,另一方面可以随着瘤胃食糜流入后部消化道,使瘤胃液中离子或分子的浓度下降,结果造成瘤胃液渗透压的下降。

反刍动物的饮水对瘤胃液渗透压具有不同的影响。反刍动物大量饮水可导致瘤胃液中分子和离子的浓度显著下降,结果造成瘤胃液渗透压下降,而随着瘤胃中水分被瘤胃上皮吸收及流入后部消化道,瘤胃液渗透压又稳定上升。

反刍动物饲料的精粗比对瘤胃液渗透压也有影响。反刍动物的饲粮中精料比例提高,可使瘤胃液渗透压升高,这是因为精料的营养成分在瘤胃中容易被降解。其中碳水化合物容易被发酵为 VFA,蛋白质被降解为肽类、氨基酸和氨,使瘤胃液中的离子或分子浓度提高,造成瘤胃液渗透压升高。

第五节 反刍动物瘤胃内蛋白质代谢

一、饲粮真蛋白质的降解

反刍动物的消化道结构和消化生理与单胃动物不同,因而对蛋白质的消化与单胃动物有很大的差异。反刍动物对饲料蛋白质的消化主要以瘤胃中微生物消化为主,真胃和小肠中的化学性消化为辅。饲粮蛋白质约70%在瘤胃被微生物降解,其余30%在肠道水解。

（一）降解过程

1. 胞外

饲粮蛋白质摄入瘤胃后,在瘤胃的酸性环境中（pH通常为5.5~6.5）发生变性,即蛋白质的空间结构被破坏,变成无规则卷曲的状态。这种变性使得蛋白质分子中的肽键暴露出来,更容易被微生物分泌的蛋白酶识别和结合。此外,酸性环境还有助于微生物的生长和代谢,使其能够更有效地分解蛋白质（图5-2）。

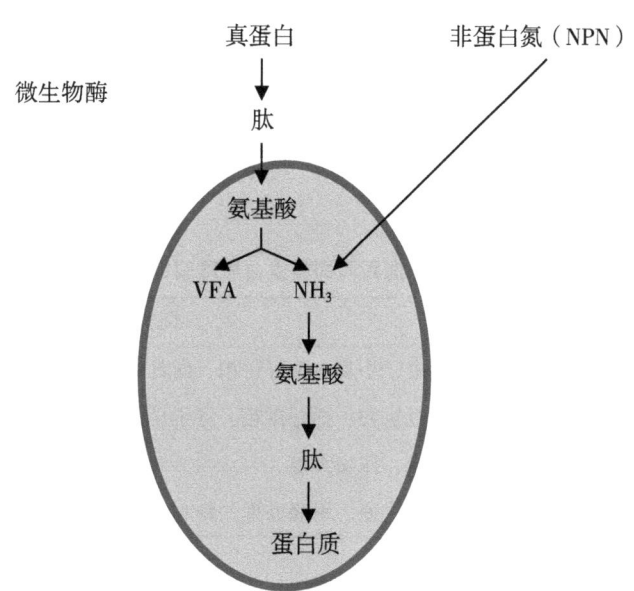

图5-2 瘤胃内蛋白质代谢

瘤胃微生物随后附着在变性的蛋白质上,并分泌一系列的酶,包括蛋白酶（如胃蛋白酶、胰蛋白酶等）和肽酶（如肽链内切酶和外切酶）。这些酶能够水解蛋白质链上的特定肽键,将其分解成小肽和氨基酸。这些肽键通常是那些位于特定氨基酸残基之后的肽键。例如,胰蛋白酶能够识别并切割带有正电荷的赖氨酸或精氨酸残基的羧基端形成的肽键。肽链内切酶和外切酶可以将小肽分解成更短的肽段和单个氨基酸。外切酶

（如氨基肽酶和羧基肽酶）从肽链的两端逐步去除氨基酸，而内切酶（如胰蛋白酶）则在水解位点内部切断肽链。

2. 胞内

生成的小肽和氨基酸随后被微生物细胞吸收，进入微生物的胞内环境。在微生物细胞内，这些小肽和氨基酸可以通过多种途径被利用。

微生物利用这些氨基酸合成自身的蛋白质，用于生长、繁殖和维持生命活动。蛋白质合成是一个复杂的过程，涉及转录和翻译两个主要阶段。在转录过程中，DNA 的信息被转录成 mRNA，然后 mRNA 被翻译成蛋白质。微生物通过调控基因的表达，合成所需的蛋白质，以适应瘤胃的环境和满足其生存需求（图 5-2）。

另一部分氨基酸在细菌脱氨基酶的作用下进一步降解为氨、VFA 和 CO_2，这部分氨和 VFA 可再被微生物利用合成微生物蛋白。

氨基酸还可以作为合成核酸、维生素和其他生物分子的重要原料。例如，某些氨基酸是合成微生物细胞壁的组成成分，其他氨基酸则参与合成细胞膜、酶、激素等生物分子。这些生物分子的合成对于微生物的生长和功能发挥至关重要。

（二）影响因素

1. 蛋白质的物理化学性质

与不可溶性蛋白质相比，可溶性蛋白质更易于在瘤胃降解。例如，酪蛋白是一种高可溶性蛋白质，大约95%酪蛋白被瘤胃微生物降解，而玉米蛋白是一种溶解度较低的蛋白质，降解率仅为50%。此外蛋白质分子中的二硫键有助于稳定其三级结构，降低蛋白质降解率。用甲醛处理饲料时，甲基与蛋白质中的交互键作用，降低蛋白质在瘤胃的分解。不同饲料原料蛋白质降解率存在较大差异，可以按照其降解率的高低大致分为4类（表5-4）。

表 5-4 瘤胃内饲料蛋白质降解率

类别	瘤胃降解率（%）	饲料原料
A	80±10	大麦、小麦、菜籽饼粕、向日葵饼粕、青草
B	60±10	大豆饼粕、棉籽饼粕、青干草、青贮饲料
C	40±10	玉米、压扁大麦
D	≤30	压扁小麦、甲醛处理的精料

改编自：计成（2008）。

2. 饲粮精粗料比例

增加饲粮精料比例，降低了瘤胃液 pH，从而抑制蛋白酶的活性，饲料蛋白质降解率降低；增加饲粮粗料比例，提高瘤胃 pH，促进微生物繁殖，饲料蛋白质降解率高。但当饲粮中粗料比例过高时，微生物不能得到充足的能量和碳骨架，微生物蛋白产量降低。

3. 饲粮脂肪含量

高含量脂肪减少蛋白质的降解，因为脂肪可以包裹蛋白质颗粒，减少其与微生物和酶的接触。此外，脂肪的降解产生的长链脂肪酸可以抑制微生物的生长，进一步影响蛋白质的降解。

4. 瘤胃食糜外流速率

瘤胃内容物的外流速率影响饲料在瘤胃内的停留时间，从而影响蛋白质的降解程度。外流速率过快，饲料在瘤胃内停留时间短，蛋白质降解不充分；外流速率过慢，饲料在瘤胃内停留时间过长，可能导致蛋白质过度降解，产生过多氨。外流速率受动物本身、干物质采食量、饲粮类型等因素控制。

5. 采食量

采食量影响饲料在瘤胃内的停留时间和降解程度。随着采食量的提高，饲粮蛋白质在瘤胃的降解率显著降低。奶牛干物质采食量为每天 8.2 kg 和 12.9 kg 时，饲粮蛋白质的降解率分别为 71% 和 55%，这是由于采食量大，饲料在瘤胃内停留时间短，蛋白质降解不充分；反之，饲料在瘤胃内停留时间长，蛋白质过度降解，特别是反刍动物饲喂农作物秸秆等劣质粗饲料时易出现。

6. 饲料加工方式

饲料的不同加工方式，如制粒、烘烤或膨化，可以改变饲料的物理和化学结构，进而影响其在瘤胃中的降解速率。加工过程中，饲料的物理结构发生改变，增加蛋白质与微生物酶的接触面积，从而提高降解速率。

7. 饲养方式

在低采食水平情况下，增加饲喂频率可降低瘤胃蛋白质降解率。在采食量较高时，饲喂频率对瘤胃蛋白质降解率影响不大。

8. 酶制剂和微生物接种剂

添加外源性的蛋白酶和肽酶可以提高蛋白质的降解效率。这些酶制剂可以补充瘤胃内微生物产生的酶，提高蛋白质的降解速率。添加特定的微生物接种剂可以改变瘤胃内的微生物群落，影响蛋白质的降解。一些特定的微生物可能具有更高的降解蛋白质的能力，添加这些微生物可以促进蛋白质的降解。

二、饲粮非蛋白氮（NPN）的降解

非蛋白氮（Non-Protein Nitrogen，NPN）是指饲料中以非蛋白质形式出现的含氮物质。常见的 NPN 包括尿素、氨基酸、肽、嘌呤、吡啶、硝酸盐、亚硝酸盐等小分子含氮化合物。尿素是最简单的 NPN 形式，由两个氨基团和一个羧基组成。

在反刍动物的饲粮中，尿素是 NPN 的主要形式，广泛存在于植物性饲料中，如干草、青贮饲料等。反刍动物通过摄入植物性饲粮和唾液（唾液中含有尿素）将尿素带入瘤胃。尿素是动物体内氨的解毒形式，通过肝脏合成后，通过血液循环分布到全身，包括唾液腺。

在瘤胃内，尿素由脲酶（尿素酶）水解，水解迅速而完全。特定的瘤胃微生物，如尿素分解菌，通过自身的代谢活动合成脲酶（Urease）。脲酶是一种金属酶，通常含有镍作为其活性中心的金属离子。脲酶在分泌到细胞外后，需要在其活性位点与尿素分子结合才能发挥作用。瘤胃内的环境因素，如 pH、温度和离子强度，都影响脲酶的活性。通常脲酶在接近中性的 pH（6.0~7.0）下活性最高。因此，瘤胃内的环境条件需要适宜才能确保脲酶的最佳活性。

瘤胃微生物在适宜的条件下，将脲酶分泌到细胞外，使其能够作用于瘤胃液中的尿素。尿素分子通过扩散作用到达脲酶的活性中心，并与脲酶的活性位点结合。脲酶的活性中心具有特定的三维结构，能够与尿素分子形成稳定的酶-底物复合物。一旦尿素与脲酶形成复合物，脲酶便开始催化尿素分子中的碳-氮键断裂。这个过程分为两个步骤：首先，脲酶将尿素分子中的一个氨基（—NH_2）转移到一个水分子上，形成氨（NH_3）和氨基甲酸（Carbamate）。其次，脲酶再将氨基甲酸分解为另一个氨分子和 CO_2，最终将尿素分解为 NH_3 和 CO_2。NH_3 和 CO_2 从脲酶的活性中心释放出来，进入瘤胃液。NH_3 的释放会导致瘤胃液中的氨浓度升高，CO_2 则作为呼吸气体的一部分被排出体外。

第六节 反刍动物对非蛋白氮的利用

尿素可用于饲喂反刍家畜，达到节约蛋白质、降低饲料成本的效果。尿素含氮量约 46%，在酸、碱、酶作用下（需要加热）水解生成氨和 CO_2。尿素易溶于水，在 20℃ 时 100 mL 水中可溶解 105 g，水溶液呈中性。结晶尿素呈白色针状或棱柱状晶形，吸湿性强，吸湿后容易结块。若按尿素中的氮 70% 被合成微生物蛋白质计算，1 kg 尿素经反刍动物瘤胃转化后，可提供相当于 4.5 kg 豆饼的蛋白质。据国外报道，在蛋白质不足的饲粮中加入 1 kg 尿素，可多产奶 6~12 kg 或多增重 1~3 kg，国内也取得了每千克尿素换取 3.6~4.6 kg 奶的效果。添加的尿素应符合行业标准《饲料用尿素》（HG 2419—1993）的要求。

饲粮中添加尿素在牛羊养殖中广泛应用，若饲喂恰当，是反刍动物很好的氮源。但尿素溶解度很高，在瘤胃中能迅速转化成氨，若大剂量饲喂，可引发致命性的氨中毒。氨中毒是指若饲喂量过高，尿素被瘤胃微生物迅速分解为 NH_3，超过了微生物的利用速度，大量 NH_3 透过瘤胃壁被吸收入血液，发生神经毒性而导致反刍动物死亡，即尿素中毒（氨中毒）。中毒一般在尿素饲喂后 0.5~1 h 内发生，症状表现为运动失调、肌肉震颤、痉挛、呼吸急促、口吐白沫，如不及时治疗，可在 2~3 h 内死亡。尿素中毒治疗是灌服 2% 醋酸、冷水等。

反刍动物瘤胃内的微生物利用尿素作为氮源，以可溶性碳水化合物作为碳架和能量的来源，合成微生物蛋白质，进而和饲料过瘤胃蛋白质一样在反刍动物消化酶的作用下，被消化吸收。但是尿素分解的氨态氮并非全部在瘤胃内合成微生物蛋白质，并且尿素的利用效果又受多种因素的影响，为了提高尿素的利用率并防止反刍动物氨中毒，饲喂尿素时应注意以下几个方面。

一、延缓降解速度

为减缓尿素在瘤胃的分解速度，使瘤胃微生物有充足的时间利用氨合成微生物蛋白质，提高尿素的利用率和饲用安全性，在饲用尿素时可采取下列措施。

二、选用降解速度慢的 NPN

饲喂尿素衍生物，如双缩脲、磷酸脲、脂肪酸脲等。与尿素相比，其降解速度减慢，饲用效果和安全性均高。

三、采用包被技术

脂肪酸包被尿素，或用玉米淀粉包被尿素后饲喂。据试验，淀粉包被尿素颗粒在35℃的温水中，经过 2 h 后只有 50% 被溶解，而未包被尿素 9 min 即全部溶解。也可以制成颗粒凝胶淀粉尿素：粉碎谷物（70%～75%）、尿素（20%～25%）和膨润土（3%～5%）混匀后，经高温高压膨化处理，使淀粉凝胶化并与融化的尿素紧密结合。此产品在降低氨释放速度的同时，加快淀粉的发酵速度，保持氮能同步释放，提高了细菌蛋白的合成效率。

四、抑制脲酶活性

向尿素饲粮中加入脲酶抑制剂，如醋酸氧肟酸、脂肪酸盐、四硼酸钠等，以抑制脲酶的活性。

五、提高 NH_3 的利用效率

（一）提供充足的碳水化合物

补加尿素的饲粮中必须有一定量易消化的碳水化合物。瘤胃微生物在利用氨合成蛋白质的过程中，需要同时供给可利用的能量和碳架，碳架主要由碳水化合物酵解供给。试验证明，牛羊饲粮中单独用粗纤维作为能量来源时，尿素的利用率仅为 22%，而供给适量的粗纤维和淀粉时，尿素的利用率可提高到 60% 以上，这是因为淀粉的降解速度与尿素分解速度相近，能源与氮源释放趋于同步，有利于微生物蛋白质的合成。因此，粗饲料为主的饲粮中添加尿素时，应适当增加淀粉质的精料，每 100 g 尿素需搭配 1 kg 易消化的碳水化合物，其中淀粉 2/3、可溶性糖 1/3。

（二）提供充足的矿物质

补加尿素的饲粮中必须有充足的矿物质，特别是 S、P 等，以保证瘤胃微生物的生命活动。钴是在蛋白质代谢中起重要作用的维生素 B_{12} 组分，如饲粮中钴不足，则维生素 B_{12} 合成受阻，影响微生物对尿素的利用。硫是合成微生物蛋氨酸、胱氨酸等含硫氨基酸的原料。在保证硫供应的同时，还应注意氮硫比和氮磷比，含尿素饲粮的最佳氮硫比为（10~14）:1，最佳氮磷比为 8:1。另外，还应保证瘤胃微生物生命活动所必需的钙、磷、镁、铁、铜、锌、锰及碘的供给，这样有利于提高尿素的利用率。

六、饲喂量适宜

补加尿素的饲粮中蛋白质水平应适宜。反刍动物饲粮中蛋白质含量超过 13% 时，尿素在瘤胃转化为微生物蛋白质的速度和利用率显著降低，甚至会发生氨中毒。饲粮中

蛋白质水平低于8%时，又影响瘤胃微生物的生长繁殖，一般认为反刍动物补加尿素前，饲粮中蛋白质水平应在8%~13%。尿素的喂量为饲粮粗蛋白质含量的20%~30%，尿素在精料补充料的比例为2%~3%，或不超过饲粮干物质的1%，或每100 kg体重日喂量20~30 g尿素。

成年牛每天饲喂60~100 g，成年羊每天饲喂6~12 g。如果饲粮中含有非蛋白氮高的饲料如青贮料，则尿素用量应减半。如超过此喂量，一是造成浪费，二是反刍动物会出现氨中毒。

七、适应期

饲喂尿素时，应由少到多，使反刍动物有2~3周适应期。尿素一天的喂量应分几次饲喂，生豆类、苜蓿草籽等含脲酶多的饲料，不要大量掺在加尿素的谷物饲料中一起饲喂。

八、不能溶于水

严禁将尿素溶于水中饮用，应在饲喂尿素3~4 h后饮水。

九、制作尿素青贮、尿素舔砖

为了有效地利用尿素，防止尿素在反刍动物饲喂中发生氨中毒，饲喂尿素时，应将尿素均匀地拌到精粗饲料中饲喂，最好先用糖蜜将尿素稀释或用精料拌尿素后再与粗料拌匀，可以将尿素、糖蜜、矿物质等压制成尿素舔砖，让牛羊舔食，这样控制了尿素的食入速度，从而提高了尿素的利用率。也可将尿素加到青贮原料中青贮后一起饲喂，每吨玉米青贮原料中，均匀地加入4 kg尿素和2 kg硫酸铵。

第七节 反刍动物的蛋白质代谢特点

一、瘤胃中氨的用途

（一）氨的生成

瘤胃液氨浓度为微量至600 mg N/L，来源于饲粮中含氮物（真蛋白质+NPN）在瘤胃中降解。维持微生物活性和饲粮消化率的最适宜NH_3浓度为50~80 mg/L，而最佳微生物生长效率则要求NH_3浓度为150~200 mg/L。NH_3是瘤胃微生物合成氨基酸的最主要前体。约80%瘤胃细菌以NH_3作为合成自身20种氨基酸的唯一氮源。瘤胃内氨主要有以下几种利用途径。

（二）微生物蛋白质合成

合成蛋白质时，瘤胃微生物约25%以NH_3作为唯一氮源，55%可以利用NH_3和氨基酸，其余约20%只能利用氨基酸和肽。原虫不能利用氨态氮，必须通过吞食细菌和其他含氮物质合成原虫蛋白质。瘤胃内的微生物，特别是革兰氏阳性菌和革兰氏阴性菌，能够通过特定的转运系统吸收氨。这些微生物利用氨作为氮源，通过生物合成途径转化为自身的物质。微生物在瘤胃内吸收氨并转化为微生物蛋白的过程是一个复杂的生物化学过程，涉及多种酶和代谢途径的参与。

1. 氨的转运

瘤胃微生物细胞表面存在特定的氨载体蛋白，这些蛋白能够识别和结合氨分子。随后氨通过氨载体蛋白从瘤胃食糜进入微生物细胞内。这一过程可能涉及被动扩散、主动运输或协同运输等机制。微生物通过调控氨载体蛋白的表达和活性，以维持细胞内氨的浓度在适宜范围内。

2. 氨的转化

氨在细胞内与有机酸或其他含氮化合物发生转氨作用（Transamination），形成新的氨基酸。转氨作用是一种酶促反应，由转氨酶催化。部分氨基酸在脱氨酶的作用下，去除氨基（—NH_2），生成氨和相应的酮或醛。脱氨作用（Deamination）是尿素循环的一部分，有助于将氨转化为无毒的有机氮形式。

3. 蛋白质合成

通过转氨作用和脱氨作用可以进一步合成新的微生物氨基酸，参与蛋白质的合成。微生物蛋白质合成受到多种因素的调控，包括氮源的供应、能量代谢、生长激素等。微生物通过调控这些因素，以适应瘤胃内的环境变化，维持正常的生长和繁殖。

4. 蛋白质利用

合成的微生物蛋白一部分用于微生物自身的生长和繁殖，满足其生命活动需求；另一部分流入反刍动物小肠，被宿主分泌的消化酶分解，释放出氨基酸，这些氨基酸与饲粮非降解蛋白质一起可以被宿主消化和吸收，用于维持、生产等活动，对于反刍动物的生长发育和生产性能具有重要意义。

（三）吸收

瘤胃壁的上皮细胞能够吸收氨，并将其转化为氨基酸或其他含氮化合物。瘤胃上皮细胞通过主动运输机制吸收氨。这个过程需要能量，氨通过瘤胃上皮细胞的氨转运蛋白被转移到细胞内，氨被转化为氨基酸，这些氨基酸随后进入血液循环，供应蛋白质合成。

（四）尿素再循环

氨是饲料蛋白质被微生物降解和再利用过程中的中间产物，其在瘤胃中浓度受饲料中蛋白质被微生物降解的速度和微生物用于合成菌体蛋白质的速度影响，一般不会积累。但当有大量蛋白质降解，且降解速度比合成速度快时，则氨就会在瘤胃内积聚。此时氨透过瘤胃壁吸收，进入血液并转运到肝脏，在肝脏中被转化为尿素，通过血液循环分布到全身，一部分经肾脏排出体外，另一部分可经消化道分泌物（如唾液）和扩散作用进入消化道（如瘤胃），进入瘤胃的尿素再次参与微生物蛋白质的合成。血液中尿素被转运至消化道内的过程，称为尿素再循环。尿素再循环有助于反刍动物高效利用饲粮中氮源，维持瘤胃内适宜的氨水平，减少了氮排放，降低对环境的影响。

二、瘤胃微生物蛋白质

（一）产量

瘤胃微生物通过发酵作用分解饲粮中的有机物，包括纤维素、半纤维素、淀粉、蛋白质等，产物包括 VFA、CO_2、CH_4 和微生物蛋白质。瘤胃微生物利用发酵过程中产生的 VFA 作为碳源，NH_3 或利用中间产物氨基酸和肽作为氮源合成蛋白质；利用有机物发酵产生的 ATP 作为能量来源，以 C、P 和 S 等合成碳水化合物、脂肪、核酸等微生物大分子。

在饲粮能氮比适宜条件下，瘤胃微生物每发酵 1 kg 饲粮有机物能够合成约 168 g 微生物蛋白质，这些微生物蛋白质随后被反刍动物消化吸收，成为其重要的蛋白质来源，可满足反刍动物维持和一定生产水平对蛋白质的需要。就多数饲粮而言，瘤胃中合成的微生物蛋白占进入小肠总氨基酸氮的 60%~85%。

（二）质量

微生物蛋白质中含真蛋白质约 75%、核酸约 15%。微生物蛋白质的氨基酸组成相对稳定，变异很小，不受饲料类型和质量的直接影响，这为反刍动物提供了一种相对恒定的氨基酸来源。另外，与植物蛋白质相比，微生物蛋白质的氨基酸组成更为平衡，含反刍动物所需的所有必需氨基酸，且比例更均衡，具有较高的生物学价值，品质优于植物蛋白，和豆粕相当。在小肠中消化率高达 80%~85%。

三、瘤胃蛋白质消化的优缺点

瘤胃微生物可以利用非蛋白氮合成蛋白质，反刍动物以低蛋白质饲粮为食，仍可存活。以非蛋白氮作为唯一氮源的生长肉牛，微生物蛋白质合成量可以满足其生长需要的 65%；以非蛋白氮作为唯一氮源的奶牛，在单个泌乳周期的产奶量可达 4 000 kg 以上。

可以利用劣质蛋白质合成微生物蛋白质，提高饲粮中含氮化合物的营养价值。微生物蛋白质生物学价值为 70%~80%，品质与豆粕和苜蓿叶蛋白质基本相当，低于鱼粉等优质动物性蛋白，但优于大多数谷物饲料蛋白。

瘤胃蛋白质代谢的缺点在于饲料中以氨基酸为基本组成单位的真蛋白质在瘤胃中被微生物降解，存在能量和氨基酸双重损失。饲粮蛋白质平均降解率为 70%，降解蛋白合成微生物蛋白质效率为 80% 左右，还有 20% 的氮合成了核酸等非蛋白氮，对宿主动物无明显的营养价值。

瘤胃蛋白质降解率不仅决定了饲粮过瘤胃蛋白的数量，也影响微生物蛋白的合成量。适宜的瘤胃蛋白质降解率有利于充分发挥瘤胃的消化吸收优势，避免饲粮蛋白质的浪费。

四、反刍动物小肠吸收的氨基酸

（一）小肠内蛋白质的来源

反刍动物小肠吸收的氨基酸主要来源于瘤胃微生物蛋白质、饲料非降解蛋白质

(包括小肽)和内源分泌的蛋白质。微生物蛋白是反刍动物最主要的氮源供应形式，能提供蛋白需要量的 40%~80%。瘤胃内被微生物降解的饲料蛋白质称为瘤胃降解蛋白（RDP）。另外仍然有一部分饲料蛋白质（平均 30%）未在瘤胃中降解而进入消化道的后段，这部分蛋白称为过瘤胃蛋白（RBPP），也称为瘤胃未降解蛋白质（UDP）。瘤胃降解生成的肽和氨基酸，除部分用于合成微生物蛋白外，一部分小肽和游离氨基酸直接通过瘤胃壁或瓣胃壁吸收。

微生物在瘤胃内通过吸收氨并转化为微生物蛋白的过程，不仅满足了自身的生长和繁殖需求，也为反刍动物提供了重要的蛋白质来源。这一过程是瘤胃内氮循环的重要组成部分，对于反刍动物的营养代谢具有重要意义。

(二) 小肠中蛋白质的消化

反刍动物在瘤胃后蛋白质的化学性消化与单胃动物类似。在皱胃中，食糜中蛋白质与胃液混合，胃液中的盐酸有助于降低 pH，为胃蛋白酶提供适宜的酸性环境。胃蛋白酶（主要是胃蛋白酶和凝乳酶）开始作用于蛋白质，将其分解为多肽和游离氨基酸。凝乳酶特别擅长分解酪蛋白，产生更小的肽段。

经过皱胃处理的蛋白质随后进入小肠，小肠分为十二指肠、空肠和回肠三个部分，其中十二指肠是蛋白质消化的主要场所。小肠中的胰液含有胰蛋白酶、胰凝乳蛋白酶、弹性蛋白酶等，这些酶进一步将多肽分解成更小的肽段。肠液中的肠蛋白酶和二肽酶、三肽酶等将这些小肽进一步分解成单个氨基酸或者二肽、三肽。小肠壁上的微绒毛大大增加了吸收表面积，使得氨基酸和一些小肽段通过主动和被动转运机制被吸收进入血液。氨基酸通过特定的转运蛋白进入肠上皮细胞，然后进入血液循环，供机体蛋白质合成使用。在瘤胃中合成的微生物蛋白随着食糜进入小肠后，同样被胰液和肠液中消化酶分解。微生物蛋白的分解释放氨基酸，这些氨基酸同样通过小肠壁被吸收，为反刍动物提供额外的氮源。

五、反刍动物蛋白质营养管理的原则

为瘤胃微生物提供充足的氨，使微生物蛋白质合成量最大化。主要做法是在低蛋白饲料中补充尿素，提供额外的氮源，但需要谨慎使用，以避免过量摄入导致氨中毒。

微生物蛋白质合成量仍不满足反刍动物的蛋白质需要，则在饲粮中添加非降解蛋白质含量高的饲料（棉籽饼、豆饼等），以提高小肠内氨基酸的总供应量。

第八节 反刍动物的饲料蛋白质评价

一、饲料蛋白质质量的常用指标

(一) 粗蛋白质 (Crude Protein; CP)

饲料中总氮含量乘以 6.25（蛋白质中氮的平均比例）得到的蛋白质含量，是衡量饲料蛋白质含量的基础指标，通常以百分比形式表示。

（二）可消化粗蛋白质（Digestible Crude Protein；DCP）

蛋白质在消化道内被分解并吸收的比例，反映了蛋白质在动物体内的实际可利用性，通过体内或体外消化试验测定。

（三）生物学价值（Biological Value；BV）

衡量蛋白质在动物体内被吸收并用于合成新蛋白质的效率。BV＝［（摄入氮－排泄氮）×100］/摄入氮）。BV 越接近 100%，蛋白质质量越好。动物性蛋白质（如鱼粉、肉骨粉）BV 通常高于植物性蛋白质（如玉米、小麦、豆类）。混合蛋白质的 BV 通常高于单一蛋白质。

（四）化学评分（Amino Acid Score；AAS）

衡量蛋白质中必需氨基酸（EAA）含量与理想蛋白质中某 EAA 含量的比较。理想蛋白质通常是卵蛋白。AAS 主要关注蛋白质中必需氨基酸的组成，用于评估蛋白质的氨基酸平衡和潜在的营养价值。

（五）净蛋白利用率（Net Protein Utilization；NPU）

衡量蛋白质在体内的净利用情况，即摄入蛋白质中被用于合成新蛋白质的比例。NPU＝（氮保留量×100）/摄入氮量。

（六）蛋白质效率比（Protein Efficiency Ratio；PER）

衡量摄入蛋白质对动物体重增加的贡献。PER＝（体重增加量×100）/摄入蛋白量。

（七）可消化、可利用和有效氨基酸

这些指标进一步细化了蛋白质的消化和利用情况。通过体内或体外消化试验测定。

（八）体外消化率（In Vitro Digestibility）

通过模拟消化道环境测定蛋白质的消化率，可以作为评估蛋白质质量的补充指标，反映蛋白质在消化道中的分解情况。通过体外消化试验测定，例如使用胃蛋白酶和胰蛋白酶模拟消化道环境。

二、反刍动物饲料蛋白质质量的评定方法

（一）评价蛋白质质量的指标

反刍动物因其独特的消化系统结构、微生物作用以及营养物质的吸收和代谢，饲料蛋白质质量的评定方法与单胃动物截然不同。反刍动物小肠内吸收的氨基酸数量和比例，与采食的饲料蛋白质完全不同，而传统的粗蛋白质或可消化蛋白体系不能全面反映反刍动物对饲料蛋白质的消化代谢情况。

自 1977 年以来，世界上已有多个国家提出了反刍动物蛋白质质量评定的新体系，如英国和美国的可代谢蛋白（MP）、法国的小肠真正可消化蛋白（PDI）或澳大利亚的瘤胃后可消化蛋白（DPLS）。尽管各国的评价体系名称各不相同，但本质上都是指在反刍动物小肠中消化的蛋白质，即认识到瘤胃微生物在反刍动物蛋白质消化代谢中的贡献，必须分别评价微生物和宿主动物对蛋白质的需要量，认为饲粮中降解蛋白质的数量和能量浓度是制约瘤胃微生物蛋白质合成的基本因素，并根据这两个因素计算瘤胃微生物产量；均认为进入小肠的蛋白质是实际可供反刍动物消化和利用；各体系均将合

理、充分发挥反刍动物利用 NPN 的能力作为一个重要的内容，认为只有采用新体系才能预测 NPN 的利用及其反应。

我国 2004 年《肉羊饲养标准》（NY/T 816—2004）中蛋白质需要量采用的是 CP 或可消化粗蛋白指标，这种体系自身存在的缺点和弊端：一是该体系未区分饲粮蛋白质在瘤胃中降解和非降解部分；二是不能反映饲粮降解蛋白质转化为 MCP 的效率以及 MCP 的合成量；三是不能反映进入小肠的饲粮 UDP 和 MCP 的数量及其真消化率。以小肠氨基酸为基础的新蛋白质体系代替传统的粗蛋白质或可消化蛋白等体系，已是大势所趋。

自 2009 年起，中国农业科学院饲料研究所领衔国内其他 4 个院所，应用绵羊饲养试验和比较屠宰试验，通过蛋白质摄入和体内沉积量之间关系的解析，系统研究了 20~50 kg 体重绵羊的维持和生长蛋白质需要量，确立了日增重为 0~350 g 时 NP 和 MP 需要量。有鉴于此，2021 年更新并发布了《肉羊营养需要量》（NY/T 816—2021）。在此版本中，绵羊蛋白质需要量的指标不仅有传统的 CP 和 DCP，还增加了 MP 指标。至此，我国肉羊的蛋白质需要量指标已与国外标准无异，统一用 MP 为指标。

（二）评价蛋白质质量的方法

反刍动物饲料蛋白质或蛋白质需要量评定的核心为 MP。MP 是指反刍动物小肠中被吸收的蛋白质，包括瘤胃微生物蛋白质、瘤胃非降解饲料蛋白质（RUP）及少量内源蛋白质构成。MP =（饲料瘤胃非降解蛋白质+瘤胃微生物蛋白质）× 小肠蛋白质的消化率，而瘤胃非降解蛋白质=饲料蛋白质摄入量-瘤胃内饲料降解蛋白质。评定反刍动物饲料 MP 的方法主要包括体内法、尼龙袋法、酶解法和三步法等。

体内法（In Vivo Method）是通过安装了真胃和小肠瘘管的动物，收集从皱胃到回肠末端的食糜，通过测定食糜中的蛋白质成分，可以计算蛋白质的表观消化率，进一步校正内源成分后，可以得到真消化率。体内法能够提供较为准确的消化率数据，然而该方法成本较高，瘘管动物维护难、成活率低。

尼龙袋法（Nylon Bag Method）是常用方法，相对简单、耗费低，且具有良好的重复性的方法，将饲料样品装入尼龙袋中，再将尼龙袋通过瘤胃瘘管投入瘤胃中。经过一定时间后，取出尼龙袋并分析剩余的饲料残渣，通过比较投入前后的饲料样品质量，可以评估饲料在瘤胃中的降解率。然后将未降解的残渣继续从皱胃或十二指肠瘘管送入小肠，通过回收尼龙袋评估小肠消化率。这种方法与实际消化率很接近，但依然受到瘘管动物的制约，且测定结果受尼龙袋孔径、瘤胃中培养时间等因素的影响。

酶解法（Enzymatic Method）是在体外条件下，使用特定的酶或酶混合物对饲料样品进行处理，通过控制温度、pH 等，模拟消化过程，使酶作用于饲料样品，然后分析处理后的样品，估测饲料在小肠内的消化情况。该法使饲料小肠消化率的测定摆脱了对瘘管动物的依赖，且测定结果重复性好，但是测定结果受到所使用酶的种类、活性和来源的影响。

三步法（Three-step Method）是结合了瘤胃尼龙袋法和体外酶解法的一种评定方法。首先使用瘤胃尼龙袋法获得瘤胃未降解的残渣，然后使用胃蛋白酶和胰酶对残渣进行酶解，模拟小肠消化过程。三步法评定反刍动物常用饲料蛋白质的小肠消化率与尼龙袋法测定结果呈线性正相关（$R^2=0.8912$），对于无十二指肠瘘管动物的试验室，三步法较好地模拟了动物生理条件，包括瘤胃发酵作用，易于标准化操作，省时省力，但测定结果仍受到所用酶制剂种类和活性的影响。

（张民扬　邓凯东）

第六章　碳水化合物

碳水化合物（Carbohydrates）是多羟基醛、酮、醇和酸，及其简单衍生物，以及能水解产生上述物质化合物的总称。碳水化合物是植物组织的主要成分，占植物组织 DM 的 60%~90%，在动物饲粮中占一半以上。碳水化合物是动物细胞的能量来源。

第一节　分类

在生物化学中，一般把糖类（Saccharides）作为碳水化合物的同义词。根据化合物中糖分子的数量，碳水化合物可分为：单糖，即一个单位的糖；双糖，即两个单糖聚合而成；低聚糖，3~15 个单糖；多糖，单糖的大型聚合物。

一、单糖（Monosaccharides）

单糖是最简单的糖类，不能被分解成更简单的单位，如葡萄糖。根据碳原子数，碳水化合物可分为丙糖（$C_3H_6O_3$）、丁糖（$C_4H_8O_4$）、戊糖（$C_5H_{10}O_5$）、己糖（$C_6H_{12}O_6$）和庚糖（$C_7H_{14}O_7$）及其衍生糖等。其中，戊糖（如核糖）和己糖（如葡萄糖或血糖）是动物组织中最常见的糖类。单糖可以连接在一起，在每个连接处消除一分子水，生成双糖、低聚糖和多糖。单糖还可细分为含醛结构的醛糖和含酮基的酮糖。葡萄糖和果糖的分子式相同，都是己糖（6 个 C 原子）。但葡萄糖是醛糖（也叫醛己糖），而果糖是酮糖或酮己糖。

二、双糖（Disaccharides）

双糖由两个单糖通过糖苷键（共价键）结合而成。如蔗糖等于葡萄糖+果糖，乳糖等于葡萄糖+半乳糖，麦芽糖等于 α-D-葡萄糖+β-D-葡萄糖，纤维二糖等于 β-D-葡萄糖+β-D-葡萄糖。

在不同的双糖中，乳糖是唯一来源于动物的碳水化合物。然而，纤维二糖作为纤维素的成分之一，在动物营养中非常重要。单胃动物无法消化纤维素，它们不产生能分裂 β-D-葡萄糖的纤维素酶。

三、低聚糖（Oligosaccharides）

低聚糖是由三个或以上（3~15 个）单糖结合而成。如棉子糖由葡萄糖+果糖+半乳糖结合而成，水苏糖由葡萄糖+果糖+2 个半乳糖组合而成。

在动物饲粮中，低聚糖通常存在于豆类和豆科植物中，低聚糖对动物的营养价值较低，但一些低聚糖可以促进有益微生物生长（如益生元，Prebiotics）。最近，人们越来越关注使用不同的低聚糖（如低聚果糖、低聚甘露糖）作为饲料添加剂，以增强动物的肠道健康。

四、多糖（Polysacchrides）

由单糖的大分子聚合物连接而成，是动物饲粮中最重要的碳水化合物。多糖由许多单糖单位连接成复杂的长链。多糖可以作为能量物质存储于植物细胞（如植物籽实中的种子淀粉）和动物细胞（如糖原）或者作为植物的支撑结构物质（如植物纤维）。动物无法分泌可以消化植物细胞壁结构成分的消化酶，因此这类多糖被称为非淀粉多糖（Non-starch Polysaccharides）或抗性淀粉（Resistant Starch）。但其能被动物大肠或瘤胃微生物发酵利用，间接产生能量及其他营养物质。

传统动物营养学通常在把碳水化合物分为粗纤维和可溶性碳水化合物（或称无氮浸出物）两大类。粗纤维由纤维素、半纤维素、多缩戊糖及镶嵌物质（如木质素、角质等）所组成，是植物细胞壁的主要组成部分，也是饲料中最难消化的物质。纤维素即真纤维，其化学性质很稳定，弱的无机酸不能使其分解，在80%的硫酸作用下，才可水解，其营养价值与淀粉相近。半纤维素在植物界的分布最广，易被稀酸所水解，大部分半纤维素和多糖一样，由相同的组分构成；另一些则由不同的单糖组成，个别的半纤维素则由非糖物质的分子构成。木质素是最稳定、最坚韧的物质，一般认为木质素含有甲氧基乙酰基及芳香环。

动物难以利用粗纤维，但草食性动物尤其是复胃动物，粗纤维却是必不可少的。在家兔、豚鼠等草食动物饲料中，如粗纤维含量不足，可造成消化机能紊乱，产生消化道疾病等。在反刍动物和马属动物中，粗纤维在瘤胃及盲肠中经发酵形成的VFA（乙酸、丙酸、丁酸），参与体内的碳水化合物代谢，通过三羧酸循环，是重要的能量来源。

NFE为饲料有机物质中的无氮物质除去脂肪及粗纤维以外的部分，总称为无氮浸出物或称可溶性碳水化合物，包括单糖、双糖及多糖类（淀粉）等物质。植物性饲料中分布最广的糖是单糖类和双糖类，单糖主要存在于植物的果实中，一般饲料中含量很少；双糖在甜菜中含量丰富；淀粉是植物的贮备物质，在植物的种子、果实、块根、块茎中含量丰富，如玉米籽实中的淀粉含量约为70%。无氮浸出物可为单胃动物提供能量，除主要供给动物所需的热能外，多余部分可转化为体脂和糖原，贮存在机体中以备必需时利用。

由于粗纤维和NFE的化学分析差异很大，因此洗涤纤维能更好地反映反刍动物的碳水化合物消化率。中性洗涤剂可溶物（NDS）组分由几乎100%可消化的细胞内容物组成。NDF主要是细胞壁组织，由半纤维素、纤维素和木质素组成。使用酸溶液，NDF残留物可进一步分离成酸性洗涤可溶物（ADS；主要是半纤维素）和酸性洗涤纤维。酸性洗涤纤维含有纤维素和木质素。木质素几乎不易消化，而纤维素部分的消化率是可变的。

五、其他多糖

（一）同聚多糖

这些碳水化合物与糖类截然不同。它们大多分子量很高，由大量戊糖或己糖残基组成。同聚多糖不会发生醛糖和酮糖特有的各种糖反应。植物中的许多同聚多糖要么作为储备（如淀粉），要么作为结构材料（如纤维素）。

阿拉伯聚糖和木聚糖分别是阿拉伯糖和木糖的聚合物。虽然基于这两种戊糖的均聚糖，但它们更常见于与其他糖类结合成为异聚糖的成分。

（二）糖苷

如果通过酯化或缩合作用将葡萄糖碳1原子上羟基的氢与醇类（包括糖分子）或酚类取代，则生成的衍生物称为糖苷。同样，半乳糖形成半乳糖苷，果糖形成果糖苷。寡糖和多糖被归类为糖苷，这些化合物在水解过程中会产生糖或糖的衍生物。

第二节 饲料中碳水化合物类型

一、淀粉

植物籽实中最重要的碳水化合物成分，作为种子储备的能量物质，也是单胃动物饲粮中主要碳水化合物来源。植物籽实中的淀粉分为直链淀粉和支链淀粉。直链淀粉结构简单，由葡萄糖以 α-1,4 糖苷键以线型方式连接组成。直链淀粉可溶于水，在大多数植物中占淀粉总量的 15%~30%。支链淀粉的结构比直链淀粉更加复杂，除了以 α-1,4 糖苷键的连接方式占主导地位，α-1,6 连接方式会产生一个"分支"。支链淀粉不溶于水，在植物细胞中占淀粉总量的 70%~85%。

直链淀粉主要是 α-D-葡萄糖残基连接在一个分子的碳原子1和相邻分子的碳原子4之间。也可能存在一小部分 α-1,6 连接。支链淀粉具有灌木状结构，主要含有 α-1,4 链接，但也有相当数量的 α-1,6 链接。直链淀粉和支链淀粉的比例随淀粉的来源和淀粉的种类而变化。直链淀粉含量高，消化率就低。

淀粉颗粒不溶于冷水，但当水悬浮液加热时颗粒膨胀并最终糊化。在糊化过程中，植物籽实淀粉会膨胀，但往往不会爆裂。动物消耗大量植物籽实、植物籽实副产品和块茎中的淀粉。

二、糖原

糖原是动物组织中的一种淀粉，因此被称为动物淀粉。糖原是一种多糖，其与具有基本 α-D-葡萄糖的直链淀粉有物理联系，但混合了 α-1,4 键和 α-1,6 键。糖原存在于少量（<1%）存在于肝脏和肌肉组织中。在运动和压力等需要动员葡萄糖的情况下，这些分子可以迅速水解。糖原是动物体内主要的碳水化合物储存产物，在能量代谢中发挥着重要作用。糖原分子的分子量因动物种类、组织类型和动物生理状态的不同而有很

大差异。

三、纤维素

维生素是自然界中最丰富的碳水化合物，其基本单位为 β-1,4 连接，直链无分支。纤维素非常稳定，任何动物酶都无法将其分解，只有微生物纤维素酶才能降解它。反刍动物（如牛、羊等）的瘤胃中含有细菌，可产生纤维素酶。

纤维素是植物细胞壁的基本结构，以近乎纯净的形式存在于棉花体内。纯纤维素是一种高分子量的同聚糖，其中的重复单元是纤维二糖。

在植物体内，纤维素链以有序的方式形成紧密的聚合体，并通过分子间和分子内氢键结合在一起。在植物细胞壁中，纤维素与其他成分（尤其是半纤维素和木质素）在物理和化学上密切相关。以及经常是 β-1,4 葡萄糖残基组成的多糖的总称。这些 β-葡聚糖作为特殊壁的成分出现在高等植物的特定发育阶段。胚乳细胞植物籽实胚乳细胞壁的很大一部分就是由这类 β-葡聚糖组成的。高等植物在受伤和感染时也会沉积这种物质。

四、低聚果糖

低聚果糖作为储备物质存在于多种植物的根、茎、叶和种子中，尤其是在菊科和禾本科植物中。在禾本科植物中，低聚果糖只存在于温带物种中。这些多糖可溶于冷水，分子量相对较低，大多数在水解过程中除了生成 D-果糖外，还生成少量的 D-葡萄糖。

五、低聚半乳糖和低聚甘露糖

低聚半乳糖和低聚甘露糖分别是半乳糖和甘露糖的聚合物，存在于植物的细胞壁中。低聚甘露糖是棕榈种子细胞壁的主要成分，作为食物储备存在，在发芽时消失。低聚甘露糖的一个丰富来源是南美洲塔瓜棕榈树（*Phytelephas macrocarpa*）坚果的胚乳；这种坚果的硬胚乳被称为"植物象牙"。苜蓿、三叶草等许多豆科植物的种子都含有低聚半乳糖。

六、甲壳素

甲壳素（$C_8H_{13}O_5N$）$_n$ 是唯一已知的含有葡糖胺的同聚多糖，是乙酰-D-葡糖胺的线性聚合物。甲壳素广泛存在于低等动物体内，在甲壳动物和昆虫等节肢动物的外骨骼、真菌和一些绿藻中含量尤其丰富。甲壳素形成与纤维素类似，但与纤维素不同的是，甲壳素可在一些哺乳动物体内通过酶降解。甲壳素是继纤维素之后，自然界中含量最丰富的多糖。

七、果胶

果胶是一组密切相关的多糖，可溶于热水，是高等植物初级细胞壁和细胞间区域的成分。它们在柑橘类水果的果皮和甜菜果肉等软组织中含量尤其丰富。果胶是该类物质的主要成分，由 D-半乳糖醛酸组成，其中不同比例的酸基作为甲基酯存在。这些链每隔一段距离就会插入L-鼠李糖残基。其他如D-半乳糖、L-阿拉伯糖和D-木糖，作为侧链连接在一起。果胶酸是这一类化合物的另一个成员；它的结构与果胶相似，但没有酯基。果胶物质具有很强的胶凝特性，可用于制作果酱。

八、半纤维素

半纤维素为与纤维素密切相关的碱溶性细胞壁多糖。从结构上看，半纤维素主要由D-葡萄糖、D-半乳糖、D-甘露糖、D-木糖和L-阿拉伯糖组成，这些单元以不同的组合和各种糖苷键连接在一起。它们还可能含有尿酸。禾本科植物的半纤维素含有一条木聚糖主链，由β-1,4连接的D-木糖单元和侧链组成，侧链含有甲基葡萄糖醛酸以及葡萄糖、半乳糖和阿拉伯糖。

九、渗出胶和酸性黏液

渗出胶通常产生于植物的伤口，但也可能是树皮和树叶的天然渗出物。天然树胶以盐的形式存在，特别是钙盐和镁盐，在某些情况下，一部分羟基会被酯化，通常是乙酸酯。阿拉伯胶（刺槐胶）水解后会产生阿拉伯糖、半乳糖、鼠李糖和葡萄糖酸。酸性黏液是从多种植物的树皮、根、叶和种子中提取的。亚麻籽黏液就能产生阿拉伯糖、半乳糖、鼠李糖和半乳糖醛酸。

十、透明质酸和软骨素

这两种多糖由氨基糖和D-葡萄糖醛酸组成。透明质酸含有乙酰基-D-葡萄糖胺，存在于皮肤、滑膜和关节中。这种酸的溶液具有黏性，在润滑关节方面发挥着重要作用。软骨素的化学成分与透明质酸相似，但含有半乳糖胺，而不是葡萄糖胺。软骨素的硫酸酯是软骨、肌腱和骨骼的主要结构成分。

十一、木质素

木质素不是碳水化合物，但与这组化合物密切相关，它赋予细胞壁化学和生物抗性以及植物的机械强度。严格来说，"木质素"一词并不是指一种单一的、定义明确的化合物，而是包括一系列密切相关化合物的统称。木质素是一种聚合物，来源于苯基丙烷的三种衍生物：古马醇、针叶醇和山柰醇。木质素分子由许多苯基丙烷单元组成，并形成复杂的交联结构。

木质素对化学降解具有很强的抵抗力，因此在动物营养方面具有特别重要的意义。木质素在植物纤维上的物理沉积使其无法被酶消化。木质素与许多植物多糖和细胞壁蛋白质之间存在很强的化学键，使这些化合物在消化过程中无法被利用。木制品、成熟的干草和秸秆中含有丰富的木质素，因此除非经过化学处理以切断木质素和其他碳水化合物之间的键，否则消化率很低。

十二、非淀粉多糖（Non-starch Polysaccharide；NSP）

非淀粉多糖又称结构多糖，是单胃动物无法直接消化的碳水化合物类成分。根据溶解性不同，可以将其进一步分为可溶性非淀粉多糖（sNSP）和不可溶性非淀粉多糖（iNSP）。非淀粉多糖与淀粉的主要区别在于：淀粉完全由葡萄糖单体组成，通过 α-糖苷键连接；而非淀粉多糖由不同种类的单体组成，主要通过 β-糖苷键连接。键合结构的差异对消化率具有深远的影响，因为水解 α-糖苷键和 β-糖苷键需要不同类别的酶，单胃动物中主要的淀粉消化酶是 α-淀粉酶、α-葡萄糖苷酶和寡聚 1-6-葡萄糖苷酶，这些酶特异性水解淀粉的 α-糖苷键以产生葡萄糖。而消化非淀粉多糖所需的酶，如 β-葡聚糖酶和 β-木聚糖酶，在单胃动物中几乎不存在，因此单胃动物几乎无法消化非淀粉多糖。

非淀粉多糖是抗营养因子，会降低饲料的消化率，影响饲料转化率，这主要体现在一些非淀粉多糖会降低饲料原料中营养物质的消化率。例如，非淀粉多糖增加肠内容物的黏度，降低消化酶对底物的活性，从而降低葡萄糖的利用率。非淀粉多糖还会与胆盐结合，降低其溶解脂肪的效率，从而降低脂质吸收。

第三节 生理作用

一、供能

碳水化合物的主要作用是为体内的所有细胞提供能量。许多细胞更喜欢葡萄糖作为能量来源，而不是脂肪酸等其他化合物。一些细胞，例如红细胞，只能从葡萄糖中产生细胞能量。大脑对低血糖水平也高度敏感，因为它只使用葡萄糖来产生能量和功能（除非在极端饥饿条件下）。大约 70% 的葡萄糖从消化进体内，被重新分配（由肝脏）回到血液中，供其他组织使用。需要能量的细胞通过膜中的转运蛋白从血液中捕获葡萄糖。葡萄糖的能量来自碳原子之间的化学键。在光合作用过程中需要阳光能来产生这些高能键。细胞会打破这些键并捕获能量以进行细胞呼吸。细胞呼吸基本上是葡萄糖的受控燃烧与不受控制的燃烧。细胞在多个酶促步骤中使用许多化学反应来减慢能量的释放，并更有效地捕获化学键内保存的能量。

葡萄糖分解的第一阶段称为糖酵解，它发生在一系列错综复杂的酶促反应中。葡萄糖分解的第二阶段发生在细胞器中，称为线粒体。去除一个碳原子和两个氧原子，产生更多的能量。来自这些碳键的能量被带到线粒体的另一个区域，使细胞能量以细胞可以使用的形式提供。

在这方面，碳水化合物被代谢以产生 ATP，ATP 是细胞的能量货币。这个过程对于从肌肉收缩到神经传递的活动至关重要。碳水化合物在能量生产中的效率使其成为首选的燃料来源，尤其是在高强度运动和快速细胞活动期间。

二、储能

如果动物已经有足够的能量来支持其功能，多余的葡萄糖就会以糖原的形式储存在肌肉和肝脏中。一个糖原分子可能含有超过 50 000 个单葡萄糖单位，并且是高度支化的，当需要细胞能量时，葡萄糖可以迅速释放。

三、参与体组织的构成和代谢

碳水化合物在细胞识别和信号传导中也起着重要作用。糖蛋白和糖脂分别是附着在蛋白质和脂质上的碳水化合物，是细胞膜的关键成分。这些分子参与细胞间通讯和免疫反应。例如，细胞表面独特的碳水化合物模式使免疫系统能够区分自身和非自身实体，从而在免疫防御机制中发挥至关重要的作用。

碳水化合物也是细胞和组织结构完整性不可或缺的一部分。在植物中，果胶和半纤维素等碳水化合物有助于细胞壁的刚性和柔韧性，使植物能够保持其结构并承受环境压力。在动物中，碳水化合物参与细胞外基质成分的形成，如透明质酸可在关节中提供润滑和减震。

四、合成动物产品

碳水化合物是合成其他必需生物分子的前体。例如，核糖是一种戊糖，是核苷酸的组成部分，核苷酸是 DNA 和 RNA 的结构单位。这种联系强调了碳水化合物在遗传信息存储和传输中的重要性。此外，碳水化合物参与氨基酸和脂肪酸的合成，突出了它们在更广泛的代谢中的作用。

五、维持消化道健康

不易消化的碳水化合物，如纤维素和其他膳食纤维，对消化健康起着重要作用。它们增加饮食的体积，促进规律的排便并防止便秘。膳食纤维还有助于调节肠道微生物群，支持肠道细菌的健康平衡。例如，在家禽和猪等单胃动物中，β-葡聚糖、抗性淀粉、纤维素和阿拉伯木聚糖等可以通过与肠道微生物相互作用并导致短链脂肪酸（SCFA）等关键代谢物的产生来促进肠道健康。

有益的肠道细菌利用可发酵纤维，产生对宿主健康有积极影响的物质。膳食纤维和肠道微生物群之间的这种相互作用对于维持健康的消化系统和整体健康至关重要。

六、免疫功能

碳水化合物可以作为抗原，触发免疫系统抗体的产生。这有助于建立针对外来病原体的免疫反应。细胞表面的糖蛋白和糖脂促进细胞间相互作用，包括抗原和抗体之间的相互作用。

第四节 非淀粉多糖的抗营养作用

非淀粉多糖（NSP）包括纤维素、半纤维素、果胶和木质素，是植物细胞壁的组成部分。虽然它们具有各种有益的功能，例如促进肠道健康，但它们还具有某些抗营养特性，会影响动物健康和消化。以下是 NSP 的主要抗营养功能。

一、消化吸收受损

可溶性 NSP 能够增加消化液在胃肠道中的黏度。这使得消化酶更难获取和分解营养物质,从而降低消化和吸收的效率。例如,在家禽中,豆粕中存在可溶性 NSP 降低其他营养物质的消化率。NSP 可以在营养物质周围形成物理屏障,阻止它们容易被消化酶利用。这可能导致整体营养吸收减少。

二、改变的肠道菌群

NSP 可以改变肠道微生物群的组成。虽然一些 NSP 可以促进有益细菌的生长,但其他 NSP 可能有利于有害细菌的生长,从而导致肠道菌群失衡。这可能导致营养吸收减少和对胃肠道疾病的易感性增加。

三、生长性能下降

NSP 的抗营养作用会导致动物的生长速度降低。例如,豆粕中存在 NSP 和 α-半乳糖苷(GOS)对猪的生长性能产生不利影响。NSP 还会降低动物将饲料转化为体重的效率,这是由于营养物质的消化率和吸收率降低,导致更高的采食量才能实现相同的生长。

四、能量代谢

NSP 的存在会减少动物可用的能量。这是因为消化和处理 NSP 所需的能量没有有效地转化为动物可用的能量。NSP 还会影响脂质代谢,导致循环脂质水平和体内脂肪储存发生变化。

五、免疫功能

一些 NSP,如 β-1,3-葡聚糖,可以作为免疫刺激剂,增强动物的免疫反应。虽然这在某些情况下可能是有益的,但过度的免疫激活也会导致炎症和其他健康问题。高水平的 NSP 会干扰正常的免疫反应,使动物更容易受到感染和疾病。

六、饲料转化率

NSP 的抗营养作用降低饲料中营养物质的整体利用率,导致饲料转化率降低。这会增加饲养成本并降低动物生产的经济可行性。

总之,NSP 对动物具有显著的抗营养作用,影响消化、吸收、肠道健康、生长性能、能量代谢和免疫功能。这些影响可以通过使用酶补充剂和其他干预减轻。

第五节 单胃动物对碳水化合物的消化和利用

碳水化合物的消化始于口腔,终于小肠,在口腔由唾液腺分泌的唾液进行消化。唾液中有两种消化酶，一种是唾液淀粉酶，另一种是麦芽糖酶。淀粉酶只对煮熟的淀粉起作用，而麦芽糖酶则对麦芽糖起作用。胃液中没有碳水化合物分解酶，不过，胃液中的盐酸有一定的能力将一些蔗糖水解为葡萄糖和果糖。胆汁中没有碳水化合物消化酶。胰液有两种碳水化合物消化酶，即胰淀粉酶和麦芽糖酶。胰淀粉酶对加工和未加工的淀粉都有作用。因此，胰淀粉酶可将加工和未加工淀粉和糊精消化成麦芽糖。麦芽糖被麦芽糖酶消化成葡萄糖。琥珀肠杆菌的消化液有蔗糖酶、乳糖酶、麦芽糖酶、异麦芽糖酶、α-限制性糊精酶和肠淀粉酶。蔗糖酶将蔗糖转化为葡萄糖和果糖。乳糖酶将乳糖转化为葡萄糖和半乳糖，麦芽糖酶将麦芽糖转化为葡萄糖，异麦芽糖酶将异麦芽糖转化为葡萄糖。α-限制性糊精酶将α-限制性糊精转化为葡萄糖。

单糖的吸收可通过被动扩散或主动转运两种方式。果糖、甘露糖和其他戊糖是被动吸收的。葡萄糖和半乳糖通过主动运输吸收，这需要能量和 Na^+。己糖的吸收率中，半乳糖最高，其次是葡萄糖和果糖。家禽吸收碳水化合物的速度很快。碳水化合物由复合碳水化合物、淀粉或膳食纤维以及各种糖组成，包括单糖（葡萄糖、半乳糖、果糖）和双糖（蔗糖、乳糖、麦芽糖）。

碳水化合物最重要的功能是为动物体提供能量。当碳水化合物燃烧成 CO_2 和水时，就能提供能量。1 g 分子量（180 g）的己糖在燃烧成 CO_2 和水时产生 686 kcal 热量。细胞中也释放出相同数量的能量，但细胞中氧化释放的大部分能量都以高能键的形式储存起来，特别是 ATP 中的高能键。碳水化合物代谢有 3 个途径，即糖酵解、柠檬酸循环和磷酸戊糖途径。

一、糖酵解

糖原、葡萄糖或其他单糖被分解为丙酮酸。在有氧糖酵解过程中，1 mol 葡萄糖可产生 10 mol ATP。由于使用了 2 mol ATP 使用，因此从 ADP 生成的 ATP 净量为 8 mol。在无氧糖酵解过程中，2 mol ATP 用于葡萄糖和 6-磷酸果糖的磷酸化。4 mol ATP 在剩余过程中产生 4 mol ATP，净产量为 2 mol 葡萄糖。

二、三羧酸循环

丙酮酸通过与辅酶 A 反应进行氧化脱羧，生成乙酰-CoA。三羧酸循环的初始反应是草酰乙酸与乙酰 CoA 反应生成柠檬酸。丙酮酸和乳酸在肝脏中直接发生卡波酰化反应，生成草酰乙酸。除了形成琥珀酰 CoA 外，所有反应都是可逆的，这使得循环无法逆向进行。2 mol 丙酮酸转化为 CO_2 和水（有氧），1 mol 葡萄糖产生 30 mol ATP。实际上，当 1 mol 葡萄糖被氧化成 CO_2 和水时，会形成 38 mol ATP（糖酵解产生 8 mol ATP，循环产生 30 mol ATP）。1 mol ATP 能储存约 7 kcal 的能量。因此，1 mol 葡萄糖氧化产生的能量约为 $7×38=266$ kcal/mol。因此，动物机体获取自由能的效率为 $266/686×100≈40\%$。这意味着，约有 60% 的能量以热能的形式流失。

三、磷酸戊糖途径

该途径在肝细胞、脂肪组织和哺乳期乳腺中相当重要。哺乳期乳腺中起着相当重要的作用。葡萄糖最初的磷酸化需要 1 mol ATP，而氢通过 NADP+氧化产生 36 mol ATP。通过 NADP+氧化氢产生 36 mol ATP，因此每摩尔葡萄糖净产生 35 mol ATP。

四、糖原生成

由机体组织中的单糖合成糖原被称为糖原生成。葡萄糖、半乳糖、果糖和甘露糖很容易通过不同的阶段转化为糖原，其中有各种酶系统参与。糖原储备是短暂的。

五、糖原分解

糖原在细胞内降解为 1-磷酸葡萄糖的过程称为糖原分解。这一过程在肌肉中受肾上腺素的影响，在肝脏中受葡萄糖醛酸的影响。

六、糖异生作用

除了碳水化合物，体内还有其他产生葡萄糖的底物，这个过程被称为糖异生。重要的糖异生物质是氨基酸、高级脂肪酸、丙酸等。

七、淀粉消化

单胃动物（如猪、禽类等）对淀粉的消化是其能量获取的核心途径，这一过程涉及淀粉的化学结构、消化酶作用及肠道环境等多重因素，对动物生产性能具有重要影响。

淀粉作为植物中主要的碳水化合物，由直链淀粉（α-1,4 糖苷键连接）和支链淀粉（含 α-1,6 糖苷键分支）构成，其消化效率取决于结构特性与动物消化生理的协同作用。单胃动物淀粉消化始于口腔，唾液淀粉酶在近中性环境下可初步分解淀粉为麦芽糖，但因食物在口腔停留时间短，此阶段消化作用有限。进入胃后，酸性环境（pH 2.0~3.5）使唾液淀粉酶失活，且胃本身不分泌淀粉酶，故胃内淀粉几乎不发生消化。

小肠是淀粉消化的主要场所，食糜进入十二指肠后，在胰腺分泌的胰淀粉酶（以 Ca^{2+} 为辅助因子）作用下，淀粉分子内部的 α-1,4 糖苷键被水解，生成麦芽糖、麦芽三糖及含 α-1,6 键的 α-极限糊精。这些寡糖及糊精在小肠黏膜刷状缘酶系（如麦芽糖酶、异麦芽糖酶、蔗糖酶等）进一步水解：麦芽糖酶分解 α-1,4 键生成葡萄糖，异麦芽糖酶特异性水解 α-1,6 键释放葡萄糖，淀粉被完全分解为葡萄糖，通过小肠黏膜上皮细胞的钠-葡萄糖共转运蛋白和易化扩散转运蛋白吸收入血，为机体提供能量或转化为糖原储存。

八、微生物消化

单胃动物消化道内栖息着数量庞大、种类繁多的微生物区系，这些微生物对宿主的营养、免疫及整体健康具有重要作用，并积极参与碳水化合物消化过程。通常情况下，微生物更倾向于利用结构简单的碳水化合物（如葡萄糖和蔗糖）。由于这类碳水化合物同样为宿主所需，微生物与宿主之间在简单碳水化合物的消化与代谢上存在竞争关系；对于结构复杂的碳水化合物（如低聚糖、纤维素、半纤维素和果胶），微生物与宿主的关系则发生转变。宿主自身无法分泌降解这类物质的酶，而微生物却具备相应的代谢能力，从而成为分解复杂多糖的关键参与者。微生物通过逐步降解复杂多糖，将其转化为结构简单、易于代谢的单糖与双糖，并进一步发酵产生 VFA（乙酸、丙酸、丁酸等），成为消化道细胞主要的能量来源，并参与宿主的诸多生理过程。

消化道微生物广泛分布于整个消化道，但主要富集于盲肠和结肠——即宿主物理消化与化学消化的下游区域。这一分布策略既避免了微生物与宿主直接竞争单糖、双糖等易利用养分，体现了自然选择与进化过程中形成的互利共生关系。

第六节　反刍动物瘤胃内碳水化合物的消化

反刍动物由于瘤胃中有大量的微生物发酵作用，因而对碳水化合物的消化利用与单胃动物不同。瘤胃是反刍动物消化碳水化合物的主要器官，饲粮中 50%以上的粗纤维、几乎所有的无氮浸出物被微生物消化，微生物消化的主要产物为 VFA，而以瘤胃微生物细胞中淀粉、饲料过瘤胃淀粉形式在小肠的化学性消化则为辅。成年反刍动物口腔和小肠对碳水化合物的消化、吸收与单胃动物相类似；幼龄反刍动物由于瘤胃发育还不完善，瘤胃内微生物活动很弱，对碳水化合物的消化吸收和单胃动物相同。

一、微生物消化

瘤胃内 1/4 的细菌和部分纤毛虫分泌多种分解粗纤维的酶。产琥珀酸厌氧拟杆菌、居瘤胃拟杆菌、溶纤维拟杆菌、溶纤维丁酸菌、反刍兽新月单胞菌和贫毛虫等分泌纤维素酶、纤维二糖酶、半纤维素酶、果聚糖酶、木聚糖酶、异麦芽糖酶等。这些细菌、纤毛虫也分泌 α-淀粉酶、麦芽糖酶、蔗糖酶等，但是不能分泌分解木质素的酶类。碳水化合物在瘤胃中的消化过程见图 6-1。

瘤胃中碳水化合物的消化可分为两个阶段。第一阶段是在微生物细胞外将复杂的碳水化合物消化生成各种单糖。细菌分泌的一种或几种 β-1,4-糖苷酶首先将纤维素降解为纤维二糖，纤维二糖进一步被纤维二糖酶降解为葡萄糖。淀粉和糊精经淀粉酶作用先降解为麦芽糖和异麦芽糖，再经麦芽糖酶、异麦芽糖酶、麦芽糖磷酸化酶或 1,6-糖苷酶催化生成葡萄糖。葡萄糖可通过磷酸化酶的作用转变为葡萄糖-1-磷酸。果聚糖在果聚糖酶的作用下，将 β-2,1-键和 β-2,6-键水解，生成果糖。消化蔗糖也可产生果糖和葡萄糖。戊糖类是半纤维素降解的主要产物。半纤维素被作用于 β-1,3-糖苷键和 β-1,4-糖苷键的酶水解生成木糖和糖醛酸。果胶降解也可生成糖醛酸。糖醛酸转变成戊糖。木质素是一种特殊结构物质，不能被微生物降解。

第二阶段是各种产物立即被微生物吸收入细胞内代谢，终产物为能量、VFA（主要是乙酸、丙酸和丁酸）和发酵气体（主要是 CO_2 和 CH_4）。在细胞内的代谢过程中，单糖首先被转化成丙酮酸，丙酮酸再经过不同的代谢途径形成 VFA。微生物细胞内的代谢有 ATP 和 NADH 的生成，ATP 为自身生长和繁殖提供能量；NADH 为瘤胃内 CO_2 还原反应提供 H^+，生成 CH_4。两个阶段的消化过程都无木质素的降解。不同碳水化合物

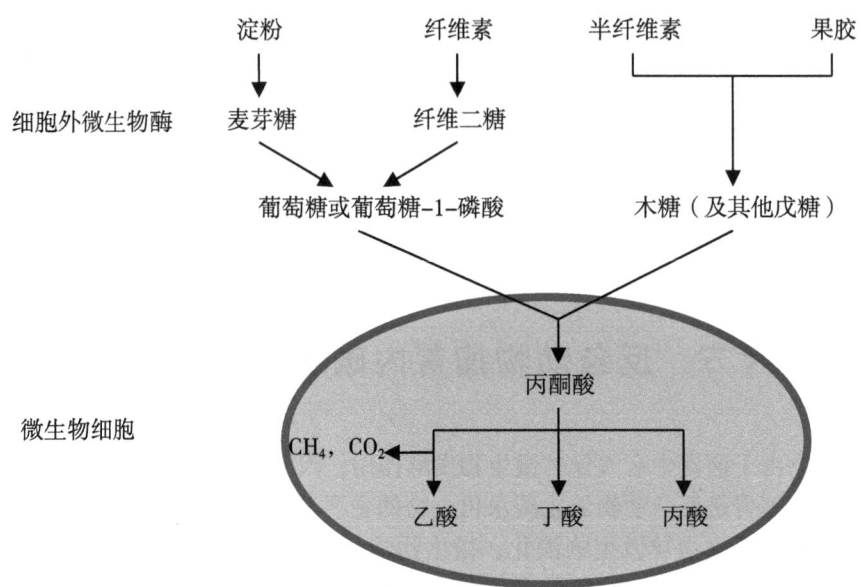

图 6-1 瘤胃内碳水化合物代谢

的发酵特点见表 6-1。

表 6-1 不同碳水化合物的瘤胃内微生物发酵

类型	组分	发酵速度	降解率（%）	产酸形式
营养性多糖	葡萄糖	非常快	100	丙酸
	淀粉	快	70~90	
结构性多糖	纤维素	慢	30~50	乙酸、丁酸
	半纤维素	中等	70	乙酸、丁酸
	果胶	较快	70~90	乙酸、丁酸
	木质素	非常慢	0	无

改编自：计成（2008）。

每摩尔葡萄糖降解成乙酸产生 4 mol H_2，降解成丁酸产生 2 mol H_2，因此在 VFA 产生过程中，中间产物激活态氢有大量剩余，在厌氧条件下与 CO_2 结合形成 CH_4。产生的 CH_4 是一种含能较高的气体，通过嗳气排出体外，不能被动物利用。此外微生物发酵还消耗一部分饲料能量，以热的形式释放到环境中。乙酸发酵一般能量损失大，丙酸和丁酸发酵能量损失较小。CH_4 能和发酵产热这两部分能量损失是不可避免的，但是可以通过营养调控和饲养技术降低其占饲粮的比例。

瘤胃内碳水化合物的消化细菌、纤毛虫在降解利用粗纤维的同时，也合成了一些糖原贮存在细胞内，如纤毛虫可以合成支链淀粉贮存体内。纤毛虫还喜好捕食饲料中的淀粉和蛋白质等颗粒物质，并贮存于体内。

二、碳水化合物的化学性消化

细菌和纤毛虫离开瘤胃进入小肠后，随着细菌和纤毛虫的解体，淀粉颗粒被小肠分泌的碳水化合物类消化酶消化成单糖。在瘤胃中未被降解的二糖、三糖和淀粉等进入反刍动物小肠后，可进行如单胃动物一样的消化过程，最终以单糖的形式被肠壁吸收。小肠中未被降解的碳水化合物进入结肠与盲肠后，可继续被其中的微生物发酵分解。

第七节 瘤胃内 VFA 的吸收与利用

一、单糖和 VFA 吸收和转运

饲料中的碳水化合物大部分被瘤胃微生物降解为 VFA。其中约 75% 可被瘤胃直接吸收，约 20% 经皱胃和瓣胃壁吸收，剩余的约 5% 经小肠吸收。反刍动物还可从盲肠吸收部分 VFA。其中丁酸吸收速度大于丙酸，丙酸吸收速度又大于乙酸。葡萄糖的主要吸收部位为小肠上半段。葡萄糖被小肠吸收后进入血液的途径主要为主动运输和细胞间扩散。此外还以被动扩散的形式转运。

二、氧化供能

瘤胃降解产生的 VFA 是反刍动物的重要能量来源。乙酸、丙酸和丁酸这三种 VFA 占瘤胃产酸总量的 95% 以上，可以满足奶牛 60%~80% 的能量需要。

(一) 生成酮体

酮体是机体组织重要的能量来源，乳腺合成乳脂和乳糖所需能量主要由酮体提供。一般情况下，酮体主要来自瘤胃内发酵产生的丁酸。但在泌乳早期，能量负平衡情况下，奶牛通过动员体脂来弥补酮体供给不足。酮体转化量超过一定限度会使奶牛发生酮毒血症。

(二) 糖原异生

葡萄糖不仅是动物代谢（大脑神经系统、肌肉、脂肪组织、乳腺等）的重要能源，而且还是合成脂肪代谢所必需的还原性辅酶（NADPH）以及合成乳糖和乳脂的前体物。葡萄糖供应不足，牛易发生酮病，妊娠羊易发生毒血症，严重影响动物的生长和健康。

反刍动物体内代谢需要的葡萄糖大部分是以瘤胃壁吸收的 VFA 为原料，通过糖原异生获得，直接由肠道吸收的葡萄糖量很少。肝脏是主要生糖器官，其次是肾脏。在所有可生糖的 VFA 中，最有效的是丙酸，而乙酸、丁酸和长链脂肪酸都不能净合成葡萄糖。丙酸转化为葡萄糖的途径为：丙酸在辅酶 A、ATP、生物素、维生素 B_2 的作用下变成活性脂肪酸（甲基丙二酰辅酶 A），然后进入三羧酸循环代谢，最后转出线粒体，在细胞液中变成草酰乙酸，再通过磷酸烯醇式丙酮酸，逆糖酵解途径合成葡萄糖。反刍动物生成葡萄糖后，可进行如单胃动物类似的葡萄糖代谢过程。自由采食的泌乳奶牛中 55% 的肝葡萄糖合成量是由丙酸提供，L-乳酸和氨基酸提供的分别仅占 17% 和 16%。

(三) 合成乳糖

乳糖是乳中主要的碳水化合物，由乳腺细胞合成，葡萄糖是合成乳糖唯一的前体物。每合成一分子的乳糖必须有两分子的葡萄糖进入乳腺细胞。其中一个葡萄糖分子转化为一个半乳糖,另一个葡萄糖分子与半乳糖在酶的催化作用下,合成乳糖。奶牛等乳用反刍动物的乳腺组织需要大量葡萄糖用于合成乳糖。乳糖的合成量在很大程度上决定了奶牛的产奶量。

由于反刍动物的葡萄糖主要来源于丙酸的糖原异生,所以丙酸的产量间接决定了产奶量,促进瘤胃发酵类型向丙酸型转化可以有效提高产奶量。在实际生产中,通过营养调控可以影响乳糖的合成。例如,提高饲粮中的精料比例可以增加瘤胃中丙酸的产生量,从而提高血液中的葡萄糖浓度,促进乳糖的合成。但是,精料的增加也必须适度,避免瘤胃功能紊乱和酸中毒的风险。

(四) 合成乳脂

反刍动物乳脂合成是一个复杂的过程,乳脂主要由甘油三酯组成,占乳脂总量的 95%~98%,其余包括磷脂、胆固醇、二酰甘油、单酰甘油、游离脂肪酸等。乳脂合成的脂肪酸和甘油主要有两个来源:细胞内合成和胞外摄取。中短链脂肪酸 (C4~C14 脂肪酸) 和大约一半的 C16 脂肪酸是乳腺上皮细胞以乙酰辅酶 A 为原料从头合成的,而剩余的长链脂肪酸则由乳腺上皮细胞从血液中吸收。

乳腺合成的短链脂肪酸占奶牛乳脂总量的一半左右。VFA 通过瘤胃壁被吸收进入血液,再运输至肝脏,乙酸和丁酸转化为乙酰辅酶 A (Acetyl-CoA) 和甲基辅酶 M (Methylmalonyl-CoA),这些都是乳脂合成的重要中间产物。在乳腺细胞中,乙酰辅酶 A 通过脂肪酸合成酶复合体的一系列反应,形成长链脂肪酸。脂肪酸再与甘油结合形成甘油三酯,即乳脂的主要成分。一部分葡萄糖在乳腺组织内被转化为甘油,也可以直接从血液中获取。合成过程主要发生在乳腺的腺泡细胞中,这些细胞具有丰富的脂质合成酶活性。合成后的乳脂被包裹在脂滴中,通过乳腺细胞分泌进入乳汁。

不同类型的碳水化合物在瘤胃中的发酵产物不同,粗纤维发酵产生的主要是乙酸,而淀粉发酵则产生更多的丙酸。因此,高纤维饲料可以增加乙酸的产量,乙酸是乳腺合成乳脂的重要前体,因此高纤维饲料有助于提高乳脂率。相反,高淀粉饲料增加丙酸的产量,丙酸主要用于糖原异生,可能会降低乳脂率。饲料中添加的脂肪可以直接提供乳腺合成乳脂所需的脂肪酸。

第八节 瘤胃内碳水化合物代谢

一、粗纤维的消化

反刍动物瘤胃内存在大量的微生物,这些微生物能够分解和利用富含纤维素和半纤维素的植物来源的碳水化合物。消化粗纤维是反刍动物瘤胃内碳水化合物代谢有利的方面。采食的饲粮中 80%~90% 的粗纤维和无氮浸出物被瘤胃微生物消化。在瘤胃微生物作用下,纤维素约 30%~50%、半纤维素约 70% 被降解。NDF 的降解率为 35%~60%、ADF 为 25%~35%;淀粉的降解率为 70%~90%,葡萄糖为 100%,果胶的 70%~90% 也被很快分解,木质素基本不分解。

从碳水化合物在反刍动物瘤胃内消化过程来看，植物细胞壁经微生物发酵分解后，不但使纤维素等非淀粉多糖变得可用，而且使植物细胞内的营养物质也被释放出来供动物充分利用，因而，非淀粉多糖对宿主动物具有显著供能作用。

二、淀粉的消化

反刍动物对淀粉的消化有能量损失，能量利用率低。饲粮中淀粉70%~90%被瘤胃微生物降解为VFA。饲粮中的大部分营养性碳水化合物被代谢成VFA，而宿主体内需要的葡萄糖，大部分要经过发酵产品通过糖原异生过程供给，使碳水化合物供给葡萄糖的效率降低。

饲粮中过高的精料比例会导致瘤胃pH下降，影响淀粉的发酵效率和瘤胃健康，引发瘤胃酸中毒的风险。酸中毒是指反刍动物饲喂谷物过量，淀粉被瘤胃微生物发酵，导致大量乳酸积聚，瘤胃液pH降低，引发瘤胃微生物区系失调和瘤胃功能紊乱，抑制了微生物活动，严重者死亡。酸中毒发生的机制主要是瘤胃内乳酸产生菌与乳酸利用菌之间的菌群失调，导致乳酸积累，瘤胃液pH下降，革兰氏阴性菌崩解死亡，释放内毒素和组胺等致炎性物质，引发炎症反应，从而诱发酸中毒。

三、CH_4和发酵产热

在微生物发酵过程中，产生的CH_4是一种含能较高的气体，通过嗳气排出体外，不能被动物利用。瘤胃每消化100 g碳水化合物就产生4.5 g CH_4，每天产生CH_4能占饲料总能的6%~8%。微生物发酵还消耗一部分饲料能量，占总能日进食量5%~10%，以热的形式释放到环境中；这两方面造成的能量损失达饲料总能的18%左右。这部分能量损失是不可避免的，但是可以通过营养调控和饲养技术降低其占饲粮的比例。

（边高瑞　邓凯东）

第七章 脂　类

　　从化学本质上，脂类是一类不溶于水、但可溶于乙醚、氯仿、苯等非极性有机溶剂的化合物，这一特性使其区别于其他营养物质，如易溶于水的碳水化合物和部分蛋白质。从构成上看，脂类涵盖了脂肪酸（多为4碳以上的长链一元羧酸）和醇（包括甘油醇、硝氨醇、高级一元醇和固醇）等所组成的酯类及其衍生物，这一广泛的构成范围使得脂类在结构和功能上呈现出丰富的多样性。在动物营养学领域，脂类是动物生长、发育和维持正常生理功能不可或缺的营养物质。

　　从分子层面剖析，脂类的不溶于水特性与其分子结构密切相关。以甘油三酯为例，它由一分子甘油和三分子脂肪酸通过酯化反应脱水缩合而成。甘油的三个羟基分别与脂肪酸的羧基结合，形成酯键。脂肪酸的碳氢链部分是高度疏水的，这使得甘油三酯整体表现出不溶于水的性质。而在类脂中，如磷脂，其分子结构包含一个亲水的磷酸基团和两条疏水的脂肪酸链。这种独特的双亲性结构，使得磷脂在水溶液中能够自发地形成双层膜结构，亲水的磷酸基团朝向水相，疏水的脂肪酸链则相互聚集，避免与水接触。这种分子层面的结构特点，不仅决定了脂类的溶解性，也为其在生物体内发挥重要功能奠定了基础。

　　在动物体内，脂类扮演着众多关键角色。从能量代谢的角度来看，脂类是高效的能量储备和供能物质。当动物摄入的能量超过其即时需求时，多余的能量会以脂肪的形式储存起来，主要储存在脂肪组织中，如动物皮下的脂肪层以及内脏周围的脂肪组织。这些储存的脂肪就像一个"能量银行"，在动物处于饥饿、冬眠、剧烈运动等需要大量能量的情况下，能够被动员并分解为脂肪酸和甘油，通过一系列代谢途径氧化释放出能量，满足动物的生命活动需求。在某些冬眠动物中，如黑熊，在冬眠前会大量进食，储存大量脂肪，其体内脂肪含量可达到体重的30%~40%。在长达数月的冬眠期间，黑熊主要依靠这些储存的脂肪维持生命活动，包括维持基本的体温、心跳和呼吸等生理功能。

　　脂类在动物的生长发育过程中也发挥着重要作用。在胚胎发育阶段，脂类对于细胞的分化、组织器官的形成和发育至关重要。例如，磷脂是构成细胞膜的主要成分，对于胚胎细胞的结构完整性和功能正常发挥起着关键作用。在幼龄动物的生长过程中，充足的脂类供应对于其骨骼、肌肉、神经系统等的发育都具有重要意义。缺乏脂类会导致幼龄动物生长迟缓、发育不良，甚至出现神经系统功能障碍等问题。在雏鸡的饲养试验中发现，当饲料中缺乏必需脂肪酸时，雏鸡的生长速度明显减缓，羽毛发育异常，神经系统的兴奋性也会发生改变。

脂类还参与了动物体内许多重要的生理调节过程。一些脂类分子，如前列腺素、白三烯等，作为生物活性物质，在炎症反应、免疫调节、心血管功能调节等方面发挥着关键作用。前列腺素可以调节血管的收缩和舒张，影响血压和血流量；白三烯则参与了炎症细胞的趋化和活化过程，在炎症反应中起着重要的介导作用。脂类还与动物的生殖性能密切相关。在哺乳动物中，卵巢中的卵泡发育、卵子的成熟和排卵过程都离不开脂类的参与。在母猪的繁殖过程中，适宜的脂类营养对于提高母猪的受孕率、产仔数和仔猪的初生重都具有重要作用。缺乏必需脂肪酸会导致母猪的生殖周期紊乱、受孕率降低，甚至出现胚胎早期死亡等问题。

第一节　分类与属性

脂类是一类结构复杂、功能多样的有机化合物，根据其化学组成和结构的不同，可大致分为简单脂类、复合脂类和非皂化脂类三大类。每一类脂类都具有独特的结构特征和生物学功能，在动物的生命活动中发挥着不可或缺的作用。

一、分类

（一）简单脂类

简单脂类，又称单纯脂，是由脂肪酸与醇类通过酯化反应形成的酯类化合物，其结构相对较为简单，不含有其他复杂的基团。在动物营养中，简单脂类是重要的能量来源和储存形式，同时也参与了许多生理过程。常见的简单脂类包括甘油三酯和蜡。

1. 甘油三酯

甘油三酯（Triglyceride，TG），又称三酰甘油，是由一分子甘油和三分子脂肪酸通过酯化反应脱水缩合而成。其化学结构中，甘油的三个羟基分别与脂肪酸的羧基结合，形成酯键。甘油三酯的结构通式为：$R_1COOCH_2\text{-}CH(OOCR_2)\text{-}CH_2OOCR_3$，其中 R_1、R_2、R_3 代表不同的脂肪酸烃基，这些脂肪酸可以相同，也可以不同。天然存在的甘油三酯中，其分子中的三个脂肪酰基通常各不相同，称为混合甘油酯。甘油三酯是动物体内最重要的能量储存形式，广泛存在于植物种子和动物脂肪组织中。在植物种子中，如大豆、花生、油菜籽等，甘油三酯是储存能量的主要物质，为种子的萌发和幼苗的早期生长提供能量。在动物体内，甘油三酯主要储存于脂肪组织，如皮下脂肪、内脏周围的脂肪等。这些脂肪组织不仅是能量的储备库，还具有隔热、保护内脏器官等作用。当动物处于饥饿、运动或其他需要能量的情况下，脂肪组织中的甘油三酯会被脂肪酶水解为脂肪酸和甘油，然后进入血液循环，被运输到各个组织器官中进行氧化分解，释放出能量，满足动物的生理需求。

2. 蜡

蜡是由高级脂肪酸和高级一元醇形成的酯，其化学结构通式为 $RCOOR'$，其中 R 为脂肪酸烃基，通常含有 16~36 个碳原子，R' 为高级一元醇烃基，也含有较长的碳链。蜡在常温下通常为固体，具有较高的熔点和稳定性，不易被氧化和水解。蜡在动植物中都有广泛的分布。在植物中，蜡主要存在于植物的表皮、叶片、果实等表面，形成一层保护膜，具有防止水分散失、抵御微生物侵袭、减少机械损伤等作用。例如，许多植物的叶片表面覆盖着一层蜡质，这层蜡质可以减少水分的蒸发，保持植物体内的水分平衡，同时也能防止病菌和害虫的侵害。在动物中，蜡也有多种存在形式和功能。昆虫的体表通常覆盖着一层蜡质，这层蜡质不仅可以保护昆虫的身体，防止水分散失和外界有害物质的侵入，还能在一定程度上调节昆虫的体温。鸟类的羽毛上也含有蜡质，这些蜡质可以使羽毛保持柔软、光滑，增强羽毛的防水性和保暖性，有助于鸟类在飞行和栖息时保持良好的生理状态。此外，一些动物的分泌物中也含有蜡，如蜜蜂分泌的蜂蜡，是建造蜂巢的主要材料，具有保护蜂群、储存蜂蜜和花粉等作用。

（二）复合脂类

复合脂类是指除了脂肪酸和醇以外，还含有其他非脂成分（如磷酸、糖类、含氮碱基等）的脂类化合物。这类脂类在生物体内具有重要的结构和功能作用，是构成细胞膜、细胞器膜等生物膜的主要成分，同时也参与了细胞间的信号传递、物质运输等生理过程。常见的复合脂类包括磷脂和糖脂。

1. 磷脂

磷脂是一类含有磷酸基团的复合脂类，其结构中包含一个甘油分子、两个脂肪酸分子、一个磷酸基团以及一个含氮碱基（如胆碱、乙醇胺、丝氨酸等）。根据含氮碱基的不同，磷脂可分为多种类型，其中最常见的是卵磷脂（磷脂酰胆碱）和脑磷脂（磷脂酰乙醇胺）。以卵磷脂为例，其结构通式为：$CH_2OCOR_1-CH(OCOR_2)-CH_2OPO_3-CH_2CH_2N+(CH_3)_3$，其中 R_1 和 R_2 为脂肪酸烃基，通常为饱和或不饱和脂肪酸。磷脂是构成细胞膜的主要成分，在细胞膜中，磷脂分子以双分子层的形式存在，亲水的磷酸基团和含氮碱基朝向膜的两侧，与水环境接触，而疏水的脂肪酸链则相互聚集，形成膜的内部疏水区域。这种独特的结构使得细胞膜具有良好的流动性和稳定性，能够有效地分隔细胞内和细胞外的环境，同时也为细胞膜上的各种蛋白质和其他生物分子提供了附着和作用的平台，保证了细胞的正常生理功能。磷脂在细胞的物质运输、信号传递、能量转换等过程中也发挥着重要作用。例如，磷脂参与了细胞内的囊泡运输过程，囊泡膜主要由磷脂双分子层构成，囊泡可以将细胞内合成的物质运输到细胞的特定部位，实现细胞内物质的定向运输。此外，磷脂还可以作为信号分子参与细胞内的信号传导通路，如磷脂酰肌醇信号通路，通过磷脂的水解和再合成过程，传递细胞外的信号，调节细胞的生理活动，如细胞的增殖、分化、凋亡等。

2. 糖脂

糖脂是一类含有糖类成分的复合脂类，其结构中包含一个或多个糖基与脂质部分通过糖苷键连接。根据脂质部分的不同，糖脂可分为甘油糖脂和鞘糖脂两大类。甘油糖脂的脂质部分为甘油，而鞘糖脂的脂质部分为鞘氨醇。糖脂在细胞膜中主要分布于细胞膜的外层，其糖基部分朝向细胞外，形成细胞表面的糖被结构。糖脂在细胞识别、信号传导、细胞间通讯等过程中发挥着重要作用。在免疫细胞识别外来病原体的过程中，细胞表面的糖脂作为抗原决定簇，能够被免疫细胞表面的受体识别，从而启动免疫反应。糖脂还参与了细胞间的黏附过程，如在胚胎发育过程中，细胞表面的糖脂介导了细胞之间的相互识别和黏附，对于组织和器官的形成和发育至关重要。此外，糖脂在神经系统中也具有重要作用，它参与了神经细胞之间的信号传递和神经冲动的传导过程，对于维持神经系统的正常功能具有重要意义。

（三）非皂化脂类

非皂化脂类是指那些不能被碱水解为脂肪酸和醇的脂类化合物，它们在结构和性质上与可皂化脂类有很大的不同。这类脂类在生物体内虽然含量相对较少，但却具有重要的生理功能，参与了许多关键的生理过程。常见的非皂化脂类包括类固醇和萜类化合物。

1. 类固醇

类固醇，又称甾醇，是一类含有环戊烷多氢菲基本结构的脂类化合物。其结构特点是由四个环状结构（三个六元环和一个五元环）组成的核心骨架，在环上还连接有不同的侧链和功能基团。胆固醇是动物体内最常见的类固醇，其结构中在环戊烷多氢菲的C-3位上连接有一个羟基，C-17位上连接有一个含8个碳原子的侧链。胆固醇在动物体内具有多种重要的生理功能。它是构成细胞膜的重要成分之一，能够调节细胞膜的流动性和稳定性。在低温环境下，胆固醇可以插入磷脂双分子层中，增加细胞膜的流动性，防止细胞膜因温度降低而变得僵硬；而在高温环境下，胆固醇又可以限制磷脂分子的运动，降低细胞膜的流动性，保持细胞膜的稳定性。胆固醇还是合成胆汁酸、类固醇激素和维生素D的前体物质。胆汁酸是胆固醇在肝脏中代谢的产物，它可以乳化脂肪，促进脂肪的消化和吸收；类固醇激素如雄激素、雌激素、皮质醇等，对于动物的生长发育、生殖、代谢等生理过程具有重要的调节作用；维生素D则参与了钙、磷的吸收和代谢，对于维持骨骼的正常生长和发育至关重要。然而，胆固醇水平过高也会对动物健康产生不利影响。血液中过高的胆固醇含量容易导致动脉粥样硬化等心血管疾病的发生，因为过多的胆固醇会在血管壁上沉积，形成斑块，逐渐堵塞血管，影响血液的正常流动。

2. 萜类化合物

萜类化合物是一类由异戊二烯单位组成的天然有机化合物，其基本结构单元是异戊二烯（C_5H_8），根据分子中所含异戊二烯单位的数目，萜类化合物可分为单萜（含有2个异戊二烯单位）、倍半萜（含有3个异戊二烯单位）、二萜（含有4个异戊二烯单位）、三萜（含有6个异戊二烯单位）等。萜类化合物在动物体内具有多种重要的生理功能，其中抗氧化和免疫调节作用尤为突出。许多萜类化合物具有抗氧化活性，它们可以清除体内的自由基，减少自由基对细胞和组织的损伤，从而起到保护动物健康的作用。例如，维生素E是一种重要的脂溶性维生素，属于萜类化合物，它具有很强的抗氧化能力，能够保护细胞膜中的不饱和脂肪酸免受氧化损伤，维持细胞膜的完整性和功能正常。一些萜类化合物还具有免疫调节作用，能够增强动物机体的免疫力，提高动物对病原体的抵抗力。例如，某些萜类化合物可以激活免疫细胞，促进免疫细胞的增殖和分化，增强免疫细胞的活性，从而提高动物的免疫功能。此外，萜类化合物在动物体内还可能参与了其他生理过程，如激素合成、信号传导等，虽然其具体机制尚不完全清楚，但研究表明它们对动物的生长、发育和繁殖等方面都具有一定的影响。

二、属性

(一) 物理属性

脂类的物理属性是其在动物营养和生理过程中发挥作用的重要基础,这些属性决定了脂类在动物体内的存在形式、运输方式以及与其他物质的相互作用。深入了解脂类的物理属性,有助于我们更好地理解动物对脂类的消化、吸收和利用机制,为优化动物营养提供理论依据。

1. 溶解性

脂类的一个显著物理特性是不溶于水,但可溶于乙醚、氯仿、苯等非极性有机溶剂。这一特性与其分子结构密切相关,脂类分子中的脂肪酸链通常由长链烃基组成,具有较强的疏水性,而水分子是极性分子,根据"相似相溶"原理,脂类与水之间的相互作用力较弱,难以形成稳定的溶液体系。以甘油三酯为例,它由甘油和脂肪酸通过酯化反应形成,脂肪酸的长链烃基部分是高度疏水的,使得甘油三酯整体表现出不溶于水的性质。而磷脂虽然具有一个亲水的磷酸基团,但两条长长的疏水脂肪酸链仍然主导了其溶解性,使其在水中倾向于形成胶束或双层膜结构,而不是均匀溶解。

在动物体内,脂类的这种不溶性给其运输和代谢带来了挑战。为了实现脂类在水溶液环境中的运输,动物体内进化出了一系列特殊的机制。脂类会与载脂蛋白结合形成脂蛋白。脂蛋白是一种由脂质和蛋白质组成的复合物,其中蛋白质部分具有亲水性,能够包裹住脂类核心,使其能够在血液等水溶液中稳定运输。根据密度和组成的不同,脂蛋白可分为乳糜微粒(CM)、极低密度脂蛋白(VLDL)、低密度脂蛋白(LDL)和高密度脂蛋白(HDL)等。乳糜微粒主要负责将肠道吸收的外源性甘油三酯运输到全身组织;极低密度脂蛋白则主要运输肝脏合成的内源性甘油三酯;低密度脂蛋白将胆固醇从肝脏运输到外周组织;高密度脂蛋白则相反,将外周组织的胆固醇转运回肝脏进行代谢。这些脂蛋白在血液中的运输过程受到多种因素的调节,如激素、营养状态等,确保脂类能够准确地到达需要的组织和细胞。

2. 熔点和沸点

脂类的熔点和沸点与其结构密切相关,主要取决于脂肪酸的碳链长度和不饱和程度。一般来说,脂肪酸的碳链越长,熔点越高;不饱和程度越高,熔点越低。饱和脂肪酸的分子结构较为规整,分子间的作用力较强,需要较高的能量才能克服这些作用力使分子间的排列变得无序,从而熔化,因此饱和脂肪酸的熔点相对较高。而不饱和脂肪酸分子中存在双键,导致分子结构发生弯曲,分子间的排列不如饱和脂肪酸紧密,分子间作用力较弱,所以熔点较低。例如,硬脂酸(C18:0)是一种饱和脂肪酸,其熔点约为70℃;而油酸(C18:1)是一种单不饱和脂肪酸,熔点约为13℃;亚油酸(C18:2)是一种多不饱和脂肪酸,熔点更低,约为-5℃。

在动物营养中,脂类的熔点和沸点具有重要的应用意义。熔点较低的脂类在常温下通常为液态,更容易被动物消化和吸收。因为液态的脂类在动物消化道内能够更好地与消化酶接触,促进消化反应的进行。在选择动物饲料的脂肪源时,常常会考虑脂肪的熔点。对于幼龄动物,由于其消化系统尚未发育完全,消化能力较弱,通常会选择熔点较低、易于消化的脂肪，如植物油。植物油中富含不饱和脂肪酸，熔点较低，能够满足幼龄动物对脂肪消化吸收的需求。而对于一些需要储存脂肪以应对特殊环境或生理状态的动物，如冬眠动物，它们在冬眠前会大量摄取脂肪，这些脂肪通常具有较高的熔点，能够在体内稳定储存，在冬眠期间缓慢释放能量，维持生命活动。此外，脂类的熔点和沸点还会影响饲料的加工和储存。在饲料加工过程中，如果使用的脂肪熔点过高，可能会导致加工困难，影响饲料的成型和质量；而在储存过程中，脂肪的熔点和沸点也会影响其稳定性，熔点较低的脂肪在高温环境下可能更容易发生氧化和变质，因此需要采取适当的储存措施，如低温、避光等，以延长饲料的保质期。

（二）化学属性

脂类的化学属性决定了其在动物体内的代谢途径、生理功能以及对动物健康的影响。深入了解脂类的化学属性，有助于我们更好地理解动物营养代谢的机制，为合理调控动物的营养状况、保障动物健康提供科学依据。

脂类的水解反应是其在动物消化过程中的重要反应之一。在动物的消化道内，脂类在脂肪酶的作用下发生水解。以甘油三酯为例，甘油三酯在脂肪酶的催化下，逐步水解为甘油和脂肪酸。首先，甘油三酯水解为甘油二酯和一分子脂肪酸，然后甘油二酯继续水解为甘油一酯和另一分子脂肪酸，最后甘油一酯水解为甘油和第三分子脂肪酸。在这个过程中，脂肪酶起着关键的催化作用。脂肪酶是一类特殊的酶，它们能够特异性地识别和作用于脂类分子，降低水解反应的活化能，使水解反应能够在温和的生理条件下快速进行。不同来源的脂肪酶具有不同的特性，例如，胰脂肪酶是动物体内消化脂肪的重要酶之一，它由胰腺分泌，进入小肠后，在胆汁酸盐的协同作用下，能够高效地催化甘油三酯的水解。胆汁酸盐能够乳化脂肪，将大的脂肪颗粒分散成小的脂肪微滴，增加脂肪与脂肪酶的接触面积，从而提高脂肪的水解效率。

脂类水解产生的甘油和脂肪酸对动物营养具有重要影响。甘油可以通过糖代谢途径进一步代谢，为动物提供能量。在肝脏中，甘油可以被磷酸化生成3-磷酸甘油，然后进入糖酵解或糖异生途径，参与能量代谢过程。脂肪酸则是动物重要的供能物质和生物合成原料。脂肪酸可以通过β-氧化途径，逐步氧化分解为乙酰辅酶A，乙酰辅酶A可以进入三羧酸循环彻底氧化，释放出大量能量，满足动物的生理需求。脂肪酸还可以作为合成磷脂、胆固醇酯等其他脂类物质的原料，参与细胞膜的构建、激素的合成等重要生理过程。不同链长和饱和度的脂肪酸在动物体内的代谢途径和功能略有差异。短链脂肪酸（如丁酸、丙酸等）在肠道内可以被直接吸收利用，对肠道健康和能量代谢具有重要作用；长链饱和脂肪酸和不饱和脂肪酸在体内的代谢和功能也各有特点，不饱和脂肪酸（如亚油酸、亚麻酸等）是动物的必需脂肪酸，它们不能在动物体内合成，必须从食物中获取，对于维持动物的生长、发育和正常生理功能至关重要。

1. 氧化反应

脂类的氧化反应是指脂类在氧气、光照、高温、金属离子等因素的作用下，发生的一系列化学反应，导致脂类的结构和性质发生改变。脂类的氧化过程较为复杂，主要包括自动氧化、光敏氧化和酶促氧化等途径。

自动氧化是脂类氧化的主要方式，它是一个自由基链式反应。在引发阶段，由于光、热、金属离子等因素的作用,脂类分子中的脂肪酸链上的氢原子被夺取,形成烷基自由基(R·)。烷基自由基非常活泼,它会迅速与氧气反应,生成过氧自由基(ROO·)。过氧自由基又会夺取其他脂类分子中的氢原子,形成氢过氧化物(ROOH)和新的烷基自由基,从而引发自由基链式反应。在传播阶段,氢过氧化物不稳定,会进一步分解产生烷氧基自由基(RO·)和羟基自由基(OH·),这些自由基又会继续与脂类分子反应,使氧化反应不断进行下去。在终止阶段,自由基之间相互结合,形成稳定的化合物,从而使氧化反应终止。

光敏氧化是指在光敏剂(如叶绿素、血红素等)的存在下,脂类分子吸收光能,被激发到高能态,然后与氧气发生反应,生成氢过氧化物。光敏氧化的特点是反应速度快,不产生自由基,且与氧气浓度无关。

酶促氧化是指在脂肪氧化酶等酶的催化下,脂类分子发生氧化反应。脂肪氧化酶具有特异性,它能够催化具有1,4-顺、顺-戊二烯结构的脂肪酸的氧化,生成氢过氧化物。

脂类氧化对动物健康具有多方面的影响。氧化产生的氢过氧化物及其分解产物,如醛、酮、酸等,具有刺激性气味和毒性,会降低饲料的营养价值和适口性,影响动物的采食量。这些氧化产物还可能对动物的细胞膜、蛋白质、核酸等生物大分子造成损伤,导致细胞功能障碍和组织器官损伤。过量的氧化产物会破坏细胞膜中的不饱和脂肪酸,使细胞膜的结构和功能受损,影响细胞的物质运输、信号传递等功能;氧化产物还可能与蛋白质发生交联反应,使蛋白质变性失活,影响酶的活性和代谢过程;氧化产物还可能导致DNA损伤,增加基因突变的风险,进而影响动物的生长、发育和繁殖性能。长期摄入氧化的脂类还可能与动物的一些慢性疾病的发生发展相关,如心血管疾病、癌症等。

为了防止脂类氧化,在动物饲料的生产和储存过程中,通常会采取一系列措施。可以添加抗氧化剂,如维生素E、维生素C、丁基羟基茴香醚(BHA)、二丁基羟基甲苯(BHT)等。抗氧化剂能够通过提供氢原子或电子,与自由基结合,终止自由基链式反应,从而抑制脂类的氧化。维生素E是一种天然的脂溶性抗氧化剂,它能够在细胞膜中发挥作用,保护细胞膜中的不饱和脂肪酸免受氧化损伤;BHA和BHT等人工合成的抗氧化剂也具有良好的抗氧化效果,被广泛应用于饲料工业中。还可以控制储存条件,如降低储存温度、避免光照、减少氧气接触等。低温可以降低氧化反应的速率,光照和氧气是引发脂类氧化的重要因素,通过避光和密封储存,可以减少脂类与氧气和光的接触,延缓脂类的氧化。

2. 氢化反应

脂类的氢化反应是指在催化剂(如镍、钯等)或酶的作用下,不饱和脂肪酸的双键与H_2发生加成反应,使不饱和脂肪酸转化为饱和脂肪酸的过程。在这个反应中,双键在催化剂的作用下,与H_2发生加成反应,双键被打开,两个氢原子分别加成到双键的两个碳原子上,从而使油酸转化为硬脂酸,即饱和脂肪酸。

在食品工业中,氢化反应有着广泛的应用。通过氢化反应,可以将液态的植物油转化为固态或半固态的油脂,这种经过氢化处理的油脂称为氢化油。氢化油具有较高的熔点和稳定性，不易氧化酸败，便于储存和运输。它还具有良好的可塑性和延展性，在食品加工中能够赋予食品良好的口感和质地。在烘焙食品中，氢化油常被用作起酥油，能够使糕点、饼干等食品具有酥脆的口感；在人造奶油的生产中，氢化油可以模拟天然奶油的质地和口感，且成本较低。

然而，氢化脂类对动物营养也存在一定的影响。在氢化过程中，部分不饱和脂肪酸会发生异构化，形成反式脂肪酸。反式脂肪酸与天然的顺式脂肪酸在结构和性质上存在差异，它们在动物体内的代谢途径和生理功能也有所不同。反式脂肪酸不易被动物机体消化吸收，会在体内积累，增加血液中胆固醇、甘油三酯和低密度脂蛋白的含量，降低高密度脂蛋白的含量，从而增加动物患心血管疾病的风险。反式脂肪酸还可能影响动物的生长发育和繁殖性能，干扰动物体内的脂肪代谢和激素平衡。一些研究表明，长期摄入含有反式脂肪酸的饲料会导致动物生长缓慢、体重下降、生殖能力降低等问题。因此，在动物营养中，需要关注氢化脂类的使用，合理控制反式脂肪酸的摄入量，以保障动物的健康。

第二节　生理作用

一、供能与储能

脂类是动物体内重要的能源物质，具有极高的能量密度。在生理条件下，每克脂类完全氧化所释放的能量约为 39 kJ，是蛋白质和碳水化合物的 2.25 倍左右。这一特性使得脂类在动物的能量供应中占据着关键地位。无论是直接来源于饲料的脂类，还是动物体内代谢产生的游离脂肪酸、甘油酯，都是动物维持生命活动和进行生产活动的重要能量来源。在动物生产实践中，常常利用脂肪适口性好、含能高的特点，在饲粮中补充脂肪，以提高生产效率。例如，在养殖鱼类时，由于鱼类对碳水化合物特别是多糖的利用率较低，脂肪作为能源物质的作用就显得尤为重要。在饲料中添加适量的脂肪，可以满足鱼类生长和活动所需的能量，促进其生长发育。

脂类还具有额外能量效应，也被称为脂肪的增效作用。研究表明，在饲粮中添加一定水平的油脂替代等能值的碳水化合物和蛋白质，能够提高饲粮的代谢能，减少消化过程中的能量消耗，降低热增耗，从而使饲粮的净能增加。当同时添加植物油和动物脂肪时，这种效应更加明显。导致脂肪额外能量效应的机制可能有以下几个方面：首先，饱和脂肪和不饱和脂肪之间存在协同作用，不饱和脂肪酸的键能高于饱和脂肪酸，能够促进饱和脂肪酸的分解代谢；其次，脂肪能够适当延长食糜在消化道内的停留时间，有助于其中的营养素更好地被消化吸收，有研究表明，添加不饱和脂肪可使鸡对肉骨粉氨基酸的消化率提高 5%；最后，脂肪酸可直接沉积在体脂内，减少了由饲粮碳水化合物合成体脂的能量消耗。脂肪的额外能量效应受到多种因素的影响，如脂肪水平、脂肪结构、饱和与不饱和脂肪酸之间的比例、动物年龄、蛋白质氨基酸含量、脂肪与碳水化合物之间的相互作用以及评定脂类营养价值的方法等。例如，在奶牛饲粮中添加脂肪，可提高产奶量和乳脂含量；母猪饲粮添加脂肪可提高繁殖成绩；生长猪和小猪饲粮每添加1%的脂肪，在适宜环境条件下，可提高随意采食量0.2%~0.6%，在等代谢能摄入条件下，每增加1 g可消化脂肪可增加体脂0.42 g，提高增重0.47 g。

脂肪还是动物体内主要的能量储备形式。当动物摄入的能量超过其需要量时，多余的能量则主要以脂肪的形式储存在体内。动物体内脂肪的沉积具有一定的规律，早期表现为脂肪细胞数量的增多，后期则表现为脂肪细胞容积的增大。体内各部分脂肪的沉积量和速度也不一致，一般来说，皮下脂肪的沉积量相对较多，且沉积速度也较快，其中颈部的皮下脂肪沉积量往往大于腿部和胸部，腹部脂肪的沉积量也较为可观，而肌肉组织中的脂肪沉积量相对较少。此外，某些动物体中沉积脂肪具有特殊的营养生理意义。初生的哺乳动物（猪除外）如初生羔羊、犊牛、人类婴儿等，在颈部、肩部、腹部有一种特殊的脂肪组织，称为褐色脂肪。褐色脂肪是颤抖生热的能量来源，在动物出生后应对外界环境温度变化时发挥着重要作用，能够帮助动物快速产生热量，维持体温稳定。

二、维持细胞膜结构与功能

除了简单脂类参与体组织的构成外，大多数脂类，特别是磷脂和糖脂，是细胞膜的重要组成成分。细胞膜是细胞与外界环境分隔的重要屏障，同时也参与了细胞间的物质交换、信号传递等关键过程。磷脂是细胞膜的主要脂质成分，其独特的分子结构包含一个亲水的头部和两条疏水的尾部，这种双亲性使得磷脂能够在水溶液中自发形成双层膜结构，为细胞提供了稳定的物理屏障。在细胞膜的磷脂双分子层中，磷脂分子的亲水头部朝向膜的两侧，与水环境接触，而疏水的尾部则相互聚集，形成膜的内部疏水区域。这种结构不仅保证了细胞膜的稳定性，还使得细胞膜具有良好的流动性，能够适应细胞的各种生理活动。

糖脂在细胞膜中也具有重要作用，可能在细胞膜传递信息的活动中起着载体和受体的作用。糖脂的糖部分位于细胞膜的外侧，能够与细胞外的信号分子相互作用，参与细胞间的识别和通讯过程。在免疫细胞识别外来病原体的过程中，细胞表面的糖脂作为抗原决定簇，能够被免疫细胞表面的受体识别，从而启动免疫反应。脂类还参与了细胞内某些代谢调节物质的合成。例如，肺表面活性物质是由肺泡Ⅱ型细胞产生，覆盖在肺泡细胞表面，起着防止肺泡萎缩、减少呼吸做功和保持肺泡干燥、防止肺水肿的作用，而棕榈酸是合成肺表面活性物质的必需成分。如果脂类缺乏，细胞膜的结构将不完整，可能会出现损伤，进而影响细胞的正常生理功能。细胞膜的通透性可能会发生改变，导致细胞内物质的流失或外界有害物质的侵入；细胞的信号传递功能也可能会受到影响，使细胞无法正常响应外界信号，调节自身的生理活动。

三、脂溶性维生素的溶剂

脂类作为溶剂，对脂溶性营养素或脂溶性物质的消化吸收极为重要。维生素A、维生素D、维生素E、维生素K及胡萝卜素等都是脂溶性的，它们在肠道内必须先溶于脂肪，形成脂-维生素复合物，才能被动物消化吸收。当饲粮中的脂类含量不足时，会严重影响这些脂溶性维生素的吸收。鸡饲粮含 0.07% 的脂类时，胡萝卜素吸收率仅 20%，而当饲粮脂类增加到 4% 时，吸收率则提高到 60%。这充分说明了脂类对于脂溶性维生素吸收的重要促进作用。

脂溶性维生素在动物体内具有多种重要的生理功能。维生素 A 对于动物的视力发育、上皮组织的维护以及免疫功能的调节都至关重要；维生素 D 参与了钙、磷的吸收和代谢，对于维持骨骼的正常生长和发育不可或缺；维生素 E 具有抗氧化作用，能够保护细胞膜中的不饱和脂肪酸免受氧化损伤，维持细胞膜的完整性和功能正常；维生素 K 则在血液凝固过程中发挥着关键作用，参与了凝血因子的合成。如果脂类缺乏，导致脂溶性维生素吸收不良，动物可能会出现一系列的缺乏症。缺乏维生素 A 可能会导致动物视力下降，出现夜盲症，上皮组织干燥、角化，免疫力降低；缺乏维生素 D 会影响钙、磷的吸收和利用，导致动物骨骼发育异常，如幼龄动物患佝偻病，成年动物患骨质疏松症；缺乏维生素 E 会使动物的抗氧化能力下降，细胞膜易受氧化损伤，出现繁殖障碍、肌肉营养不良等问题；缺乏维生素 K 则会导致动物血液凝固时间延长，容易出现出血性疾病。因此，在动物营养中，保证充足的脂类供应，对于促进脂溶性维生素的吸收和利用，维持动物的健康生长和正常生理功能具有重要意义。

四、其他生理功能

脂类在动物体内还具有多种其他重要的生理功能，这些功能对于维持动物的健康和正常生理活动同样不可或缺。

在防护方面，高等哺乳动物皮肤中的脂类具有抵抗微生物侵袭、保护机体的作用。皮肤表面的脂质层可以形成一道物理屏障，阻止微生物的侵入，减少感染的风险。禽类尤其是水禽，尾脂腺中的油脂对羽毛的抗湿作用特别重要。水禽在水中活动时，会用喙将尾脂腺分泌的油脂涂抹在羽毛上，使羽毛具有防水性，保持羽毛的干燥和蓬松，有助于水禽在水中的活动和保温。沉积于动物皮下的脂肪具有良好的绝热作用，在冷环境中可防止体热散失过快，对生活在水中的哺乳动物显得更为重要。例如，北极熊皮下厚厚的脂肪层可以帮助它在寒冷的北极环境中保持体温，维持生命活动。

脂类是代谢水的重要来源。生长在沙漠等缺水环境中的动物，氧化脂肪既能供能又能供水。每克脂肪氧化比碳水化合物多生产水 67%~83%，比蛋白质产生的水多 1.5 倍左右。这对于在缺水环境中生存的动物来说，是一种重要的水分补充方式。骆驼能够在沙漠中长时间生存，部分原因就是它可以利用体内储存的脂肪氧化产生的水来维持生命活动。

磷脂具有乳化特性。磷脂分子中既含有亲水的磷酸基团，又含有疏水的脂肪酸链，因而具有乳化剂的特性。它可促进消化道内形成适宜的油水乳化环境，使脂肪能够更好地与消化酶接触，提高脂肪的消化率。磷脂对血液中脂质的运输以及营养物质的跨膜转运等也发挥着重要作用。在幼小哺乳动物的代乳料中添加卵磷脂作为乳化剂，有利于提高饲料中脂肪和脂溶性营养物质的消化率，促进幼小动物的生长。磷脂也是鱼虾饲料中一种不可缺少的营养成分，虾一般不能合成磷脂，鱼虾饲料中天然存在的磷脂一般不能满足需要，因此需要额外添加。

胆固醇对于甲壳类动物来说是必需的营养素。蜕皮激素的合成需要胆固醇，而甲壳类动物包括虾，体内不能合成胆固醇，需要由饲料供给。胆固醇有助于虾转化合成维生素 D、性激素、胆酸、蜕皮素，并维持细胞膜结构的完整性，促进虾的正常蜕皮、消化、生长和繁殖。如果饲料中胆固醇含量不足，影响虾的生长和发育，导致蜕皮异常、生长缓慢等问题。

第三节　单胃动物的脂类消化和吸收

脂类是构成动物体组织细胞的重要成分。磷脂、固醇、糖脂以及某些脂肪酸等类脂质，是细胞膜和细胞内结构的关键组成部分，它们对于维持细胞膜的完整性、流动性以及细胞间的物质运输和信号传递等功能起着不可或缺的作用。而真脂肪则是脂肪组织的主要成分，在维持动物体的体型和保护内脏器官方面发挥着重要作用。

此外，脂类还与动物的生殖、免疫、内分泌等生理过程密切相关。必需脂肪酸作为一类特殊的不饱和脂肪酸，是动物机体正常生理机能所必需的，但动物自身无法合成或合成量不足，必须从饲料中获取。它们参与生物膜结构脂质的合成，与类脂质代谢密切相关，是动物体内合成前列腺素的原料，还与动物的精子形成有关。缺乏必需脂肪酸会导致动物出现一系列生理功能障碍，如皮肤病变、生长受阻、繁殖力下降、免疫力降低等。

在动物营养学领域，深入了解不同动物对脂类的消化和吸收机制，对于优化饲料配方、提高饲料利用率、保障动物健康和生产性能具有重要意义。单胃动物作为一大类常见的动物群体，包括猪、鸡、鸭、兔等家畜家禽，它们在脂类的消化和吸收方面具有独特的生理特点和规律。研究单胃动物的脂类消化和吸收过程，有助于我们更好地掌握这些动物的营养需求，为其提供科学合理的饲料营养方案，从而推动畜牧业的高效、可持续发展。

一、消化

（一）口腔与胃

在口腔中，食物经咀嚼与唾液混合，初步形成食糜。唾液不含脂类分解酶，但机械破碎可增加脂类表面积。

胃的蠕动进一步将脂类颗粒分散成更小的油滴（直径 1~2 mm），但胃酸（pH1.5~3.0）抑制脂酶活性，胃内脂类水解可忽略不计。

在胃内，脂肪的消化还涉及一些酶的作用。胃脂肪酶是胃内参与脂类消化的主要酶类，它由胃黏膜的主细胞分泌。然而，对于正常饲粮脂类的消化，胃脂肪酶的作用相对较小。猪胃脂肪酶对短、中链脂肪酸组成的脂类有一定的消化作用，能够将这些脂类水解为脂肪酸和甘油一酯等产物。但对于长链脂肪酸组成的脂类，胃脂肪酶的消化能力则较为有限。

值得注意的是，幼小动物在口腔中还存在一种脂肪酶，在幼小动物胰液和胆汁分泌机能尚未发育健全以前,这种口腔脂肪酶对乳脂肪具有较好的消化作用。以新生仔猪为例,其口腔脂肪酶能够有效地分解母乳中的脂肪,为仔猪提供必要的能量和营养物质。随着幼小动物年龄的增加,胰液和胆汁的分泌逐渐完善,口腔脂肪酶的分泌则逐渐减少,其在脂类消化中的作用也相应减弱。此外,在正常情况下,十二指肠逆流进入胃中的胰脂酶也会有一定程度的消化作用,进一步参与胃内脂类的消化过程。

(二) 小肠

1. 参与消化的关键角色

小肠是单胃动物脂类消化和吸收的主要场所,这一过程离不开多种消化液和酶的协同作用。胰液、胆汁和小肠液在小肠脂类消化中扮演着关键角色。

胰液由胰腺分泌,其中含有多种消化酶,胰脂肪酶是胰液中参与脂类消化的重要酶类。胰脂肪酶能够特异性地催化甘油三酯的水解反应,它作用于甘油三酯的酯键,将甘油三酯分解为脂肪酸和甘油一酯等产物。在猪的脂类消化过程中,胰脂肪酶能够高效地将饲料中的甘油三酯水解,为后续的吸收过程提供小分子物质。然而,胰脂肪酶的活性需要一些辅助因子的参与,其中辅脂酶就是一个重要的辅助因子。辅脂酶与胰脂肪酶结合后,能够增强胰脂肪酶对脂肪颗粒的亲和力,使其更好地发挥水解作用。同时,胆汁中的胆盐也对胰脂肪酶的活性起到激活作用,胆盐能够将脂肪乳化成极细小的微粒,增加脂肪与胰脂肪酶的接触面积,从而促进脂肪的消化。

胆汁由肝脏分泌,在胆囊内储存,当食物进入小肠时,胆囊收缩,胆汁通过胆管流入十二指肠。胆汁中虽然没有直接参与水解反应的酶类,但其主要成分胆盐在脂类消化中起着至关重要的乳化作用。胆盐的分子结构具有两亲性,一端是亲水基团,另一端是疏水基团。这种特殊的结构使得胆盐能够在油水界面上定向排列,将脂肪分散成微小的脂肪微粒,形成乳浊液。鸡胆汁中的胆盐能够有效地将饲料中的脂类乳化,使脂类在小肠内的消化更加充分。此外,胆盐还可以与脂肪酸和脂溶性维生素结合,形成水溶性复合物,促进人体对这些物质的吸收。

小肠液是由小肠腺分泌的消化液,其中含有多种消化酶,如淀粉酶、麦芽糖酶、蔗糖酶、乳糖酶、肽酶和脂肪酶等。小肠液中的肠脂肪酶能够进一步分解脂肪酸和甘油,使脂肪消化更为彻底。在鸭的脂类消化中,肠脂肪酶对甘油三酯的水解产物进行进一步的分解,有助于提高脂肪的消化率。小肠液中的其他酶类也协同作用,共同参与食物的消化过程,为营养物质的吸收创造良好的条件。

2. 消化过程

当饲粮中的脂类(主要是甘油三酯)随食糜从胃流入小肠后,首先在胆汁酸盐的作用和肠道蠕动的搅拌下,被乳化成较小的颗粒。这些微小的脂肪颗粒增加了与消化酶的接触面积,为后续的酶解反应提供了有利条件。

胰脂肪酶和肠脂肪酶吸附在脂肪颗粒表面,发挥水解作用。甘油三酯在这些酶的作用下,发生水解反应,生成β-甘油一酯和游离脂肪酸。以猪的消化过程为例,在小肠内,胰脂肪酶和肠脂肪酶协同作用,将甘油三酯逐步水解。甘油三酯的三个酯键依次被水解,首先生成甘油二酯和一个游离脂肪酸,然后甘油二酯继续被水解,生成β-甘油一酯和另一个游离脂肪酸。

β-甘油一酯和游离脂肪酸会与磷脂-固醇盐微胞结合，形成混合微胞。这种混合微胞对于脂类的有效吸收是必要的。混合微胞的形成使得脂类消化产物的极性增大，易于穿过肠黏膜细胞表面的水屏障，被肠黏膜的柱状表面细胞吸收。在鸡的消化过程中，混合微胞能够顺利地将脂类消化产物运输到肠黏膜细胞表面，促进其吸收。

3. 小肠的消化分工

小肠分为十二指肠、空肠和回肠三部分，各部分在脂类消化中承担着不同的任务，发挥着各自独特的作用。

十二指肠作为小肠的起始段，在脂类消化中具有重要地位。它是胆汁和胰液进入小肠的部位，食物在十二指肠内与胆汁、胰液充分混合，开始进行全面的消化过程。十二指肠内的环境为脂类的初步消化提供了适宜的条件，胆汁的乳化作用和胰液中消化酶的作用在这里得以充分发挥。在猪的消化过程中，十二指肠内的胆汁将脂肪乳化成微小颗粒，胰脂肪酶开始对甘油三酯进行水解，为后续空肠内的进一步消化奠定基础。

空肠是小肠的中段，也是脂类消化和吸收的主要部位之一。空肠管径约 4 cm，管壁从内向外分为黏膜层、黏膜下层、肌层和外膜层。黏膜层表面分布有高而密的环状皱襞，襞上有大量的小肠绒毛，襞内还有大量小长线，这些结构极大地增加了空肠的表面积，有利于营养物质的吸收。在空肠内，脂类消化产物与消化液进一步混合，进行更深入的消化和吸收。空肠的排空能力较强，能够促使未被吸收的物质快速向大肠方向推进。同时，空肠黏膜上有大量的绒毛，绒毛里面含有丰富的毛细血管和淋巴管，进食可刺激绒毛规律性地收缩和摆动，进而加速血液和淋巴液流动，促进小分子的营养物质吸收入血管和淋巴管。在鸡的消化过程中，空肠对脂类消化产物的吸收效率较高，能够将大部分的脂肪酸和甘油一酯等物质吸收进入体内循环。

回肠主要负责吸收剩余的营养物质，包括部分脂类消化产物。虽然脂类在回肠的消化和吸收相对空肠较少，但回肠对于维持营养物质的充分利用和机体的正常生理功能仍然具有重要意义。回肠内的微生态环境和肠道菌群也对脂类消化和吸收起到一定的调节作用，它们有助于维持肠道的健康状态，促进营养物质的消化和吸收。

二、吸收

（一）部位与方式

在单胃动物的脂类消化吸收过程中，回肠扮演着主要吸收部位的关键角色。回肠的结构和生理特点使其具备高效吸收脂类的能力。回肠的黏膜表面具有丰富的绒毛和微绒毛，这些结构极大地增加了肠黏膜的表面积，为脂类的吸收提供了广阔的界面。绒毛内含有丰富的毛细血管和淋巴管，它们与肠黏膜紧密相连，能够迅速将吸收的脂类物质运输到血液循环和淋巴循环中。

脂类在回肠的吸收方式主要为异化扩散。异化扩散是一种被动运输方式，它依赖于细胞膜上的转运蛋白来实现物质的跨膜运输。在脂类吸收过程中，转运蛋白特异性地识别和结合脂类分子，然后通过自身构象的变化，将脂类分子从肠腔一侧转运到肠黏膜细胞内。这种运输方式不需要消耗能量，而是借助于脂类分子的浓度梯度进行扩散。由于脂类是疏水性物质，它们在水溶液中的溶解度较低，而异化扩散方式能够有效地克服这一障碍，使脂类能够顺利地通过肠黏膜细胞的细胞膜，进入细胞内进行后续的代谢过程。

（二）路径

β-甘油一酯和游离脂肪酸会与磷脂-固醇盐微胞结合，形成混合微胞。这种混合微胞对于脂类的有效吸收是必要的。混合微胞的形成使得脂类消化产物的极性增大，易于穿过肠黏膜细胞表面的水屏障，被肠黏膜的柱状表面细胞吸收。在鸡的消化过程中，混合微胞能够顺利地将脂类消化产物运输到肠黏膜细胞表面，促进其吸收。

甘油作为脂类消化的产物之一，其吸收过程相对较为简单。甘油是一种小分子物质，它能够通过被动扩散的方式直接透过肠黏膜细胞的细胞膜，进入细胞内。由于甘油的水溶性较好，它在肠腔内能够自由扩散，与肠黏膜细胞表面接触后，迅速被细胞吸收。一旦进入细胞，甘油可以参与细胞内的代谢过程，如被进一步氧化分解为 CO_2 和水，释放出能量，或者被用于合成其他生物分子。

短链脂肪酸（通常指含有 2~10 个碳原子的脂肪酸）在吸收过程中，主要通过被动转运的方式进入肠系膜静脉血液，然后直接入门静脉。短链脂肪酸具有相对较小的分子量和较好的水溶性，它们能够在肠腔内自由扩散，与肠黏膜细胞表面的转运蛋白结合，通过转运蛋白的协助，迅速穿过细胞膜进入细胞内。进入细胞后，短链脂肪酸可以直接进入血液循环，被运输到肝脏等组织器官进行代谢利用。在肝脏中，短链脂肪酸可以参与脂肪酸的合成、氧化分解等代谢途径，为机体提供能量或者合成其他生物分子。

甘油一酯和长链脂肪酸（含碳 12 或链更长的脂肪酸）则通过扩散进入刷状缘和有吸收能力的肠黏膜细胞顶端的核心中。长链脂肪酸由于其碳链较长，水溶性较差，需要借助特殊的机制才能被吸收。在肠腔内，长链脂肪酸与胆汁酸盐等乳化剂结合，形成混合微胞，增加了其在水中的分散性和溶解度。这些混合微胞能够接近肠黏膜细胞表面，通过扩散作用将长链脂肪酸和甘油一酯运输到细胞内。进入上皮细胞后，在 ATP 存在的情况下，长链脂肪酸会转化成脂肪酰辅酶 A，这一过程需要消耗能量，由 ATP 提供。脂肪酰辅酶 A 与细胞内的甘油一酯结合，首先形成甘油二酯，然后再进一步合成甘油三酯。甘油三酯是脂类在体内储存和运输的主要形式，它的合成对于维持机体的能量平衡和脂类代谢具有重要意义。

大多数磷脂在肠腔内被胰脂肪酶和肠脂肪酶水解，产生游离脂肪酸，剩下的分子（溶血磷脂）和少部分未水解的磷脂则直接被吸收。磷脂是一类含有磷酸基团的脂类化合物，它们在细胞膜的结构和功能中起着重要作用。在消化过程中，胰脂肪酶和肠脂肪酶能够特异性地水解磷脂分子中的酯键，将其分解为游离脂肪酸和溶血磷脂等产物。这些产物中，溶血磷脂和部分未水解的磷脂具有较强的亲水性，能够直接被肠黏膜细胞吸收。进入细胞后，它们可以参与细胞膜的合成和修复，或者进一步代谢为其他生物分子。

胆固醇酯必须由胰脂肪酶和肠脂肪酶水解成游离胆固醇，通过与微绒毛脂蛋白的内源胆固醇置换后才能被吸收。胆固醇是一种重要的脂类物质，它在体内参与多种生理过程，如细胞膜的组成、胆汁酸的合成、类固醇激素的合成等。在消化过程中，胆固醇酯首先被胰脂肪酶和肠脂肪酶水解，释放出游离胆固醇。游离胆固醇需要与微绒毛脂蛋白中的内源胆固醇进行置换，才能进入肠黏膜细胞。进入细胞后，游离胆固醇会在细胞内的酶的作用下，重新酯化为胆固醇酯，然后与其他脂类物质一起，形成乳糜微粒等脂蛋白，参与脂类的运输和代谢过程。

（三）乳糜微粒的形成与运输

在哺乳动物中，肠黏膜细胞中的混合脂肪会进一步形成乳糜微粒。乳糜微粒是一种由甘油三酯、磷脂、胆固醇和载脂蛋白等组成的脂蛋白颗粒，它的主要功能是将脂类从肠道运输到全身各个组织器官。乳糜微粒的形成过程较为复杂，首先，在肠黏膜细胞内，甘油三酯、磷脂、胆固醇等脂类物质与载脂蛋白结合，形成一个核心结构。然后，这个核心结构被一层磷脂和载脂蛋白组成的外壳包裹，形成完整的乳糜微粒。乳糜微粒的大小和密度相对较小，这使得它能够在淋巴系统和血液循环中自由流动。

乳糜微粒形成后，经细胞间隙进入乳糜管。乳糜管是淋巴系统的一部分，它位于肠黏膜绒毛内，与淋巴管相连。乳糜微粒通过细胞间隙进入乳糜管后，随着淋巴液的流动，逐渐汇集到较大的淋巴管中。在淋巴系统中，乳糜微粒会经过一系列的淋巴结，这些淋巴结能够对乳糜微粒进行过滤和免疫监视，确保其安全性。最终，乳糜微粒经淋巴系统汇入胸导管，胸导管是人体最大的淋巴管，它将淋巴液输送到左锁骨下静脉，使乳糜微粒进入血液循环。通过血液循环，乳糜微粒可以将脂类运输到肝脏、脂肪组织、肌肉等需要它们的地方，为机体提供能量和物质基础。

对于雏鸡而言，其脂类吸收过程与哺乳动物存在一定差异。雏鸡是将脂类直接吸收进门静脉血液并携入肝脏，但在黏膜细胞中再酯化成甘油三酯的过程与哺乳动物相似。这种差异可能与雏鸡的生理特点和代谢需求有关。由于雏鸡的生长发育速度较快，对能量和营养物质的需求较高，直接将脂类吸收进门静脉血液并迅速运输到肝脏，能够满足其快速生长的需要。在肝脏中，脂类可以进行进一步的代谢和转化，为雏鸡的生长发育提供充足的能量和物质支持。

三、影响因素

（一）动物因素

不同品种的单胃动物在脂类消化吸收能力上存在显著差异。例如，猪和鸡虽然都属于单胃动物，但它们的消化系统结构和生理功能有所不同，导致对脂类的消化吸收能力也有所差异。猪的胃容量相对较大，肠道较长，其消化酶的分泌和活性也与鸡不同。研究表明，猪对长链脂肪酸的消化吸收能力较强，而鸡对短链脂肪酸的利用效率相对较高。这种差异可能与它们的食性和进化历程有关，猪是杂食性动物，其食物来源较为广泛，需要具备较强的消化各种脂类的能力；而鸡是禽类，其食物中可能含有较多的短链脂肪酸，经过长期的进化，鸡对短链脂肪酸的消化吸收能力得到了优化。

动物的年龄也是影响脂类消化吸收的重要因素。幼龄动物的消化系统尚未发育完全，消化酶的分泌量和活性较低，胆汁的分泌也不够充足，因此对脂类的消化吸收能力较弱。以仔猪为例，初生仔猪的胰脂肪酶活性较低，胆汁分泌量不足，对脂类的消化吸收能力较差，需要提供易消化的脂类饲料，如母乳或添加了乳化剂的饲料。随着年龄的增长，幼龄动物的消化系统逐渐发育成熟，消化酶的分泌量和活性逐渐增加，胆汁的分泌也更加充足，对脂类的消化吸收能力逐渐增强。到了成年期，动物的消化吸收能力达到相对稳定的水平。然而，随着动物进入老年期，消化系统的功能又会逐渐衰退，消化酶的活性降低，胆汁的分泌减少，对脂类的消化吸收能力也会随之下降。

动物的生理状态对脂类消化吸收也有重要影响。在妊娠和哺乳期，动物的营养需求增加，对脂类的消化吸收能力也会相应提高。母猪在妊娠后期和哺乳期，为了满足胎儿的生长发育和乳汁的分泌，会增加对脂类的摄取和消化吸收。研究发现，母猪在哺乳期对脂肪的消化率比非哺乳期提高了10%～20%。动物在患病或处于应激状态时，消化系统的功能会受到影响，导致对脂类的消化吸收能力下降。例如，当动物感染肠道疾病时，肠道黏膜受损，消化酶的分泌减少，会影响脂类的消化和吸收；在高温、运输等应激条件下，动物的食欲下降，胃肠蠕动减缓，也会降低对脂类的消化吸收能力。

(二) 饲料因素

饲料中脂类的种类和含量对单胃动物的消化吸收有着重要影响。不同种类的脂类，其消化吸收的难易程度不同。一般来说，不饱和脂肪酸的消化率高于饱和脂肪酸，因为不饱和脂肪酸的双键结构使其分子更容易被消化酶作用。例如，亚油酸、亚麻酸等不饱和脂肪酸在动物体内的消化率较高，而硬脂酸等饱和脂肪酸的消化率相对较低。饲料中脂类的含量也会影响消化吸收，当饲料中脂类含量过高时，可能会导致动物消化不良，影响脂类的消化吸收效率。研究表明，在猪的饲料中，当脂类含量超过10%时，猪对脂类的消化率会有所下降。

饲料中脂肪酸的组成也会影响单胃动物的消化吸收。必需脂肪酸是动物生长发育所必需的，但动物自身无法合成，必须从饲料中获取。亚油酸、亚麻酸等必需脂肪酸不仅对动物的生长发育至关重要，还能影响脂类的消化吸收。研究发现，在饲料中添加适量的必需脂肪酸，可以提高动物对脂类的消化吸收能力，促进动物的生长发育。如果饲料中必需脂肪酸缺乏，会导致动物出现生长受阻、皮肤病变等症状，同时也会影响脂类的消化吸收。

饲料中的其他营养成分与脂类之间存在着相互作用，也会影响脂类的消化吸收。蛋白质和碳水化合物与脂类的消化吸收密切相关。蛋白质是消化酶的重要组成部分，充足的蛋白质供应可以保证消化酶的正常合成和分泌，从而促进脂类的消化吸收。碳水化合物是动物的主要能量来源，当碳水化合物供应不足时，动物会动用脂肪来提供能量，这可能会影响脂类的正常消化吸收。饲料中的维生素和矿物质也对脂类消化吸收有影响。维生素A、维生素D、维生素E等脂溶性维生素需要溶解在脂肪中才能被吸收，因此饲料中脂类的存在有助于这些维生素的吸收。矿物质如钙、磷、镁等对脂肪酶的活性有影响，适当的矿物质含量可以提高脂肪酶的活性，促进脂类的消化吸收。

(三) 环境因素

温度是影响单胃动物脂类消化吸收的重要环境因素之一。在适宜的温度范围内，动物的消化酶活性较高，胃肠蠕动正常，对脂类的消化吸收能力较强。当环境温度过高或过低时，都会对动物的消化吸收产生不利影响。在高温环境下，动物会出现热应激反应，食欲下降，胃肠蠕动减缓，消化酶的分泌和活性降低，从而影响脂类的消化吸收。研究表明，当环境温度超过30℃时，鸡对脂类的消化率会显著下降。在低温环境下，动物为了维持体温，会增加能量消耗，导致对脂类的消化吸收能力下降。例如，在寒冷的冬季，猪需要消耗更多的能量来保持体温，这可能会影响其对脂类的消化吸收效率。

饲养密度也会对单胃动物的脂类消化吸收产生影响。当饲养密度过大时，动物之间的活动空间受限，容易产生应激反应，导致食欲下降，胃肠功能紊乱，进而影响脂类的消化吸收。在高密度饲养的鸡群中，鸡的采食量会减少，对脂类的消化吸收能力也会降低，生长速度明显减缓。合理的饲养密度可以为动物提供适宜的生活空间，减少应激反应，有利于动物的消化吸收和生长发育。

第四节　反刍动物瘤胃内的脂类代谢

一、瘤胃内脂类的分解与转化过程

反刍动物（如牛、羊）的消化系统与非反刍动物（单胃动物）存在本质差异，其瘤胃作为前胃的核心部分，通过微生物发酵对脂类进行预处理。这一过程既影响脂类的消化率，也改变其化学结构，最终决定脂类的营养价值和代谢路径。

（一）脂类的水解（Lipolysis）

细菌（如 *Anaerovibrio lipolytica*）分泌脂酶（Lipase）水解甘油三酯（TAG）为甘油和游离脂肪酸（FFA）。磷脂和糖脂分别被磷脂酶（Phospholipase）和糖脂酶（Glycolipase）分解为相应组分。甘油通过磷酸化生成磷酸二羟丙酮（DHAP），进入糖酵解途径，最终发酵为VFA（如丙酸、丁酸）和少量CH_4。

（二）不饱和脂肪酸的氢化（Biohydrogenation）

不饱和脂肪酸（如亚油酸C18∶2、亚麻酸C18∶3）对瘤胃微生物具有毒性，需通过加氢转化为毒性较低的饱和脂肪酸（如硬脂酸C18∶0）。

氢化步骤包括：异构化，亚油酸（C18∶2）在异构酶作用下生成共轭亚油酸（CLA，如c9, t11-CLA）；逐步加氢，CLA进一步氢化为反式油酸（t11-C18∶1），最终生成硬脂酸（C18∶0）；氢化不完全的产物，反式脂肪酸（如t10-C18∶1）可能积累，抑制乳腺细胞中硬脂酰-CoA去饱和酶活性，导致乳脂率下降。

（三）微生物自身脂类的合成

由支链氨基酸（缬氨酸、异亮氨酸、亮氨酸）脱氨基生成支链酮酸，进一步合成奇数碳脂肪酸（如C15∶0、C17∶0），生成支链脂肪酸（BCFA）。BCFA是微生物细胞膜的重要成分，最终被反刍动物吸收并沉积于乳脂和体脂中。微生物利用甘油、脂肪酸和磷酸合成磷脂（如磷脂酰乙醇胺），构成自身细胞膜结构。

二、瘤胃脂类代谢对动物生产的影响

（一）乳脂合成

瘤胃发酵产生的乙酸（占总VFA的60%~70%）是乳腺合成短链脂肪酸（C4∶0~C14∶0）的主要前体。高纤维饲粮（如牧草）促进乙酸生成，提高乳脂率；高精料饲

粮增加丙酸比例，可能引发乳脂抑制（Milk Fat Depression，MFD）。t10-C18：1 和 t10,c12-CLA 抑制乳腺中脂肪酸合成酶（FASN）和硬脂酰-CoA 去饱和酶（SCD）活性，导致乳脂率下降。

（二）肉品质

瘤胃氢化产物（如硬脂酸）经小肠吸收后，在脂肪组织中重新酯化，影响肉中饱和脂肪酸比例。通过调控饲粮（如添加亚麻籽油），可增加瘤胃中未被完全氢化的 CLA 和 ω-3PUFA，改善肉的营养价值和抗氧化特性。

（三）CH_4 排放与能量损失

脂类代谢产生的 H_2 被产 CH_4 菌利用生成 CH_4，每头奶牛日均排放 250~500 L CH_4，造成饲料能量损失（占摄入总能的 2%~12%）。添加脂类（如亚麻籽油、椰子油）可抑制产 CH_4 菌活性，减少 CH_4 生成，同时提高能量利用率。

（何晓芳　朱红梅）

第八章 能量代谢

第一节 能量来源和生理作用

一切生命活动都需要能量的驱动,动物在维持生命和生产中需要能量。饲料有机营养物质中含有能量,在降解过程中可释放出能量,供动物需要。供给充足的饲料能量,提高能量转化率是畜牧工作者的目标。

动物将饲料中的化学能转变成机械能、热能用于维持、生长、繁殖和生产等活动。化学能储存在碳水化合物、脂类和蛋白质三大营养物质的化学键中,在机体内进行物质代谢的同时,也进行着能量代谢。动物体内的能量代谢遵循能量守恒定律,根据该定律可以确定动物对饲料中能量的利用效率,以及饲料有效能的含量。

一、能量来源

能量简称能,指物体做功的能力。能量以热能、光能、机械能、电能、化学能等形式表现。动物可利用化学能,化学能储藏于饲料营养物质的化学键中,断裂时释放。能量的国际单位是焦耳(Joule;J),1 J 被定义为 1 牛顿(N)力使任意物体沿力的方向移动 1 m 位移所做的功。过去常用卡(Calorie;cal)作热量单位:在 1 个大气压下,1 g 水由 14.5℃升至 15.5℃时,所需的热量称为 1 cal。

饲料在动物体内分解后,释放的能量就是饲料能量,主要蕴藏于碳水化合物、脂类和蛋白质三大营养物质中,其化学键断裂时,释放出能量。饲料能量一方面供动物机体基础代谢、维持体温和自由活动等之需;另一方面还供动物生长、产乳、产蛋、产毛和役用等需要。

饲料中碳水化合物、脂类与蛋白质在分解和合成过程中,伴随着能量的释放和吸收,能量代谢和物质代谢同时并存。因此,物质代谢和能量代谢是动物体新陈代谢的两种表现形式。能量主要源于饲料中的碳水化合物。淀粉及一些碳水化合物类是单胃动物主要的能量源;反刍动物还可以从纤维素和半纤维素中得到所需的部分能量。饲料中的脂类和脂肪酸、蛋白质和氨基酸在体内代谢,也可以提供能量。脂类提供的能量是碳水化合物的 2.25 倍,但脂类在饲料中的含量远不如碳水化合物多。蛋白质在体内氧化不完全、氨基酸脱氨基生成尿素或尿酸中含有能量,因此每克蛋白质体内产热较体外少。蛋白质资源比较缺乏,作为能源价值昂贵,且过多的氨基酸代谢对健康不利,一般不作为能量源。由于鱼类代谢的特点，蛋白质是其主要能量源。另外，当饲料能量不足时，动物机体动用贮备的糖原、脂类和蛋白质提供能量。

二、生理作用

（一）维持生命活动和生产产品

动物的所有生命活动，包括营养物质的消化、吸收、转运、排泄，以及肌肉活动、呼吸、血液循环、神经活动、腺体分泌等，都需要消耗能量。维持生命活动的能量，源于三大有机物的氧化。生物氧化释放出的能量，一部分以热量的形式散发，另一部分以自由能的形式贮存在三磷酸腺苷（ATP）中。能量的主要贮存形式是脂肪，也有少量以糖原形式进行贮存。饥饿动物主要靠贮存的能量提供所需能量，首先是降解糖原，然后是脂肪和蛋白质。

体温的维持是由体内产热和散热生理过程进行调节。当散热等于产热时，则体温维持恒定。在寒冷情况下，动物通过颤抖和非颤抖产热（代谢产热）增加产热量，这两个过程都消耗能量，同时把化学能转化为热能，用于维持体温。当饲料中提供的能量大于维持需要时，多余的能量则用于生产。

动物生长、繁殖、生产产品等过程，主要体现在营养物质在动物体、胎儿和产品（肉、蛋、奶、皮毛）中的沉积，其中蛋白质、脂类和碳水化合物的沉积需要消耗能量。合成 1 g 蛋白质需消耗 85.4 kJ 能量；合成 1 mol 棕榈酸甘油酯总耗能为 38 702.1 kJ；合成 1 mol 乳糖总耗能 5 862.2 kJ。幼龄动物主要在蛋白质中贮存能量；成年动物在脂肪中贮存能量；泌乳动物则把饲料中的能量转化为乳能量。还有其他的生产形式，如产蛋、产毛、做功等，都需要能量沉积到动物产品中或用于做功。

（二）能量缺乏

饲粮能量水平是影响生产力的重要因素之一。动物只有在能量需要获得满足的前提下，蛋白质、维生素和矿物质等才能正常发挥其生理作用。能量不足会导致动物体重减轻、生产性能下降。幼龄动物若缺乏能量，则生长速度减慢、身体瘦弱、初情期延迟；成年母畜妊娠期缺乏能量，则使所产仔畜体重减轻、体质变弱。高产乳牛由于能量缺乏而利用体脂贮备时，能引起大量脂肪分解产物的形成，酮体生成过多，造成奶产量的下降；母羊能量供给不足，表现为繁殖机能障碍、泌乳期缩短，甚至引起酮病和毒血症。母鸡能量供应不足，可出现生长缓慢和产蛋率降低等症状。

（三）能量过剩

饲粮能量水平过高同样对动物健康和生产性能造成不良后果。妊娠期摄食大量高能饲粮，导致脂肪沉积增加、体躯过肥而影响正常繁殖功能，常出现性周期紊乱、不孕、胎儿吸收、胎儿发育不良、弱胎、死胎、难产及产弱仔等。有的母畜还出现产后食欲不振和采食量减少，造成体质衰弱、消瘦和泌乳期采食量降低。能量过量还影响母畜正常泌乳。由于乳腺内沉积大量脂肪，妨碍了腺体组织正常发育，使泌乳功能受损和泌乳减少。饲粮能量水平过高，可引起公畜体脂沉积和躯体肥胖、体况不佳，使性机能严重衰退，甚至完全失去种用价值。因此，严格控制种畜饲粮能量浓度尤为重要。

第二节 饲料能量在动物体内的转化

饲料能量被动物摄入后，可划分为四个代谢阶段（图 8-1），即饲料总能（Gross Energy；GE）、消化能（Digestible Energy；DE）、代谢能（Metabolic Energy；ME）和净能（Net Energy；NE）。

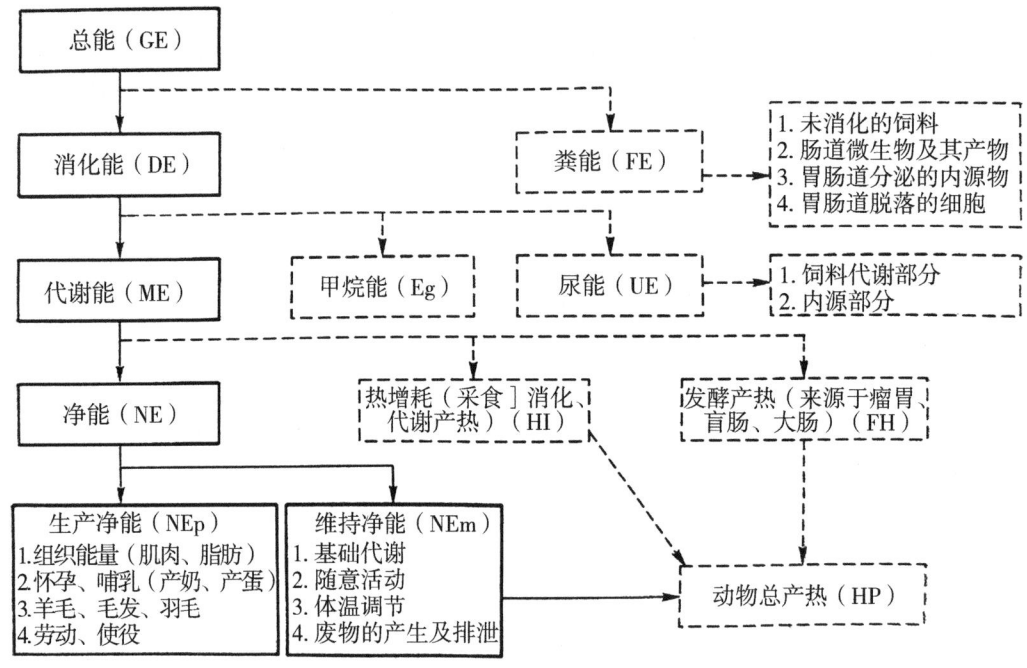

图 8-1 饲料能量在动物体内的转化
引自：计成（2008）。

一、GE

饲料完全燃烧后所产生的热量，即为 GE，蕴藏于饲料有机物质中，一般用氧弹量热计测量。不同饲料 GE 是不同的，取决于所含碳水化合物、脂类和蛋白质的比例和数量：碳水化合物 17.5 MJ/kg、蛋白质 23.6 MJ/kg、脂类 39.5 MJ/kg。有机物质释放能量主要取决于碳和氢同外氧结合，分子中碳、氢含量越多，能量就越多：碳水化合物平均含碳 44%、氢 6%；蛋白质平均含碳 52%、氢 7%；脂类平均含碳 77%、氢 12%。因此，碳水化合物能值最小、蛋白质居中、脂类能值最大，脂类能值约为碳水化合物的 2.25 倍。

饲料 GE 反映饲料中贮藏的化学能值，表明饲料经完全燃烧后，化学能转化为热能的多少，而不能说明被动物利用程度。例如，低品质燕麦秸秆和高品质玉米籽实，具有相同的 GE 值，但二者对动物的营养价值却显然不同。因此，饲料 GE 不能反映饲料能量对动物的营养价值，只是能量代谢过程中评定其他能值的基础。

二、DE

动物采食饲料 GE 后，一部分未消化的能量由粪中排出，这部分能量称为粪能（Fecal Energy；FE）。饲料 GE 减除 FE。即为 DE。

FE 主要与采食的饲料性质有关。例如，幼龄动物排出的 FE 仅占食入能量的 10% 左右；而采食劣质粗饲料的反刍动物 FE 占食入能量的 60% 以上。奶牛饲粮中随着干草比例从 63% 增加到 100%，FE 也从 28% 增加到 37%。

FE 中除有未消化的饲料能外，还含有消化道微生物、消化道脱落黏膜与消化道分泌物的能量（这部分能量称为消化道代谢 FE）。由于 FE 不仅源于饲料，因此 DE 测定值偏低，故这种 DE 被称为表观 DE（Apparent DE；ADE）。实际应用中，测定的最多是表观 DE。

采用 DE 评定饲料营养价值比用 GE 更为准确。应用 DE 可以区别不同饲料消化率不同而导致的能量变化。DE 考虑了动物对饲料的消化程度，且测定方法简单易行。国内外猪饲养标准中，一般以 DE 作为能量需要的指标。

三、ME

在 DE 中有一部分产生可燃气体（主要是甲烷），不能被吸收利用。吸收后的 DE，其中蛋白质所含的能量不能在体内完全氧化（如哺乳动物的尿素、禽类的尿酸）。这些不能完全氧化的物质能量从尿中排出，被称为尿能（Urinary Energy；UE）。

DE 减除 UE 和气体能（Gaseous Energy；Eg），就是 ME。由于 UE 中还含有内源能（源于体组织降解的尾产物），所以上述 ME 实际为表观 ME（Apparent ME；AME）。我国饲料营养成分表中，饲料 ME 和动物 ME 需要均为 AME。

ME 反映了饲料 GE 可供动物利用的部分，比 DE 更能准确反映养分代谢的实际情况。ME 通常用于评估家禽饲料和饲养标准，因为家禽的粪、尿排泄物是混合在一起的，测定 ME 比较方便。

Eg 在不同动物之间差异很大。反刍动物在消化过程中产生大量的 CO_2、甲烷以及少量的氢、一氧化碳、丙酮、乙烷和硫化氢等。低品质饲粮产生较多的甲烷，随着采食量的增加，GE 中甲烷的损失降低。尽管单胃动物在盲肠和大肠中发酵有一些能量损失，但因产生的气体少，损失的能量可以忽略不计，在测定 ME 时通常可以不考虑。马和兔等草食单胃动物盲肠比较发达，气体的产生量相对较高。

单胃动物从 DE 到 ME 的转化过程中，主要是 UE 的损失；反刍动物和单胃草食家畜还涉及甲烷能的损失。UE 主要源于蛋白质的代谢分解产物（如尿素、尿酸）及非含氮化合物（如葡糖醛酸和马尿酸），影响 UE 损失的因素都影响 ME。UE 较稳定，但也受日粮成分，尤其是饲料蛋白质含量的影响。蛋白质含量过高、氨基酸不平衡和能量缺乏等，都会引起吸收后的蛋白质分解供能，增加 UE 损失。猪 UE 损失占 GE 的 2%~3%；家禽粪、尿不分，UE 损失难以计算；反刍动物 UE 损失占 GE 的 3%，或 12~35 kcal/g 尿氮。随着营养水平的增加，UE 损失也增加。反刍动物的甲烷产量因饲养水平而不同，在维持水平时甲烷能占 GE 的 8%、在高饲养水平时甲烷能占 GE 的 6%~7%，对于高消化性饲料（如发酵谷物）可低至 3%。反刍动物采食含 63% 干草饲粮产生的甲烷量，低于采食含 100% 干草饲粮产生的甲烷量。

饲料 ME 可以由 DE 估算。猪的 ME 可以由已知的 DE 和饲粮粗蛋白质含量合并估算：ME（kcal/kg）= DE（kcal/kg）×(96-0.202×CP)/100；反刍动物的 ME = DE × 0.82。美国 NRC 中许多 ME 指标也都是用这个公式计算，但这也是一个近似值，因为饲粮的种类和营养水平，都影响 ME/DE 变化。

四、NE

NE 等于 ME 减去热增耗（Heat Increment；HI）和发酵产热（Heat of Fermentation；HF），或产热量（Heat Production；HP），饲料 NE 就是指动物用于维持和生产的那部分能量。在实际应用中，饲料 NE 常常在测定 AME 的基础上测得，NE = ME-HI = GE-FE-UE-Eg-HI = AME-HI，这样测得的 NE 实际上也是表观 NE（Apparent NE；ANE）。

NE 可分为维持 NE（NE_m）和生产 NE（NE_p）。NE_m 就是用于维持的 NE，包括肌肉运动、组织周转代谢和修复、维持体温等，最终以热的形式散失；NE_p 是指用于生产的 NE，包括合成产品或沉积到产品中的能量和劳役做功所需的能量，如增重 NE（Growth NE；NE_G）、产奶 NE（Lactation NE；NE_L）、产蛋 NE、产毛 NE 和使役 NE。NE 不仅考虑了饲料的类能、UE、Eg 的损失，还考虑了 HI 损失，并与产品紧密联系，是评定饲料能量价值的最准确指标，但 NE 最难测定。目前我国反刍动物采用 NE 体系评定饲料能量含量和动物需要量。

饲料在消化吸收和中间代谢以及排泄过程中，产生 HI，也称体增热、特殊动力学作用或食后增热。HI 源于营养物质被动物采食、消化、吸收和代谢所消耗的能量产热，是采食前后的体热差。HI 主要来自以下几方面：消化液分泌、消化道运动、血液循环和呼吸增快、合成代谢增多、肝产热增加、肾排泄活动增强等。

80% 的 HI 源于内脏。在食物吸收以后，动物产生很少的热量，这证明大量的 HI 是由肝脏的代谢产生的。当鼠或狗饲喂不同的饲粮时，瘦肉能延长产热时间，产生的热量相当于 GE 的 30%~40%。导致狗的 HI 增加的因素中，脂类占 15%、蔗糖占 6%、淀粉占 20%~22%。饲喂 1.5 倍维持水平饲粮的牛，HI 约占 GE 的 3%，在 2 倍维持时升高到 20%，高产动物还要高于这个水平。饲喂切碎的干草和新鲜饲草的绵羊，HI 分别占 GE 的 24% 和 27%、占 ME 的 45% 和 47%。对于特定的动物和特定的饲粮，HI 并不是一个固定值，它随着营养物质利用方式的不同而发生变化。例如，如果大部分的营养物质都在组织中沉积，则 HI 就很低。单胃动物饲粮中蛋白质或氨基酸的不平衡，导致大部分氨基酸的氧化和 HI 增加。与代谢过程有关的必需营养物质的缺乏，也导致 HI 增加，如 Mg 或 P；饲喂频率的增加，则降低 HI，而采食量的增加，提高 HI。HI 与 HP 并不一致，因为不管动物是绝食还是采食的情况下，机体都产热。泌乳奶牛的 HP 占 GE 采食量的 35%~38%。

HF 是一个很难量化的值。反刍动物的 HF 占 GE 的 5%~10%，大约是 65 kcal/Mcal GE。在单胃动物中，HI 是在小肠后段、盲肠和大肠中发酵产生的，但是也很难量化。

第三节 能量体系

一、DE 体系

DE 是饲料有效能测定方法中最简单的一种,只需测定饲料 GE 和动物 FE,就可以得到 DE。因此,应用 DE 体系简单方便。在猪、马和兔中,均采用 DE 体系。

二、ME 体系

家禽粪、尿通过一个泄殖腔排出,测定 DE 时必须将粪、尿分开,而将家禽粪、尿分开较困难。直接测定粪、尿中的能量,可以得到 ME。ME 更能表达家禽饲料有效能。因此几乎世界各国在家禽的营养中都应用 ME 体系。

欧洲几乎所有的动物能量需要都采用过 ME 体系。欧洲是动物营养研究最早的地区。在早期研究中,发现营养物质在动物体内的代谢途径基本相同,片面地认为不同动物对同一种饲料的 ME 也是相同的,针对各种动物建立了一套饲料 ME 体系,但最终发现这是不科学的。因为不同动物对同一种饲料,ME 是不同的。ME 体系在欧洲一直被沿用在所有动物营养需要与饲料成分的能量体系中,但反刍动物多采用 NE 体系。

三、NE 体系

NE 是饲料有效能中最难测定的体系。测定 HI 需要呼吸代谢室,并不是所有的动物营养实验室都具有这样的设备。但对反刍动物说,DE 和 ME 都不能真正代表饲料中有效能。因为不同饲料 HI、发酵产热和气体产量变化很大,造成具有相同 DE 或 ME 的不同饲料 NE 有较大差异,应用不同饲料原料组成的相同 DE 或 ME 饲粮增重或产奶效果不同,所以在反刍动物营养中,各国均应用 NE 体系。

在所有能量体系中,NE 体系最准确反映饲料有效能,NE 直接与产品挂钩,了解饲料 NE 含量,可以计算动物生产产品的数量。DE 或 ME 体系高估了高蛋白和高纤维饲料的有效能,却低估了高脂类和高淀粉饲料的有效能,其根本原因在于采用这两种能量体系时,既没考虑过量蛋白的排出引起 UE 形式损失,也没考虑 HI,比如纤维含量高的饲粮,相当一部分纤维在小肠中无法被消化,而在大肠中发酵产生较高的热量。

不同饲料具有相同 DE 和 ME 时,饲养效果可能是不同的。但是,不同饲料具有相同 NE 时,饲养效果是相同的。因此,在猪的玉米-豆粕型饲粮中,应用 ME 体系可能出现 NE 不足。如果应用 NE 体系,通过添加合成氨基酸(如赖氨酸、蛋氨酸、苏氨酸、色氨酸等),可使饲料 CP 含量降低 2%、NE 提高 2%。各种饲料所含 CP 和 CF 的差异,造成 DE、ME 与 NE 差值很大。

总可消化养分(Total Digestible Nutrients;TDN)可以通过消化试验确定(详见第十章)。TDN=DCP+可消化 NFE+可消化 CF+2.25×可消化 EE。TDN 虽以质量为单位,但与 DE 有一定的关系。TDN 和 DE 可以转化,1 g 的 TDN 等于 4.4 cal DE。由于动物机体没有完全氧化饲料 CP，因此与 DE 相比，TDN 低估了 CP 的能值，而当 TDN 中 DCP 乘以 1.25 后，就与 DE 接近。

四、淀粉价

19 世纪后半叶，在欧洲出现了德国科学家凯尔纳建立的淀粉价，1 kg 淀粉在阉牛体内沉积脂肪的质量（g）或能量（kJ），被定义为一个淀粉价。例如，1 kg 淀粉在阉牛体内沉积脂肪能值为 2 356 kcal（9 858 kJ），为一个淀粉价了；1 kg 蛋白质在阉牛体内能沉积脂肪 2 220 kcal（9 288 kJ），相当于 0.94 个淀粉价。淀粉价对欧洲牛的饲养标准和能量需要的形成，起到巨大的推动作用。但是，淀粉价也不可纠正缺点。以淀粉为标准物，比较蛋白质、脂类等养分沉积脂肪的能力，偏离了物尽其用的原则，所以出现了蛋白质的淀粉价低于淀粉的现象。对于营养物质含量复杂的饲料，淀粉价就更难反映其真实的营养价值。淀粉价因此被后来建立的 DE、ME 和 NE 体系所替代。

第四节　能量利用效率

一、利用效率

能量利用总效率是指产品能与采食饲料有效能（包 DE、ME 或 NE）的比值。产品沉积能量和维持能量是影响能量总效率的因素。维持需要所占饲粮能量的比重越小，能量利用总效率就越高；生产水平越高，能量利用总效率也越高。因此，在生产实践中，调节采食量以提高生产效率是经济可行的。

能量利用净效率是指产品能与扣除维持需要之外采食的能值（DE、ME、NE）的比值。它受采食水平的影响较小，而更多受动物遗传潜力的影响。能量转化效率则是指 DE、ME 或 NE 与 GE 的比值。

（一）DE 用于生产的效率

生长猪 DE 用于生产的总效率（NE_G/DE）与饲养水平有关。通常情况下，饲养水平是 3 倍的维持水平。当 1 倍于维持的饲养水平时，NE_G 为 0，DE 用于生产的总效率 $NE_G/DE=0$；当 1.5 倍于维持的饲养水平时，NE_G 占总 NE 的 33.33%；当 2 倍于维持的饲养水平时，NE_G 占总 NE 的 50%；当 3 倍于维持的饲养水平时，NE_G 占总 NE 的 66%。这些值为理论推算值，实际情况可能与此有一些差异。

（二）ME 用于生产的效率

家禽 ME 用于生长的总效率与猪相似，在 0.6~0.8、平均 0.70，而反刍动物 ME 用于生长的效率低于猪，当饲喂与猪相似的含谷物饲粮时，效率低于 0.62；饲喂干草时效率更低，优质牧草 NE_G 总效率大于 0.5，而劣质牧草 NE_G 的总效率在 0.2 左右。

泌乳动物的能量需要除泌乳的需要外，还伴随着体脂和体蛋白的增加或减少，因此需要进行能量剖分，分析泌乳的能量利用效率。在美国，奶牛和绵羊的 ME 用于合成乳的总效率变化较小，从最差饲粮的 0.56 到最优饲粮的 0.66。

产蛋母鸡 ME 用于蛋合成的总效率为 0.60~0.80、平均为 0.69；合成卵蛋白的效率估计为 0.45~0.50；合成卵磷脂的效率为 0.75~0.80。另外，体组织的沉积效率为 0.75~0.80。

(三) NE 用于生产的效率

以成年阉牛的产脂效率为 100%，牛的维持效率为 120%；泌乳牛的产奶效率为 119%；猪的维持效率为 145%；猪的 NE_G 效率为 125%。

二、影响因素

(一) 动物因素

维持的能量利用效率最高，其次是产奶，再次是生长和育肥，最后是妊娠和产毛。ME 用于维持的能量利用效率：猪 85%~90%、家禽 82%~90%、牛 65%~82%。ME 用于产奶的能量利用效率：猪 75%~85%、牛 40%~75%；ME 用于生长的能量利用效率：猪 75%~80%、家禽 70%~80%、牛 30%~62%；ME 用于妊娠的能量利用效率：牛 13.3%；ME 用于产毛的能量利用效率：绵羊 36.6%。生产的能量利用效率比维持低，可能是由于随着采食量的增加，饲料消化率降低的缘故，尤其是反刍动物。

动物种类不同，能量利用效率也不同。GE 相同的饲粮，猪、牛的 DE、ME 和 NE 却不同。猪的 DE 占 GE 的 85%、ME 占 GE 的 81.5%、NE 占 GE 的 65%；鸡的 DE 占 GE 的 80%、ME 占 GE 的 72.5%、NE 占 GE 的 57.7%；牛的 DE 占 GE 的 70%、ME 占 GE 的 60%、NE 占 GE 的 25%~40%。猪的 DE、ME 和 NE 占 GE 的比例高于反刍动物。

增重成分不同，能量利用效率变化很大。体重增加，能量沉积在 20.08~39.33 MJ/kg 变化。动物出生后早期主要沉积蛋白质（瘦肉组织约含水 75%、NE 沉积量 5.86 kJ/g），肥育中主要沉积脂肪（脂肪组织含水 5%~10%、NE 沉积量 35.56 kJ/g）。因此，动物出生后早期的能量利用效率高，随着年龄的增加而降低。另外，沉积蛋白质的能量利用效率比沉积脂肪低，这可能与蛋白质的动态平衡、HI 以及体内周转较快有关。

(二) 饲料因素

饲料种类对能量利用效率有影响。对猪而言，虽然燕麦 GE 高于玉米，但燕麦 DE、ME 和 NE 都低于玉米，二者 NE 差距最大。因此，应用 DE 和 ME 有过高估计燕麦营养价值的倾向，应用 NE 才反映二者的营养价值。

不同动物采食同种饲料，HI 不同，则能量利用效率也不同。当奶牛为获得高的产奶量而大量采食饲料时，随采食量的增加，HI 也增加，此时机体 HP 高于维持体温需要的热量，多余的热量则散发出去，成为无效的能量。HI 越高，能量的损失越多，能量利用效率就越低。

饲粮营养成分也影响能量利用效率。与蛋白质相比，肥育动物能更有效地利用碳水化合物 ME。如果氨基酸不足，将以脂肪的形式而不是蛋白质的形式贮存能量，这样可以改变 ME 利用效率。矿质元素和维生素的缺乏，也影响能量利用效率。例如 P 缺乏降低能量利用效率。

饲料添加剂也改变能量利用效率。例如抗生素（莫能霉素和拉沙里菌素）抑制消化道微生物发酵，减少能量浪费，促进生长、促进产奶。反刍动物产生这种结果的部分原因，是由于增加了瘤胃丙酸产量（丙酸比乙酸和丁酸的利用效率高）和降低了甲烷产量。

（唐　倩　黄　强）

第九章 矿物质

第一节 分类

矿物质（Minerals）是动物体必需的一类无机营养素，广义上包括所有无机元素，但在营养学上，主要指动物生理代谢所必需且需由饲料供给的一组元素。尽管矿物质在动物体内含量较少，但它们在维持正常生理功能、生长发育、繁殖、产能与免疫等方面发挥着不可替代的作用。

矿物质既不提供能量，也不参与有机结构的合成，但它们或作为骨骼与组织结构的重要组成部分，或作为酶和激素的辅助因子参与调控代谢过程，或维持体液的渗透压和酸碱平衡，其营养地位仅次于水、蛋白质、碳水化合物和脂类，是动物营养研究中一个核心组成部分。

依据矿物质在动物体内的含量和营养需求的多少，通常将矿物质分为常量矿物质（宏量矿物质）与微量矿物质（微量元素）两大类。

一、常量矿物质（Macro Minerals）

常量矿物质是指动物体对其需求较多、占体重0.01%以上的矿物质，主要包括钙（Ca）、磷（P）、钠（Na）、钾（K）、氯（Cl）、镁（Mg）和硫（S）。

二、微量矿物质（Micro Minerals/Trace Minerals）

微量矿物质是指动物体需求量较小、低于体重的0.01%的矿物质，包括铁（Fe）、锌（Zn）、铜（Cu）、锰（Mn）、碘（I）、硒（Se）、钴（Co）、钼（Mo）、氟（F）、铬（Cr）、镍（Ni）、钒（V）、硅（Si）和硼（B）等。

第二节 常量元素

一、Ca

（一）体内分布

钙是动物体内含量最丰富的矿物元素，占体重的1.5%~2%，其中99%以上以羟基磷灰石形式存在于骨骼和牙齿中,其余1%左右分布于血液、肌肉和其他软组织中。

钙在动物营养中的地位举足轻重,其摄入、吸收、沉积与动员受复杂的内分泌调控系统控制,尤其依赖甲状旁腺素(PTH)、降钙素和维生素 D_3 的协同作用。饲粮中钙的供应必须满足不同生理阶段动物的需要,过多或过少都可能影响生长、繁殖和生产性能,甚至引发代谢疾病。

钙主要在小肠中吸收,尤其是空肠与回肠。吸收方式包括主动转运(依赖维生素 D_3 和钙结合蛋白)和被动扩散两种。幼龄动物以主动吸收为主,成人动物以被动吸收为主。吸收后的钙通过血液运送至骨骼、牙齿、肌肉等组织进行沉积。多余的钙储存在骨组织中,作为"钙库"在血钙浓度下降时释放,以维持血钙恒定。钙主要通过粪便排出,尿液与汗液次之。在代谢紊乱、肾功能异常或摄钙过量时,尿钙显著增加。

(二)生理功能

1. 构成骨骼和牙齿

钙与磷共同以羟基磷灰石 $[Ca_{10}(PO_4)_6(OH)_2]$ 形式沉积于骨骼和牙齿,是维持动物形态结构和运动能力的基础。在生长、妊娠、泌乳、产蛋等阶段,钙的沉积与动员尤为活跃。

2. 维持细胞膜稳定与神经肌肉功能

钙离子参与细胞膜的稳定,调控 Na 和钾的转运。神经冲动传导和肌肉收缩依赖钙的流动和浓度梯度。神经末梢钙通道开放,促使神经递质释放。

3. 参与血液凝固

钙是血液凝固过程中的第Ⅳ因子,对凝血酶原激活及纤维蛋白形成过程不可或缺。

4. 激活酶系统

钙离子为参与腺苷酸环化酶、磷酸酶、蛋白激酶等酶的活性调节,对能量代谢、肌肉功能和细胞代谢具有重要意义。

5. 细胞信号转导

细胞内钙浓度的微小变化即能触发多种生理反应,是典型的"第二信使"。Ca^{2+} 与钙调蛋白结合可启动细胞的分裂、分化、代谢及凋亡等过程。

(三)缺乏症与中毒症

幼龄动物 Ca 缺乏表现为佝偻病、成年畜禽表现为骨质疏松症;Ca 缺乏还可导致生产性能下降(蛋壳变薄、产奶量减少)、神经肌肉兴奋性增强(抽搐、瘫痪)。

Ca 中毒通常由补 Ca 过量或 Ca:P 比例严重失衡引起,可抑制 P 吸收,导致软组织钙化,并干扰其他矿物质(如 Fe、Zn、Mg 等)的吸收。

(四)来源与需要量

动物饲粮中推荐 Ca 含量(%饲粮 DM):仔猪 0.7~1.0、生长育肥猪 0.6~0.8、妊娠母猪 0.75~1.0、泌乳奶牛 0.8~1.2、肉鸡 0.9~1.1、蛋鸡 3.5~4.0。

需注意不同生理阶段的钙供给。在生长期,需注重 Ca:P 比例及其消化率,选择高生物利用率的钙源。对于产蛋禽类,应分阶段供钙,饲粮中钙水平应随产蛋高峰适当上调,并保持钙粒度合理(粗颗粒更利于蛋壳形成)。对于泌乳期奶牛,饲粮需补充高生物效价的钙。为预防奶牛产后低血钙,可在分娩前 2 周减少钙供给;补充阴离子盐

（如氯化铵），使尿液酸化，增强钙动员；产后及时补钙（如注射葡萄糖酸钙）。

常见钙源包括碳酸钙（石粉）、磷酸氢钙、骨粉及贝壳粉等。碳酸钙（石粉）为最常用钙源，Ca 含量约 38%，价格低，适口性好。磷酸氢钙兼供钙和磷，Ca 含量约 23%，适用于调节 Ca：P 比例。骨粉含 Ca 约 30%，但需控制重金属污染。牡蛎壳粉、贝壳粉为天然钙源，适口性好，适用于禽类。豆类饲料，如苜蓿中含较多可利用钙，但消化率受限。乳品副产物如乳清粉等含 Ca 丰富，可作为补钙原料。

二、P

（一）体内分布

P 是动物体内仅次于 Ca 的第二大常量矿物质，约占体重的 1%，其中 80% 以上与 Ca 共同存在于骨骼和牙齿中，其余分布于细胞膜、核酸、能量代谢中间产物（如 ATP、ADP）及体液中。

P 主要在小肠（空肠、回肠）吸收，吸收形式以 HPO_4^{2-} 为主，依赖主动转运（需 Na^+/P 协同转运体）与被动扩散两种机制。过量 P 可暂存于骨骼中或经肾脏快速排出。P 在肝脏中参与核酸合成、糖原代谢、酶活化等作用。P 主要经尿液排泄，其次为粪便。肾脏对 P 有明显的调节功能，可通过调节重吸收速率维持血 P 恒定。蛋禽和反刍动物排 P 以粪便为主，单胃动物主要通过尿液排出。

动物对 P 的吸收利用效率受其来源、形式、与 Ca 的比例、饲料中抗营养因子（如植酸）的影响。尤其在单胃动物中，由于不能有效分解植酸 P，常需添加植酸酶或使用高利用率无机 P 源以提高 P 的利用效率。随着环保法规对畜禽粪污中 P 排放的限制日趋严格，P 营养管理也从传统的"满足需求"逐步转向"精准供给、减排增效"的方向。

（二）生理功能

1. 骨骼与牙齿的构成

P 以羟基 P 灰石 $[Ca_{10}(PO_4)_6(OH)_2]$ 形式与 Ca 共同构成骨骼和牙齿，维持其结构强度。骨骼亦为体内 P 的主要储存库，可在需要时动员维持血 P 恒定。

2. 能量代谢与转运

P 是高能 P 酸化合物（如 ATP、GTP、CP）的关键组成元素，参与糖酵解、有氧呼吸、脂肪酸合成等代谢过程，是机体能量转运和贮存的基础。

3. 细胞功能调节

P 是细胞膜 P 脂、DNA、RNA、核苷酸的重要成分，影响细胞结构稳定、遗传信息转录与复制。细胞基因信号通路中，蛋白 P 酸化反应（由蛋白激酶介导）依赖于无机 P 参与，调控细胞生长、分裂、代谢及应激响应。

4. 酸碱平衡调节

P 酸盐缓冲系统（$H_2PO_4^-/HPO_4^{2-}$）是血液与细胞液中的主要缓冲体系，协助维持体液 pH 稳定，尤其在肾小管对酸碱物质的重吸收与排泄中扮演关键角色。

5. 神经与肌肉功能

P 参与神经递质的合成和传递，有助于神经-肌肉接头的兴奋传导。P 缺乏可引发神经系统紊乱、肌无力等。

（三）缺乏症与中毒症

P 缺乏可导致动物的骨骼软化、畸形、瘫痪、佝偻病；生长缓慢、食欲减退、繁殖力下降；易怒、异食癖；蛋鸡产蛋率下降，蛋壳质量差；泌乳动物乳 P 浓度下降，影响泌乳性能。P 过量可引起 Ca∶P 失衡，诱发泌乳牛酮病。增加尿 P 排放，可能导致软组织 Ca 化。因此，在饲料配方中应以"有效 P"为基础，结合添加植酸酶和调控 Ca∶P 比例，实现 P 的高效利用和环境友好。

（四）来源与需要量

幼龄动物由于骨骼和组织的高速发育，P 的需要量相对较高。随着生长速度的减缓，其对 P 的需求也会逐步降低。成年动物处于维持状态时，对 P 的需求量较低，但在繁殖和泌乳阶段又会有所升高。P 是蛋壳形成的关键矿物质之一，若饲粮中 P 供给不足，常导致产蛋率下降、蛋壳质量变差，甚至出现骨质疏松等。此外，不同动物对 P 的利用效率不同，反刍动物因瘤胃微生物可分解植酸 P，而单胃动物如猪、禽对植酸 P 的利用率较低，需通过外源植酸酶添加或无机 P 补充。

在确定 P 的营养需要时，不仅要关注总 P 的含量，更要重视其"可利用 P"或"有效 P"的供给。常见的需要量推荐标准多以可消化 P 或有效 P 为基础。此外，过量添加 P 不仅增加饲料成本，还会加重环境 P 污染。因此，科学合理地优化 P 的使用，在满足动物健康和生产的前提下，实现畜牧业可持续发展。

无机 P 源包括磷酸氢钙，P 含量约 18%，Ca 含量约 23%，利用率高；磷酸钙 P 含量约 22%，更适合年轻动物；NaH_2PO_4 水溶性好，吸收快，价格高；脱 F 骨粉含 P 约 15%，来源丰富，但质量波动大。有机 P 源包括谷物和豆类饲料中含有植酸 P，主要储存在种皮或胚芽中。植酸酶可有效水解植酸 P、提高 P 利用率，常用于猪、禽饲粮。

Ca∶P 推荐比例为（1.2~2.0）∶1，蛋禽可达 4∶1，反刍动物可略高。不同阶段动物 P 需求不同，应结合生产性能。调整饲粮配方。酶制剂使用可显著减少畜禽粪便中的 P，缓解 P 面源污染压力。

三、Na

（一）体内分布

Na 是动物体内一种重要的碱性金属元素，主要以阳离子形式（Na^+）存在。尽管 Na 在体内含量相对不高（约占体重的 0.1%），但由于动物体内不能合成，因此必须通过饲料或饮水提供足够的 Na，以满足生理需求。

（二）生理功能

1. 维持渗透压和体液平衡

Na 是细胞外液的主要阳离子，与 Cl^-、碳酸氢根等负离子共同维持体液的渗透压和水分的分布，是维持细胞外液体积的关键元素。Na^+ 浓度调节对动物的水摄入和排泄起着调控作用，有助于预防脱水或水肿。

2. 维持酸碱平衡

Na 离子通过与 H^+ 交换、参与碳酸氢根（HCO_3^-）的再吸收等机制，参与体液的 pH

调节。肾脏通过对 Na 的再吸收和排泄，间接影响氢离子的排出和体内酸碱平衡的维持。

3. 参与神经传导与肌肉收缩

Na 与 K 共同形成细胞膜两侧的电化学梯度，是"Na-K 泵"系统的基础，对维持静息膜电位、神经兴奋传导、肌肉兴奋-收缩耦联具有决定性作用。

4. 促进营养物质转运

Na 依赖的共转运系统广泛存在于肠道和肾小管中，协助葡萄糖、氨基酸、Ca、P 等营养物质的吸收。

（三）缺乏症与中毒症

植物性饲料中 Na 含量普遍较低，若不加补充，易发生 Na 缺乏，尤其在炎热、排汗增多或腹泻时更为明显。临床表现食欲减退、生长缓慢；精神沉郁、皮肤干燥、被毛粗乱；异食癖；反刍动物唾液分泌减少、瘤胃蠕动降低。严重情况下，可导致血容量下降、脱水和死亡。

Na 的耐受范围较宽，但在饮水不足或一次性摄入大量 Na 时，可能引发中毒，尤以猪、禽最为敏感。中毒表现神经系统症状（震颤、抽搐）；运动失调、呕吐、昏迷，甚至死亡。中毒常发生于误食高浓度盐分或供水后。Na 中毒处理需及时补水、稀释血 Na 浓度，并补充 K 元素，促进代谢恢复。

（四）来源与需要量

动物对 Na 的需要量通常以饲粮中百分含量表示，肉鸡 0.15～0.20、反刍动物 0.10～0.20、奶牛 0.18～0.24、蛋鸡 0.15～0.20。

NaCl 是最常见的钠源，同时也提供 Cl，价格低廉，吸收率高，是饲料工业中最常用的电解质添加剂。$NaHCO_3$ 主要用于反刍动物，具有缓冲作用，可调节瘤胃 pH，预防酸中毒。乳牛饲粮中常添加 0.5%～1%。Na_2SO_4 可提供 Na 和 S 元素，但过量易致泻，常用于特定配方中。天然 Na 盐或海盐适用于舔块，含有多种微量元素，但成分不稳定、吸收率波动较大。

四、K

（一）体内分布

K 是动物体内含量最丰富的细胞内阳离子，约有 98% 分布在细胞内液中，特别是在肌肉组织中浓度较高。

K 不能在体内合成，必须依赖饲料摄入，因此是动物营养中需关注的常量矿物质元素之一。K 主要在小肠吸收，吸收率高（>90%），以主动转运和被动扩散为主。排 K 量受饲粮中 K、Na 和 Cl 的比例、摄水量、肾功能等影响较大。

（二）生理功能

1. 维持细胞内渗透压和平衡

K 是细胞内液的主要阳离子，其与细胞外液中的 Na 共同维持细胞两侧的渗透压和平衡。K 通过与 Na 的协同作用调节细胞内外水分的分布，对细胞正常功能具有基础性保障作用。

2. 参与神经肌肉的兴奋传导

K 在神经细胞和肌细胞膜的电位维持中起核心作用。当神经或肌肉受刺激时，Na 离子内流、K 离子外流，形成动作电位，是神经冲动传导和肌肉收缩的基本过程。缺 K 或过量都可能导致神经-肌肉系统功能障碍。

3. 调节酸碱平衡

K 离子通过与氢离子的交换参与细胞内外液的 pH 调节。肾脏在排 K 过程中同时影响 H^+ 排出，进而影响血液和细胞液的酸碱平衡。

4. 促进营养物质代谢

K 是多种酶系（如丙酮酸激酶、谷胱甘肽过氧化物酶）的激活剂，促进糖类、蛋白质的代谢，并在能量代谢中发挥关键作用。K 还参与氨基酸的转运和蛋白质合成。

5. 影响心肌功能

K 浓度变化对心脏节律有显著影响。正常的血 K 水平维持心肌细胞的电活动，缺 K 或 K 中毒均可能引起心律不齐，甚至猝死。

（三）**缺乏症与中毒症**

缺乏症多数发生于长期使用低 K 干草、泻药、利尿剂或肾功能异常时，症状包括食欲下降、生长缓慢；肌肉无力、瘫痪、心率异常；反刍动物瘤胃蠕动减弱；鸡垂翼、嗉囊排空延迟、产蛋率下降。产奶高峰奶牛和高温热应激下的禽类尤其容易 K 流失，出现采食抑制。

动物对 K 耐受性较强，过量摄入时多通过肾脏排出。但当肾功能受损或饮水不足时，可能发生 K 中毒。症状包括心律紊乱、心动过缓；运动失调、瘫痪、呼吸困难；严重者可致心搏骤停。通常饲料中 K 含量不易导致中毒，更多与电解质平衡失调或应激反应有关。

（四）**来源与需要量**

动物对 K 的需求随品种、体重、生理状态、饲料组成、环境温度等变化而异，高温或高产期易引起 K 缺乏，尤其是奶牛产奶初期，常出现因 K 流失而导致采食量下降以及泌乳量降低。

KCl 是最常用的补 K 剂，生物利用率高，常用于高产奶牛、禽类热应激期，或需电解质调控的阶段，注意与 NaCl 协调配比，防止电解质紊乱。K_2SO_4 供给 K 与 S 元素，适合需额外补 S 的饲粮，但口感较苦，影响采食量，使用需控制剂量。$KHCO_3$ 兼具缓冲功能，有助于调节反刍动物瘤胃环境。在植物性饲料中含量相对较高，因此在以植物性饲料为主的饲粮中，K 的缺乏并不常见，但受贮藏、加工和水洗影响较大，易造成流失。另外，在高热、腹泻、利尿、应激或高性能动物（如产奶高峰奶牛）等情况下，K 需求显著增加。

五、Cl

（一）**体内分布**

Cl 是动物体内重要的阴离子，约占细胞外液阴离子总量的 70%，主要在小肠被动扩散或协同转运，吸收效率高（>90%）。Cl 大部分分布于细胞外液，其余进入胃腺、泪腺、胰腺、肠腺等组织，用于胃酸和各种消化液的合成。Cl 的排泄主要通过肾脏进行，并受血液 pH、醛固酮、抗利尿激素等调节。Cl 在动物体内不储存，主要随尿液、汗液和粪便排出。

(二) 生理功能

1. 维持细胞外液渗透压与电解质平衡

与 Na 共同调控细胞外液的渗透压，对维持体液分布、血压和细胞功能至关重要。

2. 维持酸碱平衡

Cl 在维持血液和细胞液酸碱平衡中具有重要作用。Cl 离子通过与碳酸氢盐（HCO_3^-）交换（即 Cl-碳酸氢盐转运机制）调节血液的 pH，协助体内排除多余的碱性物质。

3. 参与胃酸生成

Cl 是胃液中盐酸的重要组成部分，胃腺中壁细胞分泌 H^+ 与 Cl^- 形成 HCl，使胃内 pH 维持在 1.5~3.5，有利于蛋白质变性与酶活化，进而促进消化吸收。Cl 缺乏时，胃酸分泌减少，动物可能表现为消化不良、食欲下降。

4. 参与神经传导与肌肉兴奋调节

Cl 离子通过神经细胞膜上的受体通道参与神经传导过程。Cl^- 的流动可使神经细胞膜电位发生变化，抑制或促进动作电位的形成。异常的 Cl 代谢会引起神经兴奋性增强或减弱，表现为抽搐、痉挛等。

(三) 缺乏症与中毒症

缺乏 Cl 或动物水泻、利尿、出汗严重时，容易导致 Cl 丢失过多，症状包括食欲减退、生长缓慢；胃酸分泌减少，消化不良；碱中毒（呼吸急促、肌肉震颤）；尿液 NH_4^+ 排出增多、碱性增强；反刍动物瘤胃蠕动减弱、反刍减少。禽类表现为饮水减少、羽毛蓬乱、产蛋率下降和蛋壳变薄。

Cl 中毒多因饲粮中添加过量 NaCl 或 NH_4Cl 引起，尤其是在饮水不足或肾功能异常时更易发生。中毒表现包括肾功能负担加重、尿液浓缩障碍；酸中毒、嗜睡、沉郁；心率加快、呼吸浅快；反刍动物采食量下降、瘤胃酸度升高。

(四) 来源与需要量

动物对 Cl 的需求受多种因素影响，包括品种、生产阶段、环境温度、饲粮中 Na 和 K 含量等。Cl 需求与 Na 和 K 的摄入比例密切相关，可通过饲粮中"电解质平衡"指标综合调控。Cl 含量不宜过高，尤其在高 NaCl 饲粮中易造成中毒。多数饲粮中含有 NaCl 或其他含 Cl 矿物质，一般情况下不会发生 Cl 缺乏。在高温环境、大量出汗、严重腹泻或使用无机盐不当时，可能出现 Cl 不足或失衡。

NaCl 是最常见、使用最广的 Cl 源，也是 Na 的主要来源。一般在配合饲料中添加 0.3~0.5%，需根据基础原料含盐量调整。KCl 除了作为补 K 剂使用外，还可提供 Cl，常用于高产奶牛或禽类热应激阶段，但应注意 K^+ 与 Na^+ 比例。NH_4Cl 一般用于反刍动物预防碱中毒或治疗结石，有酸化作用。在多数谷物及豆粕中含 Cl 较少，不足以满足需求，必须额外添加 Cl 源。

六、Mg

(一) 体内分布

Mg 约占动物体重的 0.05%，其中 60% 以上储存在骨骼中，其余分布于软组织和体液中。Mg 在体内以离子形式（Mg^{2+}）存在，是多种酶系不可或缺的辅助因子。

Mg 主要在小肠（十二指肠、空肠）以主动转运和被动扩散吸收。Mg 可进入骨骼、肌肉及细胞内液中参与生理功能。骨骼中 Mg 在代谢需要时可动员，起缓冲作用。Mg 主要通过肾脏排出，尿 Mg 可反映体内 Mg 代谢水平。

(二) 生理功能

1. 酶的辅助因子

Mg 是多种酶的活化因子，包括 P 酸化酶、ATP 酶、RNA 聚合酶、DNA 聚合酶、激酶等，主要作用是参与物质合成与能量转运过程。

2. 神经肌肉系统稳定

通过调节 Ca 离子通道，抑制神经肌肉过度兴奋，具有镇静、抗痉挛作用。

3. 维持电解质平衡与心肌功能

在维持细胞内 K、Na、Ca 的稳定分布中起重要作用，可调控细胞膜通透性、心肌节律及血管张力。

4. 骨骼与牙齿的组成部分

Mg 参与羟基 P 灰石晶体形成与骨代谢调节，对骨细胞功能具有双向调控作用：可促进成骨细胞活性，抑制破骨细胞增殖。

5. 抗应激作用

调节下丘脑-垂体-肾上腺轴中起重要作用，能缓解因热应激、运输应激或营养应激引起的代谢紊乱，提高动物对外界刺激的耐受力。

(三) 缺乏症与中毒症

Mg 缺乏症状包括神经肌肉兴奋性增强、震颤、步态不稳；骨软化、骨质疏松；生长迟缓、食欲减退；放牧反刍动物表现为牧草痉挛症，惊厥、倒地、昏迷，甚至死亡。Mg 过量可能抑制 Ca、P 吸收。反刍动物中，可抑制瘤胃微生物活性，导致采食量下降。

(四) 来源与需要量

Mg 存在于青绿饲料中，而谷实类玉米、小麦中含量较低；豆粕中相对丰富，但存在植酸，影响吸收。

补充剂包括 MgO，生物利用度较高，$MgSO_4$ 水溶性好，但对适口性影响较大；$MgCO_3$、$MgCl$ 等，根据动物种类与饲料结构选用。

七、S

(一) 体内分布

S 在维持动物的正常生理功能方面具有重要作用。S 主要以有机形式存在于含 S 氨基酸（如蛋氨酸、半胱氨酸）、维生素（如生物素、维生素 B_1）、激素（如胰岛素）和多种辅酶（如辅酶A）中。因其广泛参与蛋白质合成、酶系统、氧化还原反应及解毒等过程，S元素被视为动物生长与健康不可或缺的营养因子。有机S以氨基酸形式被肠道主动吸收，而无机S如S酸盐则经小肠被动扩散吸收。在体内，有机S以蛋白质形式广泛分布于细胞与组织中，部分无机S可转化为有机形式用于蛋氨酸、半胱氨酸、生物素等的合成，参与多种代谢过程。S在体内代谢后的主要产物为S酸盐，通过尿液或汗液排出体外；一部分S也可能以S化氢、二甲基S等形式随呼气、粪便排泄。

（二）生理功能

1. 参与蛋白质合成与结构稳定

蛋氨酸和半胱氨酸是最重要的含S氨基酸，它们不仅直接参与蛋白质的合成，而且在蛋白质分子中通过形成二S键，稳定蛋白质的三维结构，从而保障其正常功能。

2. 酶活性与代谢平衡

S参与多种酶构成，如转S酶、S酸转移酶、脱S酶等，调节动物体内的氨基酸代谢、S酸盐转化及毒素解毒。此外，S在谷胱甘肽等抗氧化分子的构成中也起关键作用。

3. 构成维生素与激素

S是维生素B_1、生物素等必需维生素的重要组成元素，亦参与胰岛素的结构稳定，从而影响动物的糖代谢、脂类合成与能量平衡。

4. 促进毛皮和羽毛生长

在毛皮动物、禽类等中，羽毛和毛发中蛋白质高度含S，缺S直接影响其光泽度、强度及生长速度，进而影响动物的商品价值或保温能力。

（三）缺乏症与中毒症

动物S缺乏通常表现为生长迟缓、体质下降、毛发粗乱、羽毛松散以及免疫力下降等。若饲粮中缺乏S或含硫氨基酸，将限制蛋白质合成，影响生长发育和生产性能。在反刍动物中，瘤胃微生物可利用无机S合成自身所需的S氨基酸，若饲粮中S供应不足，将限制微生物蛋白合成。

摄入过量S亦会引起毒副作用，反刍动物尤其敏感。过量S可导致瘤胃酸碱失衡，引发S中毒性脑病，表现出神经系统症状，如共济失调、抽搐等。高S还可与Cu、Se、Mo等微量元素发生拮抗作用，导致元素缺乏。饮水中S含量高（尤其是S化氢、S酸盐）亦是潜在风险因素，因此在高S地区或使用高S饲粮（如含酒精渣、豆粕渣）时，应注意控制S的总供给量。

（四）来源与需要量

动物摄入的S主要来源于含S氨基酸（如蛋氨酸、胱氨酸）、无机S化物（如硫酸钠、硫酸镁）及S酸盐形态的添加剂。在天然饲料中，植物性蛋白原料普遍含有有机S，而无机S形式则多作为营养强化剂或调节剂使用。

动物对S的需要量尚未形成标准化、广泛共识的推荐值，原因在于S的需求主要通过含S氨基酸的供给满足，且不同动物种类对有机与无机S的利用方式存在差异。猪和家禽主要依赖饲粮中提供的有机S，尤其是蛋氨酸的供给水平。因此，在配制饲粮时更强调氨基酸平衡，其中蛋氨酸含量成为衡量是否满足S需求的核心指标。育肥猪饲粮中蛋氨酸占可消化赖氨酸的比例应达到30%~40%；而蛋鸡和肉鸡则应维持在35%~45%。反刍动物可通过瘤胃微生物利用无机S（如S酸盐）合成S氨基酸，因此无机S对其具有实际营养价值。推荐反刍动物饲粮中S的总含量（包括有机和无机S）应控制在干物质的0.2%~0.4%，当使用尿素等非蛋白氮源提高微生物合成蛋白水平时，也应适当提高S供给，以维持微生物合成的C和S平衡。毛皮动物如水貂、狐、貉等对含S氨基酸的需求较高，S的供给水平直接影响毛发的密度、光泽度与强度；水禽羽毛的发育同样依赖S的充足供给。在这类动物的营养方案中，应适当提高蛋氨酸和半胱氨酸的比例。

植物性饲料中蛋氨酸相对缺乏，常需通过外源添加。常用的无机S源包括硫酸钠、硫酸镁、S硫酸铵等，主要用于反刍动物饲粮中，或作为缓冲剂应用于猪禽饲料。近年来，诸如DL-蛋氨酸、甲S氨酸羟基类似物等作为功能性氨基酸被广泛使用，不仅用于满足S需求，还可优化蛋白质合成效率，提高饲料转化率。此外，部分有机S化合物如甲基磺酰甲烷，也显示出抗氧化、抗炎和免疫调节功能，有待在动物营养领域进一步开发。

第三节　微量元素

一、Fe

（一）体内分布

Fe在动物体内的含量不高，仅占体重的0.004%~0.006%。主要在小肠上段（尤其是十二指肠）吸收，吸收效率受多种因素影响：亚铁（Fe^{2+}）比Fe离子（Fe^{3+}）吸收率更高，肠道刷状缘膜表面有一种Fe还原酶，可将Fe^{3+}还原为Fe^{2+}以利吸收；肠上皮细胞膜上的Fe转运蛋白；维生素C、某些氨基酸（如组氨酸、半胱氨酸）、乳糖等可促进Fe溶解与还原，增强吸收；植酸盐、草酸盐、磷酸盐、单宁、Ca、Zn等会与Fe结合形成不溶性复合物，降低吸收。

Fe^{2+}通过肠细胞基底膜上的Fe转运蛋白入血，并在血浆中被转Fe蛋白携带至骨髓、肝脏、脾脏等组织。过量Fe被储存为Fe蛋白或血黄素，主要贮存于肝细胞和巨噬细胞中。Fe代谢受肝脏分泌的调节肽的调控。当体内Fe储量增加或炎症存在时，肝脏调节肽水平升高，导致Fe被"锁"在细胞内，出现"功能性缺Fe"。

（二）生理功能

1. 血红素与氧气运输

Fe是血红蛋白和肌红蛋白的核心成分。血红蛋白存在于红细胞中，是运输氧气的主要载体，其四聚体结构中的血红素含有亚铁离子，与氧气可逆结合，实现肺与组织间的氧交换。肌红蛋白则存在于肌肉细胞中，有助于储存与缓慢释放氧气，以支持肌肉的代谢。

2. 细胞色素与能量代谢

Fe参与细胞色素（如细胞色素a、b、c）和细胞色素氧化酶的合成，这些酶在细胞线粒体中构成了呼吸链的核心，用于完成电子传递与 ATP 生成。缺 Fe 会直接影响动物的能量代谢效率，表现为代谢率下降和生长受阻。

3. 参与酶系统构建与功能调节

Fe 是多种关键酶的辅基或活性中心，如过氧化物还原酶、核苷酸还原酶等。这些酶广泛参与抗氧化反应、DNA 合成、胆固醇代谢和解毒过程。

4. 调节免疫功能与抗感染能力

Fe 对机体免疫功能有双向调控作用。一方面，适量 Fe 可促进免疫细胞的增殖与活性；另一方面，Fe 的过量积聚会被某些病原菌利用，以促进其生长。

（三）缺乏症与中毒症

缺 Fe 常表现为营养性贫血，血红蛋白下降、红细胞数减少、颜色变浅，可见动物苍白、精神萎靡、生长缓慢。毛粗毛枯、掉毛增多，蹄壳易裂，羽毛杂乱无光。感染率升高，易患腹泻、呼吸道疾病等。由于母乳中 Fe 含量极低，生长迅速的仔猪常在出生后 7~10 d 开始出现缺 Fe 症，是最常见的缺 Fe 病例。

Fe 摄入过量可引起胃肠道刺激，呕吐、腹泻、食欲下降。游离 Fe 可产生活性氧，造成脂质过氧化与细胞膜损伤，严重时引起肝坏死。高剂量 Fe 可抑制 Zn、Cu、Mn 等元素的吸收，破坏矿物质平衡。

（四）来源与需要量

动物对 Fe 的需要量因其种类、生长阶段、生理状态及饲养管理方式而有所差异。生长迅速或处于繁殖、泌乳等特殊生理时期的动物，Fe 需要量较高。

断奶前后的仔猪因生长迅速而对 Fe 需求旺盛，加之母乳中 Fe 含量极低，极易发生缺 Fe 性贫血，因此，仔猪饲粮中 Fe 应达到 100 mg/kg。育肥猪的 Fe 需求则相对较低，通常维持在 60 mg/kg。妊娠母猪由于胎儿发育对 Fe 的需求增加，其需要量应达到 120 mg/kg，而哺乳期母猪为补偿乳汁中 Fe 的分泌，饲粮 Fe 水平为 120~150 mg/kg。雏鸡对 Fe 缺乏的敏感性较高，饲粮中应保证 80 mg/kg 的 Fe 供应；产蛋期的蛋鸡则对 Fe 的需要量略低，约为 40 mg/kg。肉鸡在育成期阶段，饲粮 Fe 水平约为 80 mg/kg。反刍动物由于瘤胃对 Fe 具有一定的"屏蔽"作用，使得 Fe 消化吸收效率较低，因此其饲粮中供给标准相对较高。生长期牛 Fe 需要量约为 50 mg/kg，而泌乳期奶牛需要量约为 150 mg/kg。

植物性饲料中 Fe 含量丰富，如麸皮、豆粕、苜蓿粉，但其生物利用率较低（存在植酸、草酸）。动物性饲料如鱼粉、血粉、肉骨粉中，Fe 含量高且易吸收。$FeSO_4 \cdot 7H_2O$ 是最常用的 Fe 源，成本低，吸收好，适用于猪禽类。柠檬酸亚铁、富马酸亚铁稳定性更强，对胃肠刺激较小。有机铁（如铁蛋白、铁氨基酸螯合物）生物利用率高，对免疫、繁殖、抗应激等有促进作用。碳酸铁、氧化铁利用率低，较少使用。

二、Zn

（一）体内分布

Zn 在动物体内含量丰富，含量为 20~60 mg/kg 体重，主要分布于骨骼、皮肤、肝脏、胰腺、肾脏和毛发等组织。血清中 Zn 的含量虽不高，但其浓度变化常被作为判断动物 Zn 营养状态的重要指标。体内 Zn 主要以结合状态存在，约 90% 与蛋白质、酶类和核酸结合，尤其在金属酶中，如碳酸酐酶、碱性磷酸酶、乳酸脱氢酶等，游离态 Zn 极少。

（二）生理功能

1. 酶的组成与激活剂

Zn 是多种酶类的组成部分或激活因子，广泛参与动物体内蛋白质、脂类、核酸、糖类代谢过程。如碳酸酐酶参与 CO_2 的转运与酸碱平衡，碱性磷酸酶参与骨矿化与 P 代谢，RNA 聚合酶与 DNA 转录相关。

2. 促进生长与组织修复

Zn 能促进细胞分裂、蛋白质合成及组织修复，对生长发育的动物尤其重要。缺 Zn 常导致生长迟缓、骨骼发育异常，以及组织愈合能力下降。

3. 维持上皮组织的完整性

Zn 维护皮肤、毛发、角膜、黏膜等上皮组织的完整性。

4. 参与免疫功能调节

Zn 调节 T 细胞功能和细胞因子分泌，维持免疫系统的正常功能。

5. 影响繁殖与性腺功能

Zn 在睾丸、前列腺和卵巢中含量较高，与激素合成和精子发生密切相关。缺 Zn 公畜可出现睾丸萎缩、性欲下降；母畜则表现为卵巢发育不良、发情异常、受胎率低等。

6. 抗氧化与抗应激

Zn 是超氧化物歧化酶的关键金属离子，参与清除体内自由基，减缓氧化损伤，提高动物对热应激、毒素等的抵抗力。

（三）缺乏症与中毒症

动物缺 Zn 时，表现为生长迟缓、皮肤病变、免疫力低、生殖障碍等症状。猪缺 Zn 会出现皮肤角化、脱毛、食欲减退，严重者皮肤裂开并感染；鸡缺 Zn 则表现为跛行、羽毛松乱、胫骨变形、胫骨软化等。Zn 中毒表现为食欲减退、腹泻、生长受抑以及 Cu、Fe 代谢障碍等。饲粮中 Zn 含量长期高于 1 000 mg/kg 可能抑制 Cu 的吸收，导致继发性 Cu 缺乏，进而出现贫血、骨病及免疫抑制等。

（四）来源与需要量

动物对 Zn 的需要量受种属、年龄、生长阶段、生理状态、饲粮组成和 Zn 的生物利用率等因素影响。通常饲粮中添加 30~120 mg/kg 可满足畜禽需求。仔猪在断奶后对 Zn 极为敏感，饲粮 Zn 水平为 100~150 mg/kg。育成猪和成年猪的需要量为 60~80 mg/kg。雏鸡需 Zn 量为 40~60 mg/kg，产蛋鸡可降低至 30~50 mg/kg。生长牛、奶牛和绵羊饲粮 Zn 水平为 40~80 mg/kg，泌乳期奶牛因 Zn 分泌增加，其需要量略高。鱼类对 Zn 的需求亦较高，饲粮中 60~100 mg/kg。

Zn 的常见添加形式包括无机 Zn，如 $ZnSO_4$、ZnO、$ZnCl_2$ 等，价格低廉，应用广泛。$ZnSO_4$ 溶解性好，适用于多数畜禽；ZnO 在防治仔猪腹泻中应用频繁，常高剂量使用。有机 Zn 如蛋白 Zn、酵母 Zn、甘氨酸 Zn、甲硫氨酸 Zn 等，其吸收效率普遍高于无机 Zn，且对肠道刺激小，生物利用率更优。近年来，纳米 Zn 因其粒径小、生物活性强，显示出良好的促生长与抗菌效果，但其安全性、成本与机制仍在研究中。

Zn 的研究已从基础供给量探讨向更深入的生理、分子与生态效应发展。有机 Zn 可通过调节肠道菌群结构和提高屏障功能，改善动物健康。Zn 与基因信号通路相关，影响机体炎症反应和应激适应。微胶囊包被 Zn 技术有望提高其在反刍动物中的瘤胃旁路率，从而提升吸收效率。植物源活性物质（如黄酮、多酚）与 Zn 配合使用，可协同免疫调节作用。未来 Zn 营养的精准供给、与微生态结合理念，将成为研究和实际应用的重点方向。

三、Cu

（一）体内分布

动物体内 Cu 为 1.0~2.5 mg/kg 体重，主要集中于肝脏、脑、心、肾、骨和毛发等组织，其中肝脏是贮存 Cu 的主要器官，占全身 Cu 含量的 30%~50%，是体内 Cu 代谢的调节中心。血浆中 Cu 主要与 Cu 蓝蛋白结合。

Cu 在体内以两种氧化态存在：一价 Cu（Cu^+）和二价 Cu（Cu^{2+}），前者为还原态，后者为氧化态，在不同酶类中以不同形式参与生理过程。Cu 离子通过特异性转运蛋白和金属 S 蛋白的结合维持其稳态。

（二）生理功能

1. 作为酶的组成成分

Cu 是多种氧化还原酶的组成部分或活性中心，包括细胞色素 C 氧化酶、超氧化物歧化酶、酪氨酸酶、赖氨酸氧化酶、Cu 蓝蛋白等。这些酶广泛参与能量代谢、抗氧化、色素合成、骨胶原交联等过程。

2. 促进 Fe 的代谢与红细胞生成

通过 Cu 蓝蛋白催化 Fe^{2+} 向 Fe^{3+} 转化，促进 Fe 的转运与血红蛋白合成。

3. 参与中枢神经系统功能

调控神经递质合成、髓鞘形成及神经髓鞘稳定，维持正常神经生理活动。

4. 促进毛色与角蛋白合成

激活酪氨酸酶参与黑色素合成，影响毛发色泽。赖氨酸氧化酶需 Cu 参与，促进胶原和弹性蛋白的交联，对角蛋白的合成具有调控作用。

5. 增强免疫与抗氧化功能

参与 SOD 活性维持，能清除体内超氧阴离子，降低脂质过氧化，保护细胞膜结构。调节免疫细胞功能，提高抗体水平和病原清除能力。

6. 维持心血管健康

在维持血管弹性、心肌功能和血液凝固中发挥作用。

（三）缺乏症与中毒症

动物缺 Cu 会引起一系列症状，包括贫血与骨骼异常。由于 Fe 代谢障碍，血红蛋白合成受阻，出现缺 Fe 样贫血；赖氨酸氧化酶功能减弱，影响骨胶原合成，造成骨质疏松和骨变形。运动失调、共济失调、震颤、痉挛等。毛色改变，黑色毛变灰褐色，毛发干枯、脱落。淋巴细胞活性降低，感染率升高，疫苗应答不良。母畜流产率升高、公畜精子质量下降等。

长期摄入高 Cu 会在肝细胞中形成毒性负荷，超过阈值后引发肝细胞坏死，释放 Cu 至血液，引发溶血性中毒反应。羊类尤其对 Cu 敏感，饲粮中 Cu 含量超过 25 mg/kg 即有中毒风险，通常表现为食欲不振、黄疸、溶血、血红蛋白尿、死亡等。

（四）来源与需要量

动物对 Cu 的需要量受多种因素影响，包括物种、生长阶段、生理状态、饲粮类型、Cu 源形式以及 Zn、Mo、S、Fe 等元素的拮抗作用。Cu 的生物利用率一般较低，需适当补充以满足代谢需求。生长猪 Cu 推荐水平为 6～10 mg/kg。妊娠与哺乳母猪需 Cu 量相对较低，为 5～10 mg/kg。雏鸡与生长鸡为 8～16 mg/kg，产蛋鸡与种鸡为 6～12 mg/kg。牛、羊等反刍动物对 Cu 较为敏感，Cu 推荐水平为 10～15 mg/kg。瘤胃中 S 与 Mo 含量高时，会形成不溶性硫化铜与络合物，干扰 Cu 吸收。鱼类 Cu 推荐水平为饲粮 3～10 mg/kg，过量时极易对水环境和鱼体产生毒性。

常见无机 Cu 包括 $CuSO_4$、$CuCl_2$、CuO 等，其中 $CuSO_4$ 是最广泛使用的添加源，溶解性好、成本低，但易与其他组分发生反应形成沉淀，且对胃肠道有刺激性。有机 Cu 如甘氨酸 Cu、蛋白 Cu、酵母 Cu、蛋氨酸 Cu 等，生物利用率高、毒性低、对环境影响小，逐渐成为优选 Cu 源，但成本相对较高。包被 Cu 与微胶囊 Cu 通过物理或化学包被技术，提高 Cu 在胃肠道中的稳定性和释放控制，有利于提高利用效率和减少与其他矿物质的拮抗。

最新研究表明，Cu 不仅是酶的辅因子，还可通过参与基因信号转导通路，调节细胞应激、代谢与生长。在与微生态的协同调控作用方面，Cu 对肠道菌群结构有一定影响，适量 Cu 可促进有益菌生长，改善肠道屏障功能，抑制病原菌繁殖；与益生菌或有机酸协同使用可增强保健效果。未来采用低剂量、高利用率的 Cu 源或智能释放技术，减少环境负荷。此外，Cu 与 Zn、Fe、S、Mo 等存在复杂拮抗关系，优化这些元素的比例与协同利用成为热点。Zn∶Cu 比例保持在（5～10）∶1，高 S 饲粮应避免高 Cu 添加等。

四、Mn

（一）体内分布

在体内动物体内含量较低，为 1～20 mg/kg 体重，主要分布于骨骼、肝、肾、胰腺及毛发等组织，其中以骨骼中最为丰富，占总量的 25%～40%。血液中 Mn 含量极少，主要以结合形式存在于红细胞中。多以二价形式（Mn^{2+}）存在，参与多种代谢酶和结构蛋白的形成。肝脏是 Mn 代谢调控的关键器官。Mn 主要通过小肠吸收，其吸收效率通常低于 5%，并受多种因素调控。

（二）生理功能

1. 酶的激活因子与组成部分

作为酶的活化剂或组成成分，广泛参与动物体内的碳水化合物、脂类、蛋白质的代谢过程。例如，Mn 是丙酮酸羧化酶、琥珀酸脱氢酶、超氧化物歧化酶、精氨酸酶等的重要成分。

2. 骨骼与软骨发育

参与黏多糖的合成与胶原交联，促进骨骼和软骨的正常发育。Mn 通过调控骨发育相关基因表达，参与骨组织分化与矿化过程。

3. 生殖与胚胎发育

Mn 参与黄体生成素与雌激素的合成，对卵泡发育、排卵及胚胎发育，均有调节作用。

4. 调节神经系统功能

在多巴胺、γ-氨基丁酸等神经递质的合成中发挥重要作用，对神经系统发育与运动控制至关重要。

5. 增强抗氧化能力

Mn 是线粒体型超氧化物歧化酶（Mn-SOD）的活性中心，该酶是清除细胞内自由基的关键因子，有助于维持氧化还原平衡，减少氧化应激对组织细胞的损害。

（三）缺乏症与中毒症

动物缺 Mn 表现各异，但通常影响骨骼系统、生殖系统和神经系统，尤其是禽类，缺 Mn 会导致滑液囊炎、关节肿大、软骨畸形、跛行等。猪、牛、羊则表现为骨密度降低、跛行和骨骼变形；种禽表现为蛋壳变薄、孵化率下降；母猪发情周期紊乱、流产增加；公畜精子活力下降。缺 Mn 则影响神经传导，动物可出现反应迟钝、肌肉震颤、步态不稳等症状。Mn 缺乏抑制碳水化合物和脂质代谢，造成能量转化受限，体增重明显降低。

Mn 中毒在实际生产中较少见，因其吸收率低，且多数动物可通过胆汁排泄调控体内 Mn 浓度。长期摄入高剂量 Mn 仍可能引起毒性积累，尤其是水产动物及禽类。中毒表现包括食欲下降、生长停滞、运动障碍、羽毛松乱等。慢性中毒可能损伤肝脏与神经系统，引发氧化应激。

（四）来源与需要量

动物对 Mn 的需要量与其生长速度、繁殖能力、饲粮组成以及 Mn 源的形式密切相关。饲粮中天然 Mn 含量不低，但生物利用率较低，尤其在高 Ca、高 P 或高 Fe 条件下，Mn 的吸收会显著降低。因此需通过合理补充，满足需求。生长育肥猪饲粮中 Mn 为 20~40 mg/kg，母猪和种公猪则提高至 40~60 mg/kg，以保障骨骼发育和繁殖性能。雏鸡饲粮中 Mn 含量为 50~60 mg/kg、肉鸡为 40~50 mg/kg、产蛋鸡和种鸡为 60~90 mg/kg。牛、羊对 Mn 的需求相对较低，饲粮 Mn 水平为 20~40 mg/kg，羊略高于牛。鱼类对 Mn 需要量在 10~30 mg/kg 不等，视种类、发育阶段与水体矿物质背景而异。

无机 Mn 常用形式有 $MnSO_4$、MnO 和 $MnCl_2$，其中 $MnSO_4$ 溶解性最好，生物利用率较高；MnO 虽稳定，但利用率差，不宜作为唯一 Mn 源使用。有机 Mn 如蛋氨酸 Mn、甘氨酸 Mn、乳酸 Mn、酵母 Mn 等，吸收率高、毒副作用小，且与其他矿物质的拮抗作用小，能更有效地改善骨密度、提高产蛋率与抗应激能力。纳米 Mn、包被 Mn、缓释 Mn 等正逐步应用于动物生产中，能提高 Mn 的稳定性与靶向释放能力，提升生物有效性、降低环境排泄。

五、Se

(一) 体内分布

在动物体内分布广泛，但极不均衡。肾脏（尤其是皮质）、肝脏、胰腺、脾脏、垂体和睾丸含量最高，反映了这些器官在 Se 代谢、储存或排泄中的关键作用（如肾脏是主要排泄器官）。肌肉、心脏含有中等水平，而脂肪组织、大脑中含量相对较低。

体内 Se 主要以 Se 代半胱氨酸的形式共价结合在蛋白质肽链中，构成具有特定生物活性的 Se 蛋白，是 Se 发挥生理功能的主要形式。植物性饲料中（如谷物、豆粕）主要是 Se 代蛋氨酸，在动物体内可非特异性地替代蛋氨酸整合入普通蛋白质中，构成体内主要的 Se 储存库。动物体通过吸收、转运、组织结合、代谢转化（还原、甲基化等）和排泄（主要经尿液、少量经粪便和呼吸）维持 Se 的动态平衡。

(二) 生理功能

1. 抗氧化防御体系

Se 是谷胱甘肽过氧化物酶的重要组成部分，胞浆、血浆、胃肠道等利用谷胱甘肽作为还原剂，清除细胞内过多的活性氧和脂质过氧化物，保护生物膜（细胞膜、线粒体膜等）的完整性，维持细胞结构和功能的稳定。因此 Se 对精子的结构和功能至关重要，能够影响精子的活力和形态。

2. 免疫功能调节

Se 可调节吞噬细胞（如巨噬细胞、中性粒细胞）的趋化、吞噬和杀菌能力，影响 B 淋巴细胞功能和抗体（尤其是 IgG）的产生，Se 蛋白能保护免疫细胞自身免受氧化损伤，维持其功能。

3. 代谢调节

Se 参与甲状腺激素的代谢过程，通过调控碘甲腺原氨酸脱碘酶的活性，精准调节甲状腺激素 T_3 的活性水平，从而影响基础代谢率、生长发育、体温调节等。

4. 改善肉质与生产性能

Se 可提高动物的生长速度、饲料利用率，并改善肉质的嫩度和风味。

(三) 缺乏症与中毒症

Se 缺乏会导致 Se 水平及 Se 蛋白活性显著下降，导致抗氧化能力严重减弱、甲状腺激素代谢紊乱、免疫力低下。反刍动物（犊牛、羔羊）和幼驹表现为白肌病，肌肉变性、坏死、苍白，症状包括运动障碍、僵硬、跛行、呼吸困难、心力衰竭甚至猝死。雏鸡表现为渗出性素质，毛细血管通透性增加，导致皮下组织（尤以胸腹部、腿部明显）蓄积大量蓝绿色水肿液。

Se 中毒是由于过量 Se 干扰硫代谢，替代含硫氨基酸中的硫，形成异常蛋白质、产生大量活性氧，损伤组织细胞，分为急性中毒和慢性中毒。急性中毒罕见，通常因误食高 Se 材料（如某些杀虫剂），症状包括呼吸困难、肺水肿、胃肠炎、运动失调、虚脱，可在数小时至数天内死亡。慢性中毒更常见，发生于长期摄入中等偏高剂量 Se。家畜（牛、羊、马、猪）表现为被毛（尤其鬃毛、尾毛）粗乱、脱落、蹄冠发炎、蹄壳变形脱落、跛行、食欲不振、消瘦、贫血、繁殖力下降等。

(四) 来源与需要量

动物对 Se 的需要量受物种、品种、年龄、生理阶段（生长、妊娠、泌乳、产蛋）、生产水平、饲粮组成（维生素 E、含硫氨基酸含量）、Se 存在形式及环境应激等因素影响。以饲粮含量（mg/kg DM）计，猪、蛋鸡/种鸡、肉鸡 0.15~0.30、泌乳牛和干奶牛/育成牛 0.30、生长育肥肉牛和繁殖母肉牛 0.10~0.30、生长羔羊和繁殖母羊 0.10~0.30、马 0.10~0.30。

植物性饲粮 Se 主要以 Se 代蛋氨酸形式存在，是动物 Se 的主要自然来源，含量高度依赖土壤 Se 水平及植物种类。豆科植物通常比禾本科植物富集更多的 Se。动物性饲料，如鱼粉、肉骨粉等含 Se 量相对较高且较稳定。为确保满足需要并避免缺乏，生产中普遍在预混料中添加 Se 源。无机 Se 主要有亚硒酸钠和硒酸钠；有机 Se 则可用 Se 酵母、Se 代蛋氨酸和羟基 Se 代蛋氨酸类似物。现代动物生产中，科学补充 Se（特别是高效、安全的有机 Se）是保障动物健康、福利和生产优质动物产品的重要环节。

六、I

(一) 体内分布

分布于动物机体各组织器官中，但含量很低，平均 0.2~0.3 mg/kg。机体 I 的 70%~80% 是以甲状腺原的形式储存在甲状腺内，其余分布在胃、肠、皮肤、唾液腺、卵巢、胎盘等。

在消化道内转化为 I 离子后，主要在小肠吸收入血，再与血浆蛋白质结合后运输至甲状腺，被甲状腺上皮细胞摄取和储存。在甲状腺内，I 用于合成 I 化甲状腺球蛋白质，再被水解酶分解，生成大量四 I 甲状腺原氨酸（T_4）和少量三 I 甲状腺原氨酸（T_3，即甲状腺素）。T_3 经血液循环进入机体组织器官而发挥激素作用。在组织器官中，80% 的 T_3 被脱 I 酶分解，释放出的 I 又被运输到甲状腺循环利用。铅可抑制甲状腺摄取和利用 I。主要经尿排泄，生产动物也向产品中排泄 I。

(二) 生理功能

I 是甲状腺素的重要组成成分，甲状腺素含四个 I 原子的结合球蛋白，参与调节机体内众多代谢过程，促进三羧酸循环中的生物氧化，加速细胞对葡萄糖的吸收和利用，促进糖原和脂肪的分解与氧化；促进蛋白质合成和骨骼发育；甲状腺素可促进烟酸的吸收和利用；促进胡萝卜素转化为维生素 A、核黄素转化为核黄素腺嘌呤二核苷酸等代谢过程；维持垂体和生殖腺的正常功能；维持中枢神经系统功能。

(三) 缺乏症与中毒症

饲粮中 0.14 mg/kg 含 I 量可满足猪的需求，鸡为 0.35 mg/kg，奶牛为 0.4 mg/kg。生活在远离海洋的内陆缺 I 地区的动物，由于土壤、饲料和饮水中含 I 量极低，易发生缺 I。缺 I 的典型症状是甲状腺肿，即动物因 I 摄入量不足，无法满足甲状腺素合成的需要，甲状腺出现补偿性增生而肿大。另外，母畜缺 I，则发情不规律和不育，胎儿死亡或重吸收、初生幼畜无毛（猪、牛、羊）和体弱；公畜缺 I，则精液品质降低、繁殖力低下；幼畜缺 I，则甲状腺明显肿大、骨骼生长发育受阻，体格发育迟缓或停滞。种母鸡对 I 缺乏较敏感，蛋中 I 含量通常随饲粮 I 水平而变化。

过量 I 有毒性，但 I 的中毒剂量远远高于需要量，安全范围较宽。家禽饲粮含 I 量达到 500 mg/kg，才导致中毒，生长猪为 400 mg/kg，成年反刍动物为 50 mg/kg，犊牛则为 5 mg/kg。过量 I 会导致猪血红蛋白下降、鸡产蛋量下降和奶牛产奶量降低。过量 I 还可能透过胎盘影响胎儿的发育。

（四）来源与需要量

动物性饲料含 I 量一般高于植物性饲料。例如谷实类通常含 0.05~0.25 mg/kg、饼粕类 0.4~0.8 mg/kg，鱼粉和骨粉可达 2.8 mg/kg。饮水中 I 也是动物的外源性 I 源。用 KI、I 化 NaCl、饮水加 I 或利用含 I 丰富的饲料（如海带等）配制饲粮，可有效预防动物缺 I，其中以 I 盐形式补 I 最为方便、有效。

七、Co

（一）体内分布

在动物体内含量极低，分布在所有器官组织中，平均含量为 0.05~0.20 mg/kg，以肝、肾、脾和胰腺的含量高。机体内 Co 约 40% 贮存于肌肉中，14% 贮存于骨骼中，其余则分布在其他组织中。反刍动物体内的 Co 大部分以维生素 B_{12} 形式贮存于肝中。

饲粮中的 Co 盐和维生素 B_{12} 所含的 Co，主要在十二指肠和回肠被吸收。Co 的吸收率不高，仅为 20% 左右，其余随粪排出。肠道微生物可利用 Co 合成维生素 B_{12}，因此瘤胃微生物利用 Co 合成的维生素 B_{12}，进入反刍动物小肠后，可被吸收和利用；单胃动物肠道微生物合成的维生素 B_{12}，无法被有效吸收，进而随粪便排出，因此营养价值不大。吸收的 Co 盐与血浆运 Co 蛋白结合，运输至肝和其他组织器官；吸收的维生素 B_{12} 则与特异性血浆运输蛋白结合，运输至肝、骨髓和其他组织器官。维生素 B_{12} 中 Co 的生物活性比无机 Co 高约 1 000 倍，因此在机体内发挥生理功能的主要是存在于维生素 B_{12} 中的有机 Co。体内 Co 主要经尿排泄，其次是经胆汁排泄，汗中也排泄微量 Co。

（二）生理功能

1. 维生素 B_{12} 的组分

Co 是维生素 B_{12} 的组成成分。维生素 B_{12} 参与核糖核酸和与造血有关的物质代谢、反刍动物体内丙酸的糖原异生、肝中蛋氨酸循环和叶酸代谢等。瘤胃微生物可以利用 Co 合成维生素 B_{12}，再被反刍动物吸收并利用，因此 Co 对反刍动物的能量代谢和生长发育尤其重要。

2. 参与造血

Co 在两个方面参与机体造血过程：一方面促进 Fe 的吸收、加速机体内贮存 Fe 的动员；另一方面增强骨髓的造血机能，提高血红蛋白含量和红细胞数量。

（三）缺乏症与中毒症

Co 缺乏导致动物维生素 B_{12} 缺乏而发生贫血。牛、羊容易发生 Co 缺乏，缺 Co 会影响反刍动物瘤胃内微生物的维生素 B_{12} 合成，导致丙酸的糖原异生发生障碍，影响机体能量代谢，表现为食欲减退、精神不振、消瘦和生长停滞等。长期 Co 缺乏可使反刍动物致死。

Co 摄入量超过动物需要量 300 倍时，才导致中毒。饲粮含 0.11 mg/kg 的 Co 可满足奶牛的需要，而中毒量则为 10 mg/kg。肉鸡对 Co 的耐受量为 70 mg/kg，仔猪为 150 mg/kg。反刍动物 Co 中毒表现为食欲减退、消瘦和贫血；肉鸡 Co 中毒表现为红细胞增多和腹水症；仔猪 Co 中毒则表现为食欲减退、运动失调和贫血。

八、其他微量元素

(一) Mo

动物机体平均含量约 1~4 mg/kg，主要分布于骨骼中、皮肤、毛发、肌肉和肝脏中。Mo 的主要生理作用是：作为黄嘌呤氧化酶、醛氧化酶、亚 S 酸氧化酶和硝酸还原酶的组成成分而参与机体氧化还原反应，涉及禽类尿酸代谢、瘤胃微生物对纤维物质的分解代谢等；反刍动物瘤胃微生物的生长因子，可维持微生物正常活性、提高反刍动物对纤维物质的消化；参与 Fe 代谢，促进贮存 Fe 的动员和 Fe 向肝脏、骨髓的运输；提高种蛋孵化率、促进雏鸡生长，改善牛、猪的繁殖性能。

饲粮含 Mo 量通常可满足动物需要，很少出现 Mo 缺乏症。鸡缺 Mo 表现为生长缓慢、尿酸代谢障碍等。哺乳动物则表现为食欲减退、生长受阻、消瘦、繁殖力下降、流产等。过量 Mo 可致动物中毒，反刍动物尤为敏感。Mo 中毒表现为腹泻、食欲减退、消瘦、贫血、被毛蓬乱等。猪对 Mo 的耐受性高于牛、羊。Mo 过量还影响 Ca、P 代谢和拮抗 Cu 的吸收，导致动物出现佝偻病、骨质疏松症或缺 Cu 性骨骼病和贫血。

(二) F

动物机体 F 含量为 0.02~0.05 mg/kg，80% 以上存在于骨和齿中。骨中含量较高，其次是毛、齿。饲粮中 F 的吸收率可达 80%，Ca、Al、Mg 干扰 F 的吸收。F 曾被认为是有毒元素，但研究表明 F 是动物必需的微量元素。F 的主要生理作用是参与骨骼和牙齿的形成，通过将骨骼和牙齿中羟 P 灰石替换为氟磷灰石，增强骨骼的硬度、提高牙齿的耐磨性和抗酸性腐蚀力。F 还刺激成骨细胞生长，促进骨骼正常生长发育。

动物对 F 的需要量极低，通常饲料和饮水中的 F 即可满足需要，因此不易出现缺 F。F 缺乏症主要表现为骨骼结构异常、Ca 化不良和硬度降低，进而导致骨质疏松症，牙齿丧失抗酸性腐蚀力而形成龋齿。过量 F 可引发中毒，反刍动物较猪、鸡敏感。牛、羊、猪、肉鸡和蛋鸡对 F 的耐受量分别为饲粮 40 mg/kg、60 mg/kg、150 mg/kg、300 mg/kg 和 400 mg/kg。F 中毒表现为牙齿变色，出现黄色、褐色或黑色斑牙，骨骼和牙齿结构异常、厌食、感觉迟钝、消瘦等。使用含 F 量超标的石粉、磷酸氢钙等添加剂时，易引发 F 中毒。

(三) Cr

动物机体的 Cr 广泛分布，但含量很低，仅为 0.1~1.0 mg/kg，且随年龄增加而降低。无机 Cr 的吸收率低，为 0.1%~1.0%；有机 Cr 的吸收率较高，为 10%~25%。Cr 有二价、三价和六价三种化合物，只有三价 Cr 具有生理活性。六价 Cr 的吸收率高于三价 Cr。草酸促进 Cr 吸收，而 Fe、Zn、植酸抑制 Cr 的吸收。Cr 的生理功能是与尼克酸、谷氨酸、胱氨酸和甘氨酸等形成有机螯合物，又称葡萄糖耐受因子，产生类似胰岛素的生物活性，从而调节碳水化合物、蛋白质和脂类的代谢。每吨肉猪饲粮中添加 200 mg 有机 Cr，可提高胴体瘦肉率。Cr 缺乏症表现为血液中葡萄糖和胆固醇增高、生长缓慢、繁殖性能低下等。各种动物对 Cr 的耐受力较强,当饲粮中 CrCl 含量超过 1 000 mg/kg 或 Cr 氧化物超过 3 000 mg/kg时,才导致中毒。六价 Cr 毒性大于三价 Cr 时,表现为皮炎、胃炎,反刍动物瘤胃或皱胃溃疡,甚至引发肺癌。

(四) As

动物机体含量很低,为 0.4~1.1 mg/kg,肝脏、脾、肾、肌肉、肠壁、皮肤中含量较高,肌肉中含量较少。无机 As 吸收后在肝脏中经甲基化代谢形成有机 As。As 可作为许多酶的激活剂,参与机体造血,促进精氨酸代谢和蛋白质合成,促进机体生长发育,改善动物对营养物质的吸收和同化,提高动物的生产性能,维持正常繁殖机能。饲粮含量低于 0.01~0.05 mg/kg 可导致缺 As 症。鸡、山羊、猪缺表现为生长受阻和繁殖性能低下,家禽还会发生贫血。As 过量可以抑制细胞内酶活性,干扰细胞的正常代谢、呼吸及氧化过程,出现发育不良、消化和呼吸器官炎症、肝和肾功能损害,甚至死亡。家禽饮水中 As 含量不应超过 0.2 mg/L,饲粮中五氧化二砷的含量不应超过 10 mg/kg。

动物体内还有许多微量元素,包括镉 (Cd)、镍 (Ni)、钒 (V)、硅 (Si)、锡 (Sn)、铅 (Pb)、锂 (Li)、硼 (B)、溴 (Br)、铝 (Al)、锶 (Sr)、铷 (Rb) 等,对动物可能是必需的,但是这些微量元素的生理功能和作用机理尚不完全明确。另外,元素周期表中的其他元素,可能在将来被发现是动物的必需元素。

(张民扬　汪成飞)

第十章 维生素

　　维生素的发现始于对动物营养缺乏症的研究。早期人们在饲养动物的过程中发现，当动物的饲料中缺乏某些特定的成分时，动物会出现各种各样的疾病。例如，在19世纪末，人们发现有家禽患上了脚气病，这种病症表现为腿部麻痹、生长停滞等症状。经过长期的研究和探索，科学家们逐渐认识到这些疾病是由于饲料中缺乏某些未知的营养物质引起的。随着科学技术的不断进步，这些神秘的营养物质逐渐被发现和鉴定出来，它们就是维生素。如今维生素的研究已经取得了丰硕的成果，人们对其种类、结构、功能以及在动物营养中的作用有了较为深入的了解。

　　维生素是动物生长发育所必需的一类有机化合物，虽然它们在动物体内的含量极少，但却发挥着极为重要的作用。维生素既不是构成机体组织的原料，也不提供能量，但它们参与机体的代谢调节，是维持动物正常生理功能不可或缺的营养物质。根据其溶解性，维生素可以分为脂溶性维生素和水溶性维生素两大类。

　　脂溶性维生素是指能够溶解在脂肪和脂溶剂中的维生素，主要包括维生素A、维生素D、维生素E和维生素K。这类维生素在动物体内的吸收和储存与脂肪密切相关，它们通常与脂肪一起被吸收，并储存在肝脏等脂肪组织中，当动物体内需要时再被利用。由于它们在体内可以储存，因此一般不容易出现缺乏症，但如果长期过量摄入，也可能导致中毒。

　　水溶性维生素是指能够溶解在水中的维生素，主要包括B族维生素和维生素C。B族维生素又包括维生素B_1、维生素B_2、维生素B_6、维生素B_{12}、烟酸、泛酸、叶酸、生物素等。这类维生素在动物体内的吸收和储存与水有关，它们在体内不能大量储存，多余的维生素会随着尿液排出体外。因此，动物需要每天从饲料中摄取足够的水溶性维生素以满足其生理需求。如果动物长期摄入不足，就会出现相应的缺乏症。

第一节　脂溶性维生素

一、维生素A

（一）结构与性质

　　维生素A是一种具有视黄醇结构的化合物，其分子结构中含有多个双键，这些双键的存在使得维生素A具有较强的化学活性。维生素A在自然界中以两种形式存在，一种是视黄醇，主要存在于动物肝脏、蛋黄等动物性食品中；另一种是类胡萝卜素，主要存在于植物中，如胡萝卜、菠菜等。类胡萝卜素在动物体内可以被转化为维生素A，其中β-胡萝卜素的转化效率最高。

（二）生理功能

1. 视觉

维生素A是构成视觉细胞中感光物质的重要成分。在视网膜中，视黄醇与视蛋白结合形成视紫红质，视紫红质在光照下发生光化学反应，产生神经冲动，从而使人和动物能够感知光线和颜色。当动物体内缺乏维生素A时，视紫红质合成减少，导致动物对光线的敏感度降低，出现夜盲症，即在光线较暗的环境下视力下降，甚至完全看不见。

2. 生长发育

维生素A参与细胞的分化和增殖，对骨骼、牙齿、皮肤、黏膜等组织的发育和修复都有影响。例如，在骨骼生长过程中，维生素A能够调节成骨细胞和破骨细胞的活性，促进骨骼的正常生长。缺乏维生素A的动物会出现生长迟缓、骨骼发育不良、牙齿畸形等问题。

3. 免疫

维生素A可以增强免疫细胞的活性，促进抗体的生成，提高动物的免疫力。研究表明，维生素A能够促进淋巴细胞的分化和增殖，增强巨噬细胞的吞噬能力，进而帮助动物抵抗病原体的入侵。缺乏维生素A的动物容易感染疾病，且感染后病情较重，恢复较慢。

4. 生殖

在雄性动物中，维生素A参与精子的生成和发育，缺乏维生素A会导致精子数量减少、活力下降，甚至出现无精症。在雌性动物中，维生素A对卵巢的发育和卵子的成熟有促进作用，缺乏维生素A会影响动物的繁殖性能，导致受孕率降低、流产等现象。

（三）缺乏症与过量症

动物缺乏维生素A时，会出现一系列的临床症状。除了上述提到的夜盲症、生长发育不良、免疫力下降和繁殖障碍外，还会出现皮肤角质化、黏膜干燥、呼吸道和消化道感染等问题。例如，猪缺乏维生素A时，会出现皮肤粗糙、脱毛、咳嗽、腹泻等症状；鸡缺乏维生素A时，会出现生长缓慢、羽毛蓬乱、眼睑肿胀、流泪等症状。

虽然维生素A在动物体内可以储存，但如果长期过量摄入，也会导致中毒。维生素A过量症的症状因动物种类和摄入量的不同而有所差异。一般来说，动物会出现食欲不振、呕吐、腹泻、体重减轻、骨骼变形等症状。例如，犬过量摄入维生素A后，会出现跛行、骨骼疼痛、脱毛等症状；牛过量摄入维生素A后，会出现流产、死胎、犊牛发育不良等症状。

（四）来源与需要量

动物体内的维生素A主要来源于饲料。动物性饲料中，如肝脏、鱼肝油、蛋黄等含有丰富的维生素A；植物性饲料中，如胡萝卜、南瓜、菠菜等含有大量的类胡萝卜素，动物可将其转化为维生素 A。另外，一些人工合成的维生素 A 添加剂也可以用于动物饲料中，以满足动物对维生素 A 的需求。

动物对维生素 A 的需要量因动物种类、年龄、性别、生理状态等因素而有所不同。幼龄动物和繁殖期动物对维生素 A 的需要量相对较高。猪每千克饲料中维生素 A 的需要量为 2 000~4 000 IU；鸡每千克饲料中维生素 A 的需要量为 5 000~10 000 IU。

二、维生素 D

（一）结构与性质

维生素 D 是一种类固醇衍生物，其分子结构中含有多个环状结构和侧链。维生素 D 在自然界中有两种主要形式，即维生素 D_2 和维生素 D_3。维生素 D_2 主要存在于植物和酵母中，而维生素 D_3 主要存在于动物的皮肤和某些动物性食品中。维生素 D 具有光化学活性，在紫外线的照射下可以发生转化。

（二）生理功能

1. 钙磷代谢

维生素 D 最重要的生理功能是调节动物体内的钙磷代谢。它可以促进肠道对钙和磷的吸收，提高血钙和血磷水平；同时，它还可以调节肾脏对钙和磷的重吸收，维持血钙和血磷的平衡。当动物体内缺乏维生素 D 时，肠道对钙和磷的吸收减少，血钙和血磷水平下降，导致骨骼中的钙和磷大量流失，从而引起骨骼疾病，如佝偻病和骨软症。佝偻病主要发生在幼龄动物，表现为骨骼发育不良、骨骼变形、生长迟缓等症状；骨软症主要发生在成年动物，表现为骨骼软化、易骨折、跛行等症状。

2. 免疫

维生素 D 也对动物的免疫系统具有一定的调节作用。它可以调节免疫细胞的活性，促进免疫因子的分泌，增强动物的免疫力。研究表明，维生素 D 可以调节 T 细胞的分化和增殖，增强巨噬细胞的吞噬能力，从而帮助动物抵抗病原体的入侵。缺乏维生素 D 的动物容易感染疾病，且感染后病情较重，恢复较慢。

3. 细胞分化和增殖

维生素 D 还参与细胞的分化和增殖过程。它可以调节细胞的生长和发育，对维持组织的正常结构和功能具有重要作用。例如，在皮肤细胞中，维生素 D 可以促进角质细胞的分化和增殖，维持皮肤的正常屏障功能；在肠道细胞中，维生素 D 可以调节肠道上皮细胞的分化和增殖，促进肠道对营养物质的吸收。

（三）缺乏症与过量症

动物缺乏维生素 D 时，会出现钙磷代谢紊乱，导致骨骼疾病。除了上述提到的佝偻病和骨质疏松症外，还会出现肌肉痉挛、抽搐、瘫痪等症状。例如，猪缺乏维生素 D 时，会出现骨骼变形、生长迟缓、瘫痪等症状；鸡缺乏维生素 D 时，会出现骨骼发育不良、瘫痪、产蛋率下降等症状。

虽然维生素 D 在动物体内可以储存，但如果长期过量摄入，也会导致中毒。维生素 D 过量症的症状因动物种类和摄入量的不同而有所差异。动物会出现食欲不振、呕吐、腹泻、体重减轻、骨骼变形等症状。例如，犬过量摄入维生素 D 后，会出现跛行、骨骼疼痛、脱毛等症状；牛过量摄入维生素D后，会出现流产、死胎、犊牛发育不良等症状。

（四）来源与需要量

动物体内的维生素D主要来源于饲料和阳光照射。动物性饲料中，如肝脏、鱼肝油、蛋黄等含有丰富的维生素D；植物性饲料中，如苜蓿、青草等含有少量的维生素D_2。此外，动物的皮肤在紫外线的照射下可以合成维生素D_3。在实际生产中，可以通过添加人工合成的维生素D添加剂来满足动物对维生素D的需求。

动物对维生素D的需要量因动物种类、年龄、性别、生理状态等因素而有所不同。幼龄动物和繁殖期动物对维生素D的需要量相对较高。猪每千克饲料中维生素D的需要量为200~400 IU；鸡每千克饲料中维生素D的需要量为1 000~2 000 IU。在实际生产中，应根据动物的具体情况合理确定维生素D的添加量，以保证动物的健康生长和繁殖性能。

三、维生素E

（一）结构与性质

维生素E是一种脂溶性维生素，其主要成分是生育酚。生育酚是一种苯并二氢吡喃衍生物，具有抗氧化作用。维生素E在自然界中广泛存在，主要存在于植物种子、坚果、绿叶蔬菜等中，其中α-生育酚的生物活性最高。

（二）生理功能

1. 抗氧化

维生素E是一种强抗氧化剂，能够保护细胞膜免受自由基的损伤。自由基是一种具有高度活性的分子，能够攻击细胞膜中的脂质、蛋白质和核酸，导致细胞损伤和衰老。维生素E能够中和自由基，防止细胞膜的脂质过氧化，从而保护细胞的完整性和功能。例如，在动物的肌肉细胞中，维生素E可以防止肌肉细胞的氧化损伤，维持肌肉的正常功能。

2. 免疫

维生素E对动物的免疫系统也有重要的调节作用。它可以增强免疫细胞的活性，促进抗体的生成，提高动物的免疫力。研究表明，维生素E能够调节T细胞的分化和增殖，增强巨噬细胞的吞噬能力，从而帮助动物抵抗病原体的入侵。缺乏维生素E的动物容易感染疾病，且感染后病情较重，恢复较慢。

3. 生殖

在雄性动物中，维生素E参与精子的生成和发育，缺乏维生素E会导致精子数量减少、活力下降，甚至出现无精症。在雌性动物中，维生素E对卵巢的发育和卵子的成熟有促进作用，缺乏维生素E会影响动物的繁殖性能，导致受孕率降低、流产等现象。

（三）缺乏症与过量症

动物缺乏维生素E时，会出现一系列的临床症状。除了上述提到的免疫功能下降、繁殖障碍外，还会出现肌肉营养不良、脑软化、肝坏死等问题。例如，猪缺乏维生素E

时,会出现肌肉营养不良、心肌变性、瘫痪等症状;鸡缺乏维生素 E 时,会出现脑软化、共济失调、瘫痪等症状。

维生素 E 在动物体内的毒性相对较低,一般不会引起中毒。但在极端情况下,过量摄入维生素 E 也可能会导致一些问题,如食欲不振、腹泻、体重减轻等。因此,在实际生产中,应合理控制维生素 E 的添加量,避免过量摄入。

(四) 来源与需要量

动物体内的维生素 E 主要来源于饲料。植物性饲料中,如小麦胚芽、玉米、大豆等含有丰富的维生素 E;动物性饲料中,如肝脏、蛋黄等也含有少量的维生素 E。此外,一些人工合成的维生素 E 添加剂也可用于动物饲料中,以满足动物对维生素 E 的需求。

动物对维生素 E 的需要量因动物种类、年龄、性别、生理状态等因素而有所不同。幼龄动物和繁殖期动物对维生素 E 的需要量相对较高。猪每千克饲料中维生素 E 的需要量为 10~20 mg;鸡每千克饲料中维生素 E 的需要量为 20~50 mg。在实际生产中,应根据动物的具体情况,合理确定添加量。

四、维生素 K

(一) 结构与性质

维生素 K 是一种脂溶性维生素,其主要成分是 2-甲基-1,4-萘醌。维生素 K 在自然界中有两种主要形式,即维生素 K_1 和维生素 K_2。维生素 K_1 主要存在于植物中,如绿叶蔬菜、苜蓿等;维生素 K_2 主要由肠道微生物合成。维生素 K 具有凝血作用,是合成凝血因子的重要辅酶。

(二) 生理功能

1. 凝血

维生素 K 是合成凝血因子的重要辅酶,参与凝血因子 Ⅱ、Ⅶ、Ⅸ、Ⅹ 的合成。当动物体内缺乏维生素 K 时,凝血因子的合成减少,导致凝血时间延长,出现出血倾向。例如,猪缺乏维生素 K 时,会出现皮下出血、关节肿胀、贫血等症状;鸡缺乏维生素 K 时,会出现出血、贫血、产蛋率下降等症状。

2. 骨骼

维生素 K 也参与骨骼的代谢过程。它可以促进骨钙素的合成,骨钙素是一种重要的骨基质蛋白,能够结合钙离子,促进钙在骨骼中的沉积。缺乏维生素 K 会导致骨钙素的合成减少,影响骨骼的矿化过程,导致骨骼发育不良、骨质疏松等问题。

(三) 缺乏症与过量症

动物缺乏维生素 K 时,会出现凝血功能障碍,导致出血倾向。除了上述提到的皮下出血、关节肿胀、贫血等症状外,还会出现消化道出血、呼吸道出血等问题。例如,牛缺乏维生素 K 时,会出现皮下出血、消化道出血、贫血等症状;羊缺乏维生素 K 时,会出现出血、贫血、生长迟缓等症状。

维生素 K 在动物体内的毒性相对较低,一般不会引起中毒。但在极端情况下,过量摄入维生素 K 也可能会导致一些问题,如肝脏损伤、溶血性贫血等。因此,在实际生产中，应合理控制维生素 K 的添加量，避免过量摄入。

(四) 来源与需要量

动物体内的维生素 K 主要来源于饲料和肠道微生物合成。植物性饲料中，如苜蓿、青草、菠菜等含有丰富的维生素 K_1；动物性饲料中，如肝脏、蛋黄等也含有少量的维生素 K。此外，肠道微生物可以合成维生素 K_2，满足动物的部分需求。在实际生产中，也可以通过添加人工合成的维生素 K 添加剂来满足动物对维生素 K 的需求。

动物对维生素 K 的需要量因动物种类、年龄、性别、生理状态等因素而有所不同。幼龄动物和繁殖期动物对维生素 K 的需要量相对较高。猪每千克饲料中维生素 K 的需要量为 0.5~1.0 mg；鸡每千克饲料中维生素 K 的需要量为 1.0~2.0 mg。

第二节 水溶性维生素

一、B 族维生素

(一) 维生素 B_1 (硫胺素)

1. 结构与性质

维生素 B_1 是一种水溶性维生素，其分子结构中含有一个噻唑环和一个嘧啶环。维生素 B_1 在自然界中广泛存在，主要存在于谷物的外皮、酵母、动物肝脏等中。

2. 生理功能

维生素 B_1 是参与能量代谢的重要辅酶，能够促进糖类的代谢，帮助动物将糖类转化为能量。缺乏维生素 B_1 会导致能量代谢障碍，出现疲劳、生长迟缓等症状。此外，维生素 B_1 对神经系统的正常功能有重要作用，能够维持神经传导的正常进行。缺乏维生素 B_1 会导致神经炎、脚气病等症状，表现为腿部麻痹、感觉异常等。

3. 缺乏症与过量症

动物缺乏维生素 B_1 时，会出现生长迟缓、食欲不振、神经炎、脚气病等症状。例如，猪缺乏维生素 B_1 时，会出现生长缓慢、食欲不振、神经炎等症状；鸡缺乏维生素 B_1 时，会出现生长缓慢、脚气病、瘫痪等症状。

维生素 B_1 在动物体内的毒性相对较低，一般不会引起中毒。但在极端情况下，过量摄入维生素 B_1 也可能会导致一些问题，如食欲不振、腹泻等。

4. 来源与需要量

动物体内的维生素 B_1 主要来源于饲料。谷物的外皮、酵母、动物肝脏等含有丰富的维生素 B_1。在实际生产中，也可通过添加人工合成的维生素 B_1 添加剂来满足动物需求。

动物对维生素 B_1 的需要量因动物种类、年龄、性别、生理状态等因素而有所不同。幼龄动物和繁殖期动物对维生素 B_1 的需要量相对较高。猪每千克饲料中维生素 B_1 的需要量为 1.0~2.0 mg；鸡每千克饲料中维生素 B_1 的需要量为 2.0~3.0 mg。

(二) 维生素 B_2（核黄素）

1. 结构与性质

维生素 B_2 是一种水溶性维生素，其分子结构中含有一个异咯嗪环。维生素 B_2 在自然界中广泛存在，主要存在于酵母、动物肝脏、奶类中。

2. 生理功能

维生素 B_2 是参与能量代谢的重要辅酶，能够促进糖类、脂肪和蛋白质的代谢，帮助动物将这些营养物质转化为能量。缺乏维生素 B_2 会导致能量代谢障碍，出现生长迟缓、皮肤病变等症状。此外，维生素 B_2 对皮肤和黏膜的正常功能有重要作用，能够维持皮肤和黏膜的完整性。缺乏维生素 B_2 会导致皮肤干燥、脱屑、口腔溃疡等症状。

3. 缺乏症与过量症

动物缺乏维生素 B_2 时，会出现生长迟缓、食欲不振、皮肤病变、口腔溃疡等症状。例如，猪缺乏维生素 B_2 时，会出现生长缓慢、皮肤干燥、脱屑等症状；鸡缺乏维生素 B_2 时，会出现生长缓慢、脚趾弯曲、口腔溃疡等症状。

维生素 B_2 在动物体内的毒性相对较低，一般不会引起中毒。但在极端情况下，过量摄入维生素 B_2 也可能会导致一些问题，如食欲不振、腹泻等。

4. 来源与需要量

动物体内的维生素 B_2 主要来源于饲料。酵母、动物肝脏、奶类等含有丰富的维生素 B_2。在实际生产中，也可以通过添加人工合成的维生素 B_2 添加剂来满足动物的需求。

动物对维生素 B_2 的需要量因动物种类、年龄、性别、生理状态等因素而有所不同。幼龄动物和繁殖期动物对维生素 B_2 的需要量相对较高。猪每千克饲料中维生素 B_2 的需要量为 $2.0\sim4.0$ mg；鸡每千克饲料中维生素 B_2 的需要量为 $4.0\sim6.0$ mg。

(三) 维生素 B_6（吡哆醇）

1. 结构与性质

维生素 B_6 是一种水溶性维生素，其主要成分是吡哆醇。吡哆醇是一种吡啶衍生物，具有多种生理功能。维生素 B_6 在自然界中广泛存在，主要存在于酵母、动物肝脏、坚果中。

2. 生理功能

维生素 B_6 是参与氨基酸代谢的重要辅酶，能够促进氨基酸的合成和分解，帮助动物维持正常的蛋白质代谢。缺乏维生素 B_6 会导致氨基酸代谢障碍，出现生长迟缓、皮肤病变等症状。此外，维生素 B_6 对神经系统的正常功能有重要作用，能够维持神经传导的正常进行。缺乏维生素 B_6 会导致神经炎、抽搐等症状，表现为腿部麻痹、感觉异常等。

3. 缺乏症与过量症

动物缺乏维生素 B_6 时，会出现生长迟缓、食欲不振、神经炎、抽搐等症状。例如，猪缺乏维生素 B_6 时，会出现生长缓慢、食欲不振、神经炎等症状；鸡缺乏维生素 B_6 时，会出现生长缓慢、抽搐、瘫痪等症状。

维生素 B_6 在动物体内的毒性相对较低，一般不会引起中毒。但在极端情况下，过量摄入维生素 B_6 也可能会导致一些问题，如食欲不振、腹泻等。

4. 来源与需要量

动物体内的维生素 B_6 主要来源于饲料、酵母、动物肝脏、坚果等。在实际生产中，也可以通过添加人工合成的维生素 B_6 添加剂满足动物对维生素 B_6 的需求。

动物对维生素 B_6 的需要量因动物种类、年龄、性别、生理状态等因素而有所不同。幼龄动物和繁殖期动物对维生素 B_6 的需要量相对较高。例如，猪每千克饲料中维生素 B_6 的需要量为 $1.0\sim2.0$ mg；鸡每千克饲料中维生素 B_6 的需要量为 $2.0\sim3.0$ mg。

（四）维生素 B_{12}（钴胺素）

1. 结构与性质

维生素 B_{12} 是一种水溶性维生素，其分子结构中含有一个钴原子，因此也被称为钴胺素。维生素 B_{12} 是一种复杂的有机化合物，具有多种生理功能。维生素 B_{12} 在自然界中主要存在于动物性食品中，如肝脏、肾脏、肉类等。

2. 生理功能

维生素 B_{12} 是参与红细胞生成的重要辅酶，能够促进红细胞的合成和发育。缺乏维生素 B_{12} 会导致红细胞生成障碍，出现贫血症状，表现为皮肤苍白、乏力等。此外，维生素 B_{12} 对神经系统的正常功能有重要作用，能够维持神经传导的正常进行。缺乏维生素 B_{12} 会导致神经炎、感觉异常等症状，表现为腿部麻痹、感觉异常等。

3. 缺乏症与过量症

动物缺乏维生素 B_{12} 时，会出现贫血、生长迟缓、食欲不振、神经炎等症状。例如，猪缺乏维生素 B_{12} 时，会出现贫血、生长缓慢、食欲不振等症状；鸡缺乏维生素 B_{12} 时，会出现贫血、生长缓慢、神经炎等症状。

维生素 B_{12} 在动物体内的毒性相对较低，一般不会引起中毒。但在极端情况下，过量摄入维生素 B_{12} 也可能会导致一些问题，如食欲不振、腹泻等。

4. 来源与需要量

动物体内的维生素 B_{12} 主要来源于饲料。动物性食品如肝脏、肾脏、肉类等含有丰富的维生素 B_{12}。在实际生产中，也可以通过添加人工合成的维生素 B_{12} 添加剂来满足动物对维生素 B_{12} 的需求。

动物对维生素 B_{12} 的需要量因动物种类、年龄、性别、生理状态等因素而有所不同。幼龄动物和繁殖期动物对维生素 B_{12} 的需要量相对较高。猪每千克饲料中维生素 B_{12} 的需要量为 $10\sim20$ μg；鸡每千克饲料中维生素 B_{12} 的需要量为 $20\sim30$ μg。

（五）烟酸（维生素 B_3、尼克酸）

1. 结构与性质

烟酸是一种水溶性维生素，其分子结构中含有一个吡啶环。烟酸在自然界中广泛存在，主要存在于酵母、动物肝脏、肉类等中。

2. 生理功能

烟酸是参与能量代谢的重要辅酶，能够促进糖类、脂肪和蛋白质的代谢，帮助动物将这些营养物质转化为能量。缺乏烟酸会导致能量代谢障碍，出现皮炎、腹泻、痴呆等症状。此外，烟酸对皮肤和黏膜的正常功能有重要作用，能够维持皮肤和黏膜的完整性。缺乏烟酸会导致皮肤干燥、脱屑、口腔溃疡等症状。

3. 缺乏症与过量症

动物缺乏烟酸时，会出现皮炎、腹泻、痴呆等症状。例如，猪缺乏烟酸时，会出现皮炎、腹泻、生长迟缓等症状；鸡缺乏烟酸时，会出现皮炎、腹泻、生长迟缓等症状。

烟酸在动物体内的毒性相对较低，一般不会引起中毒。但在极端情况下，过量摄入烟酸也可能会导致一些问题，如食欲不振、腹泻等。

4. 来源与需要量

动物体内的烟酸主要来源于饲料。酵母、动物肝脏、肉类等含有丰富的烟酸。在实际生产中，也可以通过添加人工合成的烟酸添加剂来满足动物的需求。

动物对烟酸的需要量因动物种类、年龄、性别、生理状态等因素而有所不同。幼龄动物和繁殖期动物对烟酸的需要量相对较高。猪每千克饲料中烟酸的需要量为 10~20 mg；鸡每千克饲料中烟酸的需要量为 20~30 mg。

(六) 泛酸 (维生素 B_5)

1. 结构与性质

泛酸是一种水溶性维生素，其分子结构中含有一个 β-醛基和一个 β-羟基。泛酸在自然界中广泛存在，主要存在于酵母、动物肝脏、肉类等中。

2. 生理功能

泛酸是参与能量代谢的重要辅酶，能够促进糖类、脂肪和蛋白质的代谢，帮助动物将这些营养物质转化为能量。缺乏泛酸会导致能量代谢障碍，出现生长迟缓、皮肤病变等症状。此外，泛酸对皮肤和黏膜的正常功能有重要作用，能够维持皮肤和黏膜的完整性。缺乏泛酸会导致皮肤干燥、脱屑、口腔溃疡等症状。

3. 缺乏症与过量症

动物缺乏泛酸时，会出现生长迟缓、食欲不振、皮肤病变、口腔溃疡等症状。例如，猪缺乏泛酸时，会出现生长缓慢、皮肤干燥、脱屑等症状；鸡缺乏泛酸时，会出现生长缓慢、脚趾弯曲、口腔溃疡等症状。

泛酸在动物体内的毒性相对较低，一般不会引起中毒。但在极端情况下，过量摄入泛酸也可能会导致一些问题，如食欲不振、腹泻等。

4. 来源与需要量

动物体内的泛酸主要来源于饲料。酵母、动物肝脏、肉类等含有丰富的泛酸。在实际生产中，也可以通过添加人工合成的泛酸添加剂来满足动物的需求。

动物对泛酸的需要量因动物种类、年龄、性别、生理状态等因素而有所不同。幼龄动物和繁殖期动物对泛酸的需要量相对较高。猪每千克饲料中泛酸的需要量为 10~20 mg；鸡每千克饲料中泛酸的需要量为 20~30 mg。

(七) 叶酸 (维生素 B_9)

1. 结构与性质

叶酸是一种水溶性维生素，其分子结构中含有一个蝶啶环和一个对氨基苯甲酸。叶酸在自然界中广泛存在，主要存在于绿叶蔬菜、酵母、动物肝脏中。

2. 生理功能

叶酸是参与核酸合成的重要辅酶，能够促进 DNA 和 RNA 的合成和修复。缺乏叶酸会导致核酸合成障碍，出现贫血、生长迟缓等症状。此外，叶酸对红细胞的生成有重要作用，能够促进红细胞的合成和发育。缺乏叶酸会导致红细胞生成障碍，出现贫血症状，表现为皮肤苍白、乏力等。

3. 缺乏症与过量症

动物缺乏叶酸时，会出现贫血、生长迟缓、食欲不振等症状。例如，猪缺乏叶酸时，会出现贫血、生长缓慢、食欲不振等症状；鸡缺乏叶酸时，会出现贫血、生长缓慢、产蛋率下降等症状。

叶酸在动物体内的毒性相对较低，一般不会引起中毒。但在极端情况下，过量摄入叶酸也可能会导致一些问题，如食欲不振、腹泻等。

4. 来源与需要量

动物体内的叶酸主要来源于饲料。绿叶蔬菜、酵母、动物肝脏等含有丰富的叶酸。在实际生产中，也可以通过添加人工合成的叶酸添加剂来满足动物的需求。

动物对叶酸的需要量因动物种类、年龄、性别、生理状态等因素而有所不同。幼龄动物和繁殖期动物对叶酸的需要量相对较高。猪每千克饲料中叶酸的需要量为 1.0~2.0 mg；鸡每千克饲料中叶酸的需要量为 2.0~3.0 mg。

（八）生物素（维生素 B_7、维生素 H）

1. 结构与性质

生物素是一种水溶性维生素，其分子结构中含有一个噻吩环和一个尿素基团。生物素在自然界中广泛存在，主要存在于酵母、动物肝脏、蛋黄中。

2. 生理功能

生物素是参与脂肪代谢的重要辅酶，能够促进脂肪的合成和分解。动物缺乏生物素会导致脂肪代谢障碍，出现皮肤病变、生长迟缓等症状。此外，生物素对皮肤和黏膜的正常功能有重要作用，能够维持皮肤和黏膜的完整性。缺乏生物素会导致皮肤干燥、脱屑、口腔溃疡等症状。

3. 缺乏症与过量症

动物缺乏生物素时，会出现皮肤病变、生长迟缓、食欲不振等症状。例如，猪缺乏生物素时，会出现皮肤干燥、脱屑、生长缓慢等症状；鸡缺乏生物素时，会出现皮肤病变、生长缓慢、产蛋率下降等症状。

生物素在动物体内的毒性相对较低，一般不会引起中毒。但在极端情况下，过量摄入生物素也可能会导致一些问题，如食欲不振、腹泻等。

4. 来源与需要量

动物体内的生物素主要来源于饲料。酵母、动物肝脏、蛋黄等含有丰富的生物素。在实际生产中，也可以通过添加人工合成的生物素添加剂来满足动物的需求。

动物对生物素的需要量因动物种类、年龄、性别、生理状态等因素而有所不同。幼龄动物和繁殖期动物对生物素的需要量相对较高。猪每千克饲料中生物素的需要量为

0.1~0.2 mg；鸡每千克饲料中生物素的需要量为 0.2~0.3 mg。在实际生产中，应根据动物的具体情况合理确定生物素的添加量，以保证动物的健康生长和繁殖。

二、维生素 C（抗坏血酸）

1. 结构与性质

维生素 C 是一种水溶性维生素，其分子结构中含有一个烯二醇基团。维生素 C 在自然界中广泛存在，主要存在于水果和蔬菜中，如柑橘类水果、草莓、菠菜等。

2. 生理功能

维生素 C 是一种强抗氧化剂，能够保护细胞免受自由基的损伤。自由基是一种具有高度活性的分子，能够攻击细胞膜中的脂质、蛋白质和核酸，导致细胞损伤和衰老。维生素 C 能够中和自由基，防止细胞的氧化损伤，从而保护细胞的完整性和功能。

维生素 C 是参与胶原蛋白合成的重要辅酶，能够促进胶原蛋白的合成和修复。胶原蛋白是皮肤、骨骼、肌腱等组织的主要成分，缺乏维生素 C 会导致胶原蛋白合成障碍，出现皮肤出血、关节疼痛、骨骼发育不良等症状。

维生素 C 对动物的免疫系统有重要的调节作用，能够增强免疫细胞的活性，促进抗体的生成，提高动物的免疫力。缺乏维生素 C 的动物容易感染疾病，且感染后病情较重，恢复较慢。

3. 缺乏症与过量症

动物缺乏维生素 C 时，会出现皮肤出血、关节疼痛、骨骼发育不良等症状。例如，猪缺乏维生素 C 时，会出现皮肤出血、关节疼痛、生长迟缓等症状；鸡缺乏维生素 C 时，会出现皮肤出血、生长迟缓、产蛋率下降等症状。

维生素 C 在动物体内的毒性相对较低，一般不会引起中毒。但在极端情况下，过量摄入维生素 C 也可能会导致一些问题，如食欲不振、腹泻等。

4. 来源与需要量

动物体内的维生素 C 主要来源于饲料。水果和蔬菜中，如柑橘类水果、草莓、菠菜等含有丰富的维生素 C。在实际生产中，也可以通过添加人工合成的维生素 C 添加剂来满足动物的需求。

动物对维生素 C 的需要量因动物种类、年龄、性别、生理状态等因素而有所不同。幼龄动物和繁殖期动物对维生素 C 的需要量相对较高。猪每千克饲料中维生素 C 的需要量为 50~100 mg；鸡每千克饲料中维生素 C 的需要量为 100~200 mg。

第三节 综合应用

一、提高生产性能

（一）促进生长发育

维生素在动物的生长发育过程中发挥着重要作用。例如，维生素 A、维生素 D 和维生素E等脂溶性维生素能够促进骨骼、肌肉和免疫系统的发育,从而提高动物的生长速度和生产性能。在实际生产中,合理添加这些维生素可以显著提高猪、鸡等动物的生长速度和饲料转化率。

(二) 提高繁殖性能

维生素对动物的繁殖性能也有重要影响。例如,维生素A和维生素E对精子和卵子的生成和发育有促进作用,能够提高受孕率和产仔数。在实际生产中,合理添加这些维生素可以显著提高母猪的繁殖性能和母鸡的产蛋率。

二、增强免疫力

(一) 提高抗病能力

维生素在动物的免疫系统中发挥着重要作用。例如,维生素A、维生素C和维生素E等具有抗氧化作用,能够增强免疫细胞的活性,促进抗体的生成,提高动物的抗病能力。在实际生产中,合理添加这些维生素可以显著降低动物的发病率和死亡率。

(二) 减轻应激反应

维生素在动物的应激反应中也发挥着重要作用。例如,维生素C和维生素E等具有抗氧化作用,能够减轻应激反应对动物的损伤,提高动物的抗应激能力。在实际生产中,合理添加这些维生素可以显著减轻动物在运输、环境变化等应激条件下的损伤。

三、改善产品质量

(一) 提高肉质

维生素在动物的肉质中发挥着重要作用。例如,维生素E能够提高肉的抗氧化能力,延长肉的保质期。在实际生产中,合理添加维生素E可以显著提高肉的品质和保质期。

(二) 提高蛋质

维生素在动物的蛋质中也发挥着重要作用。例如,维生素D能够促进钙的吸收和沉积,提高蛋壳的强度。在实际生产中,合理添加维生素D可以显著提高蛋壳的强度和蛋的品质。

(何晓芳 邓凯东)

第十一章 营养素之间的关系

第一节 三种有机营养物质的转化关系

一、氨基酸相互转化

所有氨基酸都具有一个氨基（-NH₂）、一个羧基（-COOH）和一个侧链（R 基团），它们连接在同一个 α-碳原子上。这种相似性使得氨基酸在许多化学反应中具有类似的反应活性，例如都能通过脱水缩合反应形成肽键，进而构建蛋白质等生物大分子。

一些氨基酸属于极性氨基酸，如丝氨酸（侧链为-CH₂-OH）、苏氨酸［侧链为-CH(OH)-CH₃］和天冬酰胺（侧链为-CH₂-CONH₂）等，它们的侧链含有可形成氢键的官能团。这些极性氨基酸在蛋白质中往往参与分子内或分子间的氢键形成，有助于维持蛋白质的二级结构（如 α-螺旋、β-折叠）和三维结构的稳定性。从电荷角度来看，酸性氨基酸（如天冬氨酸和谷氨酸）和碱性氨基酸（如赖氨酸和精氨酸）在生理 pH 条件下分别带有负电荷和正电荷，在蛋白质中可以形成离子键，对蛋白质的功能和结构稳定性起到关键作用。

氨基酸的侧链千差万别，导致它们的化学性质和在生物体内的功能存在差异。例如，甘氨酸的侧链是一个氢原子（-H），是最简单的侧链，这使得甘氨酸在蛋白质中具有很高的灵活性，可以出现在蛋白质的弯曲或者转角部位。而色氨酸的侧链非常庞大，含有一个吲哚环（-C₈H₆N），这种大侧链使得色氨酸在蛋白质中往往占据相对固定的空间位置，对蛋白质的三维结构稳定性有重要影响。苯丙氨酸的侧链是一个苯环（-C₆H₅-CH₂-），具有疏水性，在蛋白质中常位于疏水核心区域，有助于维持蛋白质的疏水折叠状态。

不同氨基酸侧链的官能团决定了它们的化学反应活性。例如，半胱氨酸的侧链含有巯基（-SH），参与氧化还原反应。两个半胱氨酸的巯基可以氧化形成二硫键（-S-S-），在蛋白质中起到稳定结构的作用，如在免疫球蛋白等蛋白质中，二硫键连接不同的肽段，维持蛋白质的构象。而赖氨酸的侧链是一个长的碳链，末端带有氨基，这个氨基可以参与形成酰胺键等反应，在蛋白质的交联和修饰过程中发挥作用，如在蛋白质的糖基化修饰中，赖氨酸的氨基可以与糖分子发生反应，形成糖蛋白。

转氨基作用是氨基酸之间相互转化的重要方式。在转氨基反应中，一个氨基酸的氨基转移到一个 α-酮酸上，生成一个新的氨基酸和一个 α-酮酸。例如，丙氨酸和谷氨酸之间可以发生转氨基反应。在这个反应中，丙氨酸的氨基转移到 α-酮戊二酸上，生成谷氨酸和丙酮酸。这个过程由转氨酶催化，转氨酶可以识别氨基酸的 α-氨基和 α-羧基，将氨基从一个氨基酸转移到一个 α-酮酸上。这种相互转化使得氨基酸在代谢过程中可以相互补充，维持氨基酸代谢的平衡。例如，当动物摄入的某种氨基酸不足时，可以通过转氨基作用从其他氨基酸转化而来，以满足机体的需求。

氨基酸通过脱氨基作用可以生成 α-酮酸和氨。α-酮酸可以进入三羧酸循环等代谢途径进行氧化分解，为机体提供能量。而氨则需要经过尿素循环等途径排出体外。不同氨基酸脱氨基的难易程度不同，这与它们的结构有关。例如，谷氨酸的脱氨基反应比较容易进行，因为 α-氨基和 α-羧基之间的距离较短，有利于脱氢酶等发挥作用。

许多氨基酸在代谢过程中会产生相同的中间产物。例如，丙氨酸、甘氨酸和丝氨酸等氨基酸在代谢过程中都可以产生乙酰辅酶 A。丙氨酸先通过转氨基作用生成丙酮酸，丙酮酸再脱羧生成乙酰辅酶 A；甘氨酸在代谢过程中可以先转化为丝氨酸，丝氨酸再通过一系列反应生成乙酰辅酶 A。这些共同的代谢中间产物使得不同氨基酸的代谢途径相互交叉，它们可以在不同的代谢阶段相互转化，共同参与机体的能量代谢和物质代谢。

某些氨基酸会参与到同一特定的代谢循环中。例如，鸟氨酸、瓜氨酸和精氨酸等氨基酸参与尿素循环。在尿素循环中，鸟氨酸与氨基甲酰磷酸结合生成瓜氨酸，瓜氨酸与天冬氨酸结合生成精氨酸代琥珀酸，精氨酸代琥珀酸裂解生成精氨酸和延胡索酸，最后精氨酸在精氨酸酶的催化下水解生成尿素和鸟氨酸，鸟氨酸又回到循环的起点。这个循环有效地将氨转化为尿素排出体外，防止氨在体内积累对机体造成毒害。在这个循环中，不同氨基酸相互配合，共同完成氨的解毒过程。

在蛋白质结构中的协同作用，不同氨基酸在蛋白质中相互配合，形成具有特定功能的结构域。例如，在酶的活性中心，一些氨基酸提供催化基团。以胰蛋白酶为例，其活性中心的丝氨酸的羟基，可使肽键断裂。同时，组氨酸和天冬氨酸等氨基酸通过形成氢键网络和静电相互作用，稳定丝氨酸的活性构象。天冬氨酸的羧基则可以与组氨酸形成氢键，稳定组氨酸的构象，协同完成催化反应。

在蛋白质的三维结构中，不同氨基酸通过各种相互作用维持其稳定性。疏水氨基酸（如苯丙氨酸、亮氨酸等）往往聚集在蛋白质的内部疏水核心区域，通过疏水相互作用减少与水的接触，使蛋白质折叠成更紧密的结构。极性氨基酸（如天冬氨酸、谷氨酸等）则分布在蛋白质的表面，与水分子形成氢键，使蛋白质在水溶液中保持溶解状态。同时，带电氨基酸（如赖氨酸、精氨酸等碱性氨基酸和天冬氨酸、谷氨酸等酸性氨基酸）之间可以形成离子键，进一步稳定蛋白质的三维结构。例如，在血红蛋白的结构中，α-链和 β-链上的氨基酸通过疏水相互作用、氢键和离子键等多种作用力相互配合，形成特定的四级结构，使血红蛋白能够有效地结合和释放氧气。

某些氨基酸是神经递质的前体物质，它们之间相互关联，共同参与神经调节。例如，谷氨酸是兴奋性神经递质，而 γ-氨基丁酸是抑制性神经递质。谷氨酸在谷氨酸脱羧酶的催化下脱羧生成 GABA。在这个过程中，谷氨酸和 GABA 相互转化，通过调节神经元的兴奋性和抑制性平衡来维持神经系统的正常功能。当神经元兴奋时，谷氨酸的释放增加，使神经元的突触后膜去极化，产生兴奋性突触后电位；而 GABA 的释放则使突触后膜超极化，产生抑制性突触后电位，二者相互配合，精细调控神经信号的传递。

一些氨基酸参与激素的合成，不同氨基酸在激素合成和功能发挥过程中相互作用。例如，酪氨酸是甲状腺激素的前体物质。甲状腺激素（如三碘甲状腺原氨酸和甲状腺素）的合成过程中，酪氨酸先被碘化，然后经过偶联反应生成甲状腺激素。同时，酪氨酸也是儿茶酚胺类激素（如肾上腺素和去甲肾上腺素）的前体物质。在应激状态下，肾上腺髓质分泌肾上腺素和去甲肾上腺素增加，这些激素可以调节机体的代谢、心血管活动等生理功能。酪氨酸通过不同的代谢途径转化为多种激素，这些激素在机体内相互配合，共同应对各种营养变化、压力、感染、温度波动等多种内外环境挑战，维持生命活动的动态平衡。

二、碳水化合物转化为脂类

脂肪的合成过程主要发生在动物摄入的碳水化合物超过能量需求时。摄入的碳水化合物在消化道内被分解为单糖，主要是葡萄糖，然后被吸收进入血液。在细胞内，葡萄糖首先会进行糖酵解，生成丙酮酸。在有氧条件下，丙酮酸进入线粒体，进一步氧化分解为乙酰辅酶 A，进入三羧酸循环，产生能量。

当能量过剩时，多余的葡萄糖会继续代谢生成乙酰辅酶 A，但此时乙酰辅酶 A 不会全部进入三羧酸循环，而是会用于脂肪合成。两个乙酰辅酶 A 可以缩合生成乙酰辅酶 A，再与另一个乙酰辅酶 A 结合生成 3-羟基-3-甲基戊二酰辅酶 A（HMG-CoA），然后 HMG-CoA 裂解生成甲羟戊酸，进一步代谢生成脂肪酸。同时，葡萄糖代谢还可以产生甘油，脂肪酸与甘油结合形成甘油三酯，储存于脂肪细胞中。

碳水化合物的摄入量是影响其转化为脂肪的关键因素。如果摄入的碳水化合物总量过高，超过了身体的能量消耗，就容易转化为脂肪储存。

碳水化合物转化为脂肪的效率并不像传统观点所认为的那么高。只有在摄入大量碳水化合物且同时摄入过量脂肪的情况下，碳水化合物才更容易转化为脂肪。而且，碳水化合物的类型也很重要，摄入过多的精制碳水化合物和添加糖，如白面包、糖果、甜饮料等，会增加碳水化合物转化为脂肪的风险，而摄入富含膳食纤维的复杂碳水化合物，如全谷物、蔬菜、水果等，则有助于控制血糖水平，减少脂肪的合成。

三、脂类转化为碳水化合物

脂肪在体内主要以甘油三酯的形式储存于脂肪细胞中。当机体需要能量时，甘油三酯会在脂肪酶的作用下分解为甘油和脂肪酸。甘油和脂肪酸进入血液，被运输到身体各部位，尤其是肝脏，进行进一步的代谢。

甘油在肝脏中可以被转化为磷酸二羟丙酮，磷酸二羟丙酮是糖异生途径中的一个重要中间产物。糖异生是指非糖物质（如某些氨基酸、乳酸、甘油等）转化为葡萄糖的过程。在糖异生途径中，磷酸二羟丙酮可以经过一系列酶促反应，最终转化为葡萄糖，为身体提供能量。

脂肪酸的代谢主要通过β-氧化过程。在β-氧化过程中，脂肪酸被分解为乙酰辅酶A。乙酰辅酶A是三羧酸循环的重要中间产物，它进入三羧酸循环，经过一系列反应，最终被氧化为CO_2和水，同时产生能量。在正常情况下，乙酰辅酶A不会直接转化为碳水化合物，但在某些特殊情况下，如长时间饥饿或生酮饮食时，乙酰辅酶A可以转化为酮体，酮体可以在肝脏外的组织中转化为乙酰辅酶A，进而参与三羧酸循环或糖异生过程。

在正常生理状态下，脂肪转化为碳水化合物的量较少。但在一些特殊生理状态下，如长时间饥饿、运动等，脂肪转化为碳水化合物的量会增加。例如，在长时间饥饿时，机体会分解脂肪以提供能量，此时甘油的生成量增加，甘油可以转化为葡萄糖，维持血糖水平的稳定。

脂肪转化为碳水化合物的效率相对较低。这是因为脂肪和碳水化合物在体内的代谢途径和功能不同，脂肪主要作为能量储存物质，而碳水化合物主要作为能量供应物质。在正常生理状态下，机体主要通过碳水化合物和脂肪的协同代谢来提供能量，脂肪转化为碳水化合物的量较少。

脂肪转化为碳水化合物在生理上具有重要意义。在长时间饥饿或运动等特殊生理状态下，脂肪转化为碳水化合物可以维持血糖水平的稳定，为大脑等重要器官提供能量。此外，脂肪转化为碳水化合物还可以调节身体的能量代谢，维持能量平衡。

四、碳水化合物转化为蛋白质

碳水化合物不能直接转化为蛋白质，但可以间接影响蛋白质的合成和代谢。碳水化合物是动物的主要能量来源。当摄入碳水化合物后，它会被分解为葡萄糖，为各种生理活动提供能量。

在正常情况下，机体优先利用葡萄糖来满足能量需求。如果机体有足够的葡萄糖供应，就不会轻易动用蛋白质来提供能量。当碳水化合物摄入充足时，蛋白质就可以发挥其重要的生理功能，如构成机体组织、维持正常的生理功能等。

蛋白质在特定条件下可以转化为碳水化合物，主要通过糖异生途径实现。在蛋白质转化为碳水化合物的过程中，主要是部分氨基酸通过糖异生途径生成葡萄糖。

并非所有氨基酸都能转化为碳水化合物。在20种氨基酸中，有12种氨基酸被称为生糖氨基酸，它们可以完全转化为葡萄糖。例如，丙氨酸、甘氨酸等。还有5种氨基酸是生糖兼生酮氨基酸，如异亮氨酸、苯丙氨酸等，在代谢过程中既可以生成葡萄糖，也可以生成酮体。

以丙氨酸为例，它首先在肝脏或肾脏等组织的细胞中通过转氨作用，将氨基转移给α-酮戊二酸，生成丙酮酸和谷氨酸。然后丙酮酸进入糖异生途径。在糖异生过程中，丙酮酸羧化支路是一个关键步骤，丙酮酸在丙酮酸羧化酶的作用下转化为草酰乙酸。接着，草酰乙酸经过一系列反应，包括与磷酸烯醇式丙酮酸的转化等过程，最终生成葡萄糖。这个过程需要消耗能量，且受到多种激素（如胰高血糖素等）的调节。

糖异生受到严格调节，以防止葡萄糖的过度产生并与其他代谢过程协调。胰高血糖素、皮质醇和肾上腺素等激素会刺激糖异生，尤其是在禁食或应激期间。相反，当葡萄糖水平高时,胰岛素会抑制糖异生,从而促进葡萄糖的储存。

五、蛋白质转化为碳水化合物

在长时间饥饿或碳水化合物摄入不足的情况下,蛋白质的转化对于维持血糖水平至关重要。肌肉中的蛋白质分解产生的氨基酸,尤其是丙氨酸,被运输到肝脏,通过糖异生生成葡萄糖,释放到血液中,以保障大脑等对葡萄糖依赖性高的器官的能量供应。大脑几乎只能利用葡萄糖来提供能量,在正常情况下,大脑每天需要消耗大约120 g葡萄糖。当碳水化合物供应不足时,蛋白质转化而来的葡萄糖就成了大脑能量的重要补充来源。

在一些特殊情况下,如妊娠期、疾病恢复期等,机体对能量和营养物质的需求增加。蛋白质的转化可以为身体提供额外的碳水化合物来源。

不过,蛋白质转化为碳水化合物是一种应急或补充机制,机体更倾向于利用直接摄入的碳水化合物来满足能量需求,因为碳水化合物的代谢过程相对来说更简单、更高效。而且蛋白质的主要功能是构成机体组织和发挥生理活性,大量蛋白质被用于转化碳水化合物并不是一种理想的代谢状态,长期如此可能会导致机体蛋白质储备不足,影响机体的正常生理功能。

六、蛋白质和脂肪的相互转化

在正常情况下,脂肪和蛋白质都可以为动物提供能量。每克脂肪在体内氧化分解可产生约37.6 kJ(9 kcal)的能量,而每克蛋白质可产生约16.7 kJ(4 kcal)的能量。当动物摄入的能量超过消耗时,多余的脂肪和蛋白质会被储存起来;当能量摄入不足时,储存的脂肪会被分解供能,同时部分蛋白质也会被分解转化为葡萄糖供能。

在长时间的饥饿状态下,机体会先消耗糖原储备,当糖原耗尽后,脂肪会大量分解为脂肪酸和甘油。脂肪酸进入线粒体进行β-氧化,生成乙酰辅酶A,并进入三羧酸循环产生能量。部分蛋白质也会被分解,其分解产生的氨基酸通过糖异生途径转化为葡萄糖,以维持血糖水平,为大脑等重要器官提供能量。

脂肪分解产生的甘油可以转化为糖,进而参与碳水化合物代谢。甘油在肝脏中通过一系列反应转化为磷酸二羟丙酮,再进一步转化为葡萄糖。

蛋白质在特定条件下可以转化为脂肪,当摄入的蛋白质超过机体的需求时,多余的蛋白质会被分解,就可能导致蛋白质转化为脂肪储存起来。在长期饥饿或营养不良的情况下,机体为了维持生命活动,会启动一系列适应性代谢机制,蛋白质可能会被分解并转化为脂肪,以提供能量。

首先,蛋白质在体内被分解为氨基酸,这一过程主要发生在消化道中。氨基酸进一步代谢,通过脱氨基作用,转化为糖和脂肪代谢的中间产物。这些中间产物可以进一步被合成脂肪,储存于脂肪细胞中。部分氨基酸可以转化为葡萄糖,葡萄糖在体内可以进一步被转化为脂肪。具体来说,葡萄糖经过一系列代谢途径,最终转化为丙酮酸,丙酮酸进入线粒体,通过一系列的反应被转化为乙酰辅酶A,乙酰辅酶A是脂肪合成的关键物质,它是合成脂肪酸的起点。

当摄入的蛋白质过多时,机体会将多余的蛋白质转化为脂肪储存起来,以备不时之需。这有助于维持机体的能量平衡。在特定的生理或病理状态下,蛋白质的转化有助于维持机体的代谢平衡。

蛋白质转化为脂肪的过程相对复杂,并且不是主要的能量代谢途径。在正常的饮食和生活条件下,机体主要通过摄入适量的碳水化合物和脂肪来满足能量需求,而不是将大量的蛋白质转化为脂肪。

第二节 其他有机营养物质的相互关系

一、碳水化合物和维生素

碳水化合物的代谢需要维生素 B_1 的参与,维生素 B_1 能将食物中的碳水化合物转化为能量。碳水化合物的代谢过程中,维生素 B_2 在氧化还原反应中起辅助作用,能促进能量的释放。维生素 B_3 能促进脂肪酸、胆固醇和葡萄糖的代谢,有助于能量的释放。

二、蛋白质和维生素

蛋白质不足会影响维生素 A 的载体蛋白,从而降低其利用率。维生素 D 的需要量与实际摄入的蛋白质量有必然关系。维生素 B_{12} 通过与其他物质的合成影响蛋白质的使用情况。

维生素 B_6 在蛋白质的代谢过程中起调控作用,参与氨基酸的脱羧、色氨酸的合成、含硫氨基酸的代谢等生理过程。维生素 B_{12} 在调节叶酸、泛醌和甲硫氨酸的代谢中发挥重要作用,这些物质是微生物细胞产生能量、合成蛋白质和修复 DNA 所必需的。维生素 D 有助于钙的吸收和利用,而钙是构成骨骼的重要成分,蛋白质也是骨骼的重要组成部分。

维生素 D 结合蛋白(DBP)是维生素 D 的主要转运体,特别是 DBP,在维持机体维生素 D 的总水平和调节游离维生素 D 水平上起到重要作用。DBP 可以结合脂肪酸和肌动蛋白单体,防止其在循环系统中聚合有害作用。

蛋白质和维生素 D 的需求量有必然关系。适量的蛋白质摄入可以提供骨骼所需的氨基酸,并促进骨骼的新陈代谢,同时也有助于维生素 D 的吸收和利用。维生素 D 通过促进钙的吸收和利用,有助于维持骨骼的强度和密度。蛋白质是骨骼基质的重要成分,对骨骼的生长、修复和维持具有重要作用。蛋白质缺乏会导致骨骼基质合成不足,影响新骨的形成。维生素 D 通过影响蛋白质稳态来影响肌肉健康和长寿。此外,维生素 D 还影响细胞信号,参与肌肉生成,并在代谢应激期间激活重要的蛋白激酶。

第三节 矿物质与维生素的关系

一、钙与其他营养物质

钙是膜通透性所必需的,参与肌肉收缩、神经冲动的正常传递和神经肌肉兴奋性。神经冲动和神经肌肉兴奋性。细胞外血钙降低会增加神经组织的刺激性,极低的血钙水平可能会导致神经冲动自发放电,从而导致抽搐和惊厥。

钙的协同营养素包括维生素 D 和钾,拮抗营养素包括铁和镁、锰、磷、钠和锌。大量摄入钾会减少钙的尿排泄量。大量摄入钠、咖啡因或蛋白质会增加钙的尿排泄。

某些类型的膳食纤维(如小麦和燕麦麸皮中的纤维)可能会通过缩短转运时间来干扰钙的吸收,从而限制了钙在消化过程中的吸收时间。

二、铜与其他营养素

铜会与铁、锌、钼、硫、硒和维生素 C 等多种其他营养素发生反应。铜是血液系统和神经系统所必需的微量营养素。铜的协同营养素有钙、铁、钠、硒和锌,拮抗营养素有铁、钾和锌。

铜有助于铁在血红蛋白中的结合,协助胃肠道对铁的吸收,并将铁从组织中转移到血浆中。

三、铁与其他营养素

铁是制造血红蛋白(Hb)所必需的,也是微生物增殖所需的一种促氧化剂。磷酸钙会减少铁的吸收。维生素 C 缺乏会导致铁积聚成血色素。缺乏维生素 A 会抑制铁的利用,加速贫血症的发展。铁的协同营养素包括铬、钾、钠、磷和硒,拮抗营养素包括钙、锰、锌和磷。

铁和锌之间的相互作用较少。铁积累与一些神经系统疾病有关,如阿尔茨海默病、帕金森病、1 型神经变性伴脑铁积累及其他疾病。大脑对饮食中铁的含量相当敏感,会利用一系列机制来调节铁的同调通量。

四、钾与其他营养素

缺钾会影响肾脏肾小管的功能,导致无法浓缩尿液,还会引起胃液分泌和肠道蠕动的改变。钾几乎能与所有必需的宏量营养素相互作用。协同营养素包括维生素 B_6、钙、铁、镁、钠、锌和锰。

五、锌与其他营养素

在植酸存在的情况下,动物需要从膳食中摄入更多的锌,以防止副角化病,并正常生长。具有协同作用的营养素有维生素 A、维生素 B_6、维生素 D、维生素 E、铬、镁、锰、磷等。虽然锌对铜和钙有潜在的不利影响，但它对其他营养素也有支持作用。

六、碘与其他营养素

碘是甲状腺激素、甲状腺素、一碘甲状腺原氨酸、二碘甲状腺原氨酸和三碘甲状腺原氨酸的基本成分，并以甲状腺球蛋白的形式储存在甲状腺中。将甲状腺素（T_4）转化为三碘甲状腺原氨酸（T_3）需要从 T_4 中去除一个碘分子，这一反应需要硒的参与。被移除的碘分子会回到动物的碘库中，并可重新用于制造更多的甲状腺激素。如果动物缺硒，T_4 向 T_3 的转化速度就会减慢，可用于制造甲状腺激素的碘就会减少。砷会干扰甲状腺对碘的吸收，从而导致甲状腺肿。此外，饮食中缺乏维生素 A、维生素 E、锌和铁也会加重甲状腺肿大的症状。

七、镁与其他营养素

镁可与钙竞争，阻止钙触发某些事件，如神经信息传递或肌肉收缩。由于钙和镁之间的复杂关系，健康饮食几乎总是需要包含富含这两种矿物质的食物。镁的协同营养素包括维生素 A、维生素 C、维生素 D、维生素 K、铁、钙和锌。拮抗营养素包括维生素 B_{12}、维生素 D、钙、铜、铁、钠、磷和锰。较低的血清镁与较高的血清钙和磷常伴随出现，高血清钙和磷是心力衰竭的风险因素。镁还是磷酸转移酶激酶、二核苷酸激酶和肌酸激酶的重要激活剂。镁还能激活丙酮酸羧化酶、丙酮酸氧化酶和柠檬酸循环反应中的缩合酶，它还是骨骼、牙齿、酶辅因子（激酶等）的成分。

八、维生素与矿物质

维生素与矿物质的代谢功能密切相关。维生素缺乏会影响矿物质的利用或吸收。维生素 C 和/或维生素 B_6 以及维生素 A 通常是纠正缺铁性贫血所必需的。肝脏中储存的维生素 A 需要锌来动员。

维生素与矿物质之间的拮抗关系较少被提及。维生素摄入过多会导致矿物质缺乏或增加矿物质的滞留，从而引起矿物质紊乱。大量摄入维生素 C 会减少铜的吸收或干扰铜的新陈代谢，从而导致铜缺乏症。

维生素 C 与铜具有拮抗作用，而铁的代谢利用需要足量的铜，因此过量摄入维生素 C 会导致铁中毒。缺乏铜会导致无法利用铁；因此，如果没有充足的铜供应，铁就会积聚在贮存组织中。铜和维生素 C 在许多新陈代谢功能中都具有协同作用，摄入过量的铜会导致维生素 C 缺乏症。在铜含量较低的情况下摄入过量的维生素 C 会导致骨质疏松症，并导致免疫反应下降。过量摄入维生素 D 会促进钙的吸收和/或保留，从而导致镁和钾的缺乏。

（边高瑞　殷雨洋）

第十二章　动物营养学的研究方法

第一节　化学成分

一、直接干燥法

直接干燥法是测定饲料干物质（水分）含量的常用方法，其测定原理主要基于通过加热等方式去除饲料中的水分，从而得到干物质的质量。

具体操作如下：洁净称量瓶，在（105±2）℃烘箱中烘 1 h，取出，于干燥器中冷却 30 min，称准至 0.0002 g。再烘干 30 min，同样冷却并称重，直至两次称量之差小于 0.0005 g 为恒重。

用已恒重的称量瓶称取两份平行试样，每份 2~5 g（含水量 0.1 g 以上，样品厚度 4 mm 以下）。准确至 0.0002 g，盖半开，在（105±2）℃烘箱中烘 4~6 h（以温度达到 105℃开始计时），取出，盖好称量瓶盖，在干燥器中冷却 30 min，称重。再同样烘干 1 h，冷却，称重，直至两次称量之差小于 0.002 g。

干物质含量（%）=（烘干后样品重量÷烘干前样品重量）×100%。

在操作过程中，需注意烘箱温度的准确性，避免温度过高导致样品中其他成分挥发，影响测定结果；同时，称量过程要精确，使用万分之一天平进行称量，以减小误差。此外，为确保样品均匀受热，可将样品平铺在称量瓶底部。

除直接干燥法外，还有减压干燥法等。减压干燥法适用于对热不稳定的饲料样品，其原理是样品在规定的减压条件下干燥后所减少水分的重量，根据所减少的重量和取样量计算样品的含水量。操作时，将样品放入减压干燥箱中，设定合适的压力和温度，一般压力控制在 2.67 kPa 以下，温度设定在 40~60℃，干燥时间根据样品情况而定。减压干燥法能有效避免高温对样品成分的破坏，但设备成本较高，操作相对复杂。

二、凯氏定氮法

凯氏定氮法是测定饲料粗蛋白质含量的经典方法，其原理基于蛋白质中的含氮量较为恒定，通过测定氮含量来推算蛋白质含量。具体操作步骤如下。

1. 消化

准确称取试样 0.2~1 g（含氮量 5~80 mg）准确至 0.0002 g，无损失地放入凯氏烧瓶中，加入 6.4 g 混合催化剂，与试样混合均匀，再加 12 mL 硫酸和两粒玻璃珠，将凯氏烧瓶置于消煮炉或电炉上加热，开始小火，待样品焦化，泡沫消失后，再增大火力（360~410℃），直至溶液呈透明的蓝绿色，然后再继续加热，至少 2 h。

2. 蒸馏

将上述消化液冷却，加入 20 mL 蒸馏水，转入 100 mL 容量瓶中，洗净，冷却后用水稀释至刻度，摇匀，作为试样分解液。将半微量蒸馏装置的冷凝管末端浸入装有 20 mL、2%硼酸吸收液和 2 滴混合指示剂的锥形瓶内。用移液管准确移取 10 mL 试样分解液，注入蒸馏装置的反应室中，用少量蒸馏水冲洗进样入口，塞好入口玻璃塞，再加 10 mL、40%氢氧化钠溶液，小心提起玻璃塞使之流入反应室，将玻璃塞塞好，并在入口处加水密封，防止漏气。加热蒸馏 4 min，降下锥形瓶，使冷凝管末端离开吸收液面，再蒸馏 1 min，用蒸馏水冲洗冷凝管末端，洗液均流入锥形瓶内，然后停止蒸馏。

3. 滴定

蒸馏后的吸收液立即用 0.1 mol/L 或 0.02 mol/L 盐酸标准液滴定，溶液由蓝绿色变为灰红色为终点。

4. 空白测定

在测定饲料样品中含氮量的同时，应做一空白对照测定，即各种试剂的用量及操作步骤完全相同，但不加样品，这样可以校正因试剂不纯所发生的误差。消耗 0.1 mol/L 盐酸标准溶液的体积应不超过 0.2 mL。消耗 0.02 mol/L 盐酸标准溶液的体积应不超过 0.3 mL。

在实际操作中，要确保消化完全，避免氮元素损失；蒸馏过程中要保证装置密封良好，防止氨气泄漏；滴定操作要准确，使用合适的指示剂（如甲基红-溴甲酚绿混合指示剂），并注意终点颜色的判断。

三、索氏提取法

索氏提取法是常用于测定粗脂肪含量的方法，其测定原理是利用乙醚对脂肪的良好溶解性，将饲料中的脂肪提取出来。

具体步骤如下：操作时，先将饲料样品粉碎，使其能够充分与乙醚接触。然后取一定量粉碎后的样品放入滤纸中，包裹严实，确保样品不会漏出，将滤纸放置于索氏提取器中。在提取瓶中加入适量的乙醚，连接好装置后，进行加热回流提取。提取时间一般为 6~12 h，在提取过程中，乙醚不断蒸发、冷凝，循环流经样品，将脂肪逐渐溶解并带回提取瓶中。提取结束后，将提取瓶中的乙醚蒸干，然后将剩余的物质在 105℃烘箱中烘干至恒重，所得重量即为乙醚浸出物的重量，从而计算出粗脂肪含量。

粗脂肪含量（%）=（乙醚浸出物重量÷样品重量）×100%。

使用索氏提取法时，要注意乙醚的安全性，乙醚易燃易爆，操作应在通风良好的环境中进行，避免明火；同时，要确保滤纸筒的密封性，防止样品泄漏；提取时间要足够，以保证脂肪充分被提取。

四、灼烧法

马弗炉灼烧法是用于测定饲料中粗灰分含量的重要方法,其原理是将饲料经高温灼烧后去除样品中的有机物,留下矿物质灰分,其测定可以反映饲料中矿物质的含量。

具体步骤为:将一定量的饲料样品放入已恒重的坩埚中,先在电炉上小火加热,使样品初步碳化,避免直接在高温下样品剧烈燃烧导致损失。然后将坩埚放入马弗炉中,在 550~600℃的高温下灼烧 2~4 h,直至样品完全灰化,得到白色或灰白色的残渣。待马弗炉冷却后,取出坩埚,放入干燥器中冷却至室温,然后称重。重复灼烧、冷却、称重的操作,直至恒重。

粗灰分含量(%)=(粗灰分重量÷样品重量)×100%。

在操作过程中,要注意马弗炉温度的控制,温度过高可能导致部分矿物质挥发损失,温度过低则可能使样品灰化不完全;坩埚在使用前要进行恒重处理,以确保测定结果的准确性;灼烧后的坩埚要在干燥器中冷却,避免吸收空气中的水分影响称重结果。

五、范氏洗涤纤维分析法

用一定量和一定浓度的氢氧化钠和硫酸,在特定条件下消煮样品,再用乙醚、乙醇除去可溶物,经高温灼烧扣除矿物质的量,余量称为粗纤维。但该方法存在一定局限性,它不能准确反映饲料中真正的纤维含量,其中以纤维素为主,还有少量半纤维素和木质素。

范氏洗涤纤维分析包括 NDF 和 ADF 的测定。NDF 测定的是饲料中细胞内容物和细胞壁成分,其测定原理是利用中性洗涤剂(如十二烷基硫酸钠)在特定条件下处理饲料样品,溶解细胞内容物,剩余的残渣即为 NDF,主要包括纤维素、半纤维素、木质素和少量蛋白质等。测定时,将饲料样品放入中性洗涤剂溶液中,在特定温度(如 100℃)下煮沸 1 h,然后过滤、洗涤、干燥、称重,计算 NDF 含量。ADF 则主要测定饲料中的纤维素和木质素含量,使用酸性洗涤剂(如酸性十二烷基硫酸钠)处理样品,在一定条件下溶解半纤维素等物质,剩余的残渣即为 ADF。测定步骤与 NDF 类似,先将样品与酸性洗涤剂混合,在特定条件下处理,然后过滤、洗涤、干燥、称重,计算 ADF 含量。通过 NDF 和 ADF 的测定,可以更准确地评估饲料纤维的品质和营养价值。例如,NDF 含量可以反映饲料的整体纤维含量,而 ADF 含量则可以反映饲料中难以消化的纤维成分含量。在实际应用中,NDF 和 ADF 常用于评估反刍动物饲料的质量,为合理配制饲料提供重要依据。

六、计算法

无氮浸出物并非直接测定得到的成分,而是通过计算得出,即在 100%中减去水分、粗蛋白质、乙醚浸出物、粗纤维和粗灰分等的质量分数,所得之差即为无氮浸出物的质量分数。

无氮浸出物(%)= 100%-[水分含量(%)+粗蛋白质含量(%)+乙醚浸出物含量(%)+粗纤维含量(%)+粗灰分含量(%)]。

七、原子吸收光谱法

原子吸收光谱法是测定饲料中矿物质元素含量的常用方法之一，可用于测定钙、镁、锌等多种元素。

1. 基本原理

原子吸收光谱法的基础是处于基态的原子能够吸收特定波长的光，从而从基态跃迁到激发态。由光源发射出具有待测元素特征谱线的光，当光通过含有该元素基态原子的蒸气时，部分光会被吸收，导致光强度减弱。根据朗伯-比尔定律，吸光度与样品中该元素的浓度成正比。通过测量吸光度，并与已知浓度的标准溶液的吸光度进行对比，就能够准确计算出样品中待测元素的含量。

2. 步骤

在使用原子吸收光谱法进行分析之前，需要对样品进行适当的处理，使其中的待测元素转化为适合原子化的状态。对于饲料样品，通常采用酸消解的方法，如使用硝酸、盐酸、高氯酸等强酸，在加热的条件下将样品中的有机物分解，使待测元素以离子形式存在于溶液中。需要特别注意避免引入杂质，防止待测元素的损失，以保证分析结果的准确性。在进行分析时，首先要配制一系列不同浓度的标准溶液。这些标准溶液的浓度应覆盖预计样品中待测元素的浓度范围，并且浓度间隔要合理，以便绘制准确的标准曲线。将标准溶液依次导入原子吸收光谱仪中，测量其吸光度。以标准溶液的浓度为横坐标，吸光度为纵坐标，绘制标准曲线。然后，将处理好的样品溶液导入原子吸收光谱仪，测量其吸光度。根据样品溶液的吸光度，在标准曲线上查找对应的浓度，从而确定样品中待测元素的含量。在测量过程中，要注意控制仪器的工作条件，如灯电流、燃气流量、燃烧器高度等，以确保测量结果的准确性和重复性。

在原子吸收光谱分析中，可能会遇到多种干扰因素，从而影响分析结果的准确性。光谱干扰是常见的干扰之一，它是由于样品中其他元素的谱线与待测元素的特征谱线相互重叠，导致无法准确测量待测元素的吸光度。

第二节　消化试验

饲料的化学成分分析只能说明饲料中各种养分的含量，而不能表明它们能被动物消化利用的程度。动物采食的饲料经消化后，一部分营养物质（一般占食入总量的20%～30%）不能被吸收，随消化道分泌物和脱落的肠壁细胞以粪便的形式排出体外。因此，准确测定饲料或饲粮中可消化（可利用）养分的含量或消化率具有重要意义，也是评定饲料营养价值的重要方法。

消化试验是将饲料饲喂动物，准确测定动物的采食量和收集粪便，通过摄入和排出的差异来反映动物对饲料养分的消化能力或饲料养分的可消化性。消化试验的方法可用图 12-1 剖析说明。

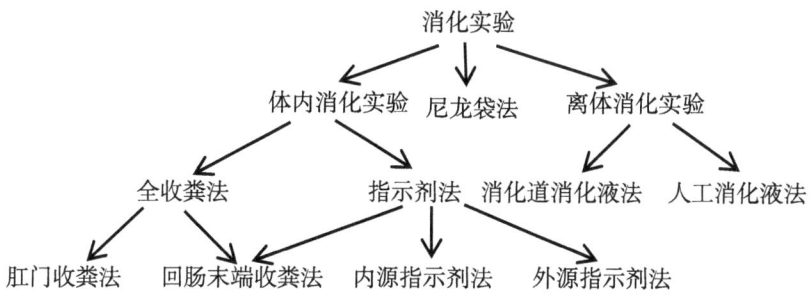

图 12-1 消化试验方法剖析

一、动物的消化力

不同动物消化力的大小存在明显差异,而不同饲料的可消化程度也各不相同。消化率是衡量动物消化力和饲料可消化性这两个方面的统一指标,它受动物种类、饲料及饲养管理等诸多因素的影响。

(一) 消化力与消化性

饲料被动物消化的性质或程度称为饲料的可消化性;动物消化饲料中营养物质的能力称为动物的消化力。饲料的可消化性和动物的消化力是营养物质消化过程不可分割的两个方面。消化率是衡量饲料的可消化性和动物的消化力这两个方面的统一指标,它是饲料中可消化养分占食入饲料养分的百分率。

(二) 影响因素

动物的消化力受动物种类、品种、生长阶段、生理状况等动物因素,饲料种类、化学成分等饲料因素,以及饲养水平等饲养管理技术因素等诸多因素的影响。

1. 动物因素

不同种类动物的消化道的结构、功能、长度和容积不同,因而消化力也不一样。一般来说,不同种类动物对粗饲料的消化率差异较大(表 12-1)。牛对粗饲料的消化率最高,羊次之,猪较低,家禽几乎不能消化粗饲料中的粗纤维。而对精饲料、块根块茎类饲料的消化率,动物种类间差异较小。

表 12-1 不同动物消化率的差别 (%)

动物	有机物质	粗蛋白质	粗脂肪	粗纤维	无氮浸出物
青苜蓿					
牛	65	78	46	44	74
绵羊	63	75	35	44	72
马	60	79	23	35	73
猪	66	71	0	43	76
玉米籽实					
牛	87	75	87	19	91
绵羊	94	78	87	30	99
马	94	87	81	65	97
猪	88	56	46	21	69

引自:许振英(1979)。

动物从幼年到成年，消化器官和机能的发育完善程度不同，则消化力强弱不同，对饲料养分的消化率也不一样。随着动物年龄的增加，动物对蛋白质、脂肪、粗纤维等的消化率也呈上升的趋势，尤以粗纤维最为明显，而无氮浸出物和有机物质的消化率变化不大。老年动物因消化机能衰退，消化率逐渐降低（表12-2）。

表12-2　不同年龄猪对各种养分的消化率　　　　　　　　　　　（%）

月龄	有机物质	粗蛋白质	粗脂肪	粗纤维	无氮浸出物
2.5	80.2	68.2	63.6	11.0	89.4
4.0	82.1	72.0	45.4	39.4	90.5
6.0	80.9	73.6	65.0	36.9	88.1
8.0	82.8	76.5	67.9	36.4	89.8
10.0	83.4	77.6	72.6	35.1	90.2
12.0	84.5	81.2	74.5	46.2	90.1

引自：许振英（1979）。

同年龄、同品种的不同个体之间，因生长环境、体况等的不同，对同种饲料养分的消化率仍有差异。一般对混合料差异可达6%，谷实类差异可达4%，粗饲料差异可达12%~14%。

2. 饲料

不同种类和来源的饲料因营养物质含量及质量有较大的差异，动物对其消化能力也明显不同。一般动物对幼嫩青绿饲料的消化力强于干粗饲料；动物对作物籽实的消化力较强，而对茎秆的消化力较弱。

饲料的化学成分中粗蛋白质和粗纤维对消化力影响最大。饲料中粗蛋白质含量越高，动物的消化力越强；粗纤维越多，则消化力越弱。

饲料或饲粮中粗蛋白质含量高，碳水化合物含量则相对较低，有利于动物消化液的分泌和养分的充分消化。就反刍动物而言，随着饲粮蛋白质水平的升高，其消化力增强（表12-3）；猪和家禽的饲粮蛋白质水平对其消化力的影响虽没有反刍动物明显，但也存在同样的趋势。

表12-3　粗蛋白质水平对各种养分消化率的影响　　　　　　　　　　（%）

饲料蛋白质水平	消化率				
	有机物质	粗蛋白质	粗脂肪	粗纤维	无氮浸出物
8.8	60.7	54.5	52.5	59.6	62.8
12.5	65.4	64.0	56.0	61.4	68.9
17.2	66.3	72.7	61.3	56.5	70.9
21.9	69.6	79.0	55.4	55.1	74.2

(续表)

饲料蛋白质水平	消化率				
	有机物质	粗蛋白质	粗脂肪	粗纤维	无氮浸出物
26.7	69.7	82.7	54.5	61.7	67.2
32.2	77.5	84.6	71.8	72.1	73.9

引自：许振英（1979）。

饲料中纤维水平对消化力影响最大。试验证明，随着饲料中粗纤维含量的增加，动物对有机物质的消化力下降。由于单胃动物消化道内缺乏分解粗纤维的酶，加上微生物的消化能力较弱，故与反刍动物相比，下降更加明显（表12-4）。

表12-4 粗纤维对饲粮有机物质消化率的影响 （%）

粗纤维占饲粮干物质比例	牛	猪	马
10.1~15.0	76.3	68.9	81.2
15.1~20.0	73.3	65.8	74.9
20.1~25.0	72.4	56.0	68.6
25.1~30.0	66.1	44.5	62.3
30.1~35.0	61.0	37.3	56.0

引自：陆治年和黄昌澍（1982）。

饲料中的抗营养物质是指饲料本身含有，或从外界进入饲料中的阻碍养分消化的微量成分。影响蛋白质消化和利用的抗营养物质或营养抑制因子有：胰蛋白酶和胰凝乳蛋白酶抑制因子、植物凝集素、酚类化合物、皂素（皂苷）、单宁、胃肠胀气因子等；影响碳水化合物消化和利用的抗营养物质或营养抑制因子有淀粉酶抑制剂、酚类化合物、胃肠胀气因子等；影响矿物质消化利用的抗营养物质有植酸、草酸、葡萄糖硫苷、棉酚等；影响维生素消化利用或引起动物维生素需要量增加的抗营养物质有存在于大豆中的脂氧化酶（能破坏维生素A、胡萝卜素），双香豆素（能影响维生素K的利用），甲基芥子盐吡啶胺等（影响维生素B_1的利用），异咯嗪等（影响维生素B_2的利用），此外，硫胺素酶、酸败脂肪也对维生素消化利用有影响。刺激免疫系统的抗营养因子，如抗原蛋白质等都不同程度地影响动物的消化能力。

饲料加工调制的方法很多，有物理、化学、微生物等方法。各种方法对饲料养分消化率均产生影响，其程度视动物种类不同而有差异。适度的磨碎有利于单胃动物对饲料干物质、能量和氮的消化；适宜的加热可增强动物对饲料中蛋白质等有机物质的消化能力。粗饲料用酸碱处理有利于反刍动物对纤维性物质的消化；凡有利于瘤胃发酵和微生物繁殖的因素，皆能提高反刍动物的消化能力（表12-5，表12-6）。

表 12-5　不同粉碎程度的大麦对猪消化率的影响　　　　　　　　　（%）

处理	有机物质	粗蛋白质	粗脂肪	粗纤维	无氮浸出物
整粒	67.1	60.3	36.7	11.6	75.1
中等粉碎	80.6	80.6	54.6	13.3	87.7
磨细	84.6	84.4	75.5	30.0	89.6

引自：陈代文和余冰（2020）。

表 12-6　碱化处理对秸秆消化率的影响　　　　　　　　　（%）

营养物质	未经处理	处理时间（h）				
		1.5	3	6	12	72
有机物质	45.7	59.3	70.3	70.3	71.2	73.1
粗纤维	58.0	69.2	79.8	79.8	80.3	72.3
无氮浸出物	40.2	48.1	57.6	57.3	60.3	78.5

引自：陈代文和余冰（2020）。

3. 饲养管理

随饲喂量的增加，动物对饲料的消化力降低。以维持水平或低于维持水平饲养，动物消化力最强，而超过维持水平以后，随饲养水平增加，消化力逐渐降低（表 12-7），饲养水平对猪的影响较小，对草食动物的影响较明显。

表 12-7　不同饲养水平对消化率的影响　　　　　　　　　（%）

动物	1 倍维持水平	2 倍维持水平	3 倍维持水平
阉牛	69.4	67.0	64.6
绵羊	70.0	67.7	65.5

引自：杨凤（2000）。

动物在温度适宜和卫生、健康状况良好的情况下，对某种饲料的消化力要高于在恶劣条件下的消化力。动物所处的饲养环境，如温度、湿度、通风、光照、空气中有害气体的变化，都可能引起动物应激，从而降低动物的消化能力。

在饲粮中添加适量的酶制剂或益生素等添加剂，可以不同程度地改善动物消化器官的消化吸收功能，增强动物的消化能力。

二、体内消化试验

通过动物测定饲料养分经过其消化道后的消化率通常称为体内（in vivo）消化试验。体内消化试验通常根据是否全部收集粪便分为全收粪法（常规法）和指示剂法；根据收粪的部位不同，可分为肛门收粪法和回肠末端收粪法；根据指示剂的来源不同，可分为内源指示剂法和外源指示剂法；根据测定的饲料种类不同，可分为直接法和套算法。

(一) 全收粪法

全收粪法是传统的消化试验方法，需要准确收集试验期内动物从肛门排泄的全部粪便或回肠末端的食糜来计算未消化养分的排出量。

1. 肛门收粪法

该方法假设粪便中的养分代表饲料中未被消化的养分。

养分消化率（%）= ［（摄入养分量-粪排泄养分量）/摄入养分量］×100%

由于粪中养分部分来自体内的代谢粪化合物，所以该公式计算的养分消化率为表观消化率。如果需要测定养分的真消化率，则需要测定来自粪代谢产物的养分，可通过收集绝食动物的粪便来分析，在测定蛋白质、氨基酸消化率时，常用收集饲喂无氮饲粮动物的粪便来估计。因此，测定真消化率的难度较大。

全收粪法的优点是试验操作方便、测定较准确。缺点是排泄物成分受此前采食饲料的干扰；由于饲料浪费或损耗，采食量、排粪量难以准确记录，易被饲料、脱落羽毛、皮屑、尿液等污染；还需要及时保存和处理，以防止成分发生改变。

为避免以上缺点，在试验设计、动物选择、饲喂方式、试验期管理等方面均有相应要求。

2. 回肠末端收粪法

小肠是饲料养分消化吸收的主要部位。在回肠末端未被吸收的养分进入大肠后，由于微生物的发酵作用，部分养分进一步降解而消失或转化而增加，特别是对氨基酸影响较大。因此，从肛门收取粪便所测得的饲料氨基酸消化率偏高（高5%~10%）。回肠末端收粪法主要用于饲料氨基酸消化率的测定。

回肠食糜的收集方法有多种，包括通过屠宰取样或通过外科手术，如在回肠末端安装瘘管收集食糜，主要采用T型和桥型瘘管。

回肠末端收粪法的优点在于减少了大肠微生物的干扰，直接收集小肠末端的食糜，避免了大肠和盲肠中微生物对食糜成分的进一步发酵和代谢，从而更准确地反映饲料在小肠阶段的消化情况，测定结果比肛门收粪法准确。但也存在一些缺点：需要通过外科手术在动物回肠末端安装瘘管，手术过程较复杂，会对动物的健康和福利产生一定影响；手术费用、瘘管维护以及后续的试验操作成本较高；而且食糜代表性受瘘管安装部位的影响，术后部位易感染和瘘管易脱落。

3. 消化试验要求

一般选择健康、有代表性的动物，如对性别无特殊要求，常选用公畜，便于粪尿分开。一般可采用拉丁方设计，每测定一种饲料，实验动物不得少于3头，一般以4~5头为宜。动物过少，测值代表性差；动物过多，测值准确性虽略有提高，但费用和工作量都增加。测定禽饲料氨基酸的消化率时，由于个体间差异较大，一般要求16~24只，但为减少测氨基酸的样品数，可3~4只为一组，测其混合粪样的氨基酸。

如果需要采用外科手术在动物回肠末端安装瘘管，或进行回-直肠吻合术（猪）或盲肠切除手术（家禽），则需做好术前准备和术后护理，待动物恢复正常后，才能开始试验。

用于测试的饲料要一次备齐，按每日每头饲喂量称重分装，并取样供分析干物质和养分含量用。按消化试验目的配制尽可能全价的待测饲粮。日饲喂量以动物能全部摄入为原则，一般为体重的3%~5%。体重越大，饲喂量占体重的比例越小。

试验分为预试期和正试期两个阶段。预试期的目的是让动物适应试验饲粮，排空肠道原有的内容物，同时也熟悉动物的排粪规律，了解采食量。一般成年体重较小的动物以及幼龄动物的消化道排空快，试验时间较短。正试期收集粪便的天数以偶数为好，可避免动物排粪一天多一天少带来的误差。预试期和正试期的长短大致规定见表12-8。

表12-8 不同种类的动物的试验期规定 （d）

动物	预试期	正试期
牛、羊	10~14	10~14
马	7~10	8~10
猪	5~10	6~10
家禽	3~5	4~5

动物采用专用代谢笼单笼饲养。用公畜进行试验时，可在动物尾部系一集粪袋收集粪便。对于不宜采用集粪袋的动物，可收集排落在集粪盘上的粪便，注意避免尿液和饲料对粪便的污染。每天定时收集粪便并称重，混匀后按总重的1/50~1/10取样，然后每100 g鲜粪加10%的盐酸10 mL，以避免粪中氨氮的损失。收集的粪便不能及时干燥的，需放入冰柜保存。

（二）指示剂法

指示剂法是以饲料中或外源添加的难以消化的物质为指示剂，根据指示剂在饲料和粪便中与养分的比例变化来计算养分的消化率。该法假设指示剂不被消化，指示剂和养分的比例不变，粪便中指示剂和养分的比例改变系由养分被消化吸收而引起。用作指示剂的物质必须不为动物所消化吸收，而且能均匀分布并有很高的回收率。根据指示剂的来源又分为外源指示剂法和内源指示剂法。

1. 外源指示剂法

外源指示剂是加入饲粮中的指示物质。三氧化二铬（Cr_2O_3）是常采用的外源指示剂。如用Cr_2O_3作指示剂，从预试期开始就将Cr_2O_3加入饲粮中混匀饲喂。指示剂法除每日只收集部分粪样外，其他与全收粪法相同。粪样收集期完后将所有收集的粪样混匀，再取样分析粪中营养成分和Cr_2O_3含量。营养物质的消化率用下式计算：

饲粮营养物质消化率（%）= ［饲粮中指示剂含量/粪中指示剂含量）×（粪中养分含量/饲粮中养分含量）］×100%

2. 内源指示剂法

内源指示剂法是指用饲粮或饲料自身所含有的不可消化吸收的物质作指示剂，一般采用2 mol/L HCl或4 mol/L HCl不溶灰分，故又称为盐酸不溶灰分法。内源指示剂法可减少将指示剂混入饲粮（饲料）的麻烦，而且用此法测定饲料消化能和蛋白质消化率与全收粪法无显著差异。

指示剂法的优点在于减少收集全部粪便带来的麻烦，省时省力，尤其是在收集全部粪便较困难的情况下，采用指示剂法更具优越性。缺点是指示剂回收率对消化率影响较大，很难找到回收率很理想的指示物质，Cr_2O_3 的回收率一般在90%以上。为了达到一定的可靠程度，要求指示剂的回收率在85%以上才有效。指示剂分析误差对结果影响大，内源指示剂受沙粒等的污染大，因此粪收集绝不可污染含有不溶灰分的沙粒等杂质。

（三）直接法和套算法

1. 直接法

直接法是将被测饲料直接饲喂动物，通过测定动物粪便中未消化的养分含量来计算饲料的消化率。优点是操作相对简单，只需进行一次消化试验，即可测定饲料养分的消化率。结果直观，直接反映了被测饲料在动物体内的消化情况。但缺点是适用范围有限，仅适用于单一饲料或高比例添加的饲料原料的消化率测定，如玉米等；对于某些饲料原料，尤其是低比例添加的原料，可能因实验动物的适口性问题而影响结果准确性。

2. 套算法

套算法又称顶替法，需要配制两种饲粮：基础饲粮、含待测饲料的新饲粮（由待测饲料按一定比例替代基础饲粮而成）。进行消化试验时，分别测定基础饲粮和新饲粮的养分消化率，然后，根据两种饲粮的养分消化率，计算待测饲料的养分消化率。计算公式为：

$$D = (A-B)/F + B$$

式中：D 为待测饲料养分消化率；A 为新饲粮养分消化率；B 为基础饲粮养分消化率；F 为被测饲料占新饲粮的比例。

套算法的优点是适用范围广，不受饲料适口性的影响。缺点是饲料养分之间存在互作，基础饲粮养分消化率可能因待测饲料而改变。待测饲料替代基础饲粮的比例大小是影响测定准确度的重要因素，特别是测粗纤维、粗蛋白质、粗脂肪高的饲料。替代比例过大，会造成第一、第二次试验饲粮中养分含量及比例差异太大；替代过少，待测饲料的代表性弱；都将影响结果的准确度。因此，要求待测饲料替代比例为20%~30%，不能低于15%；替代比例最好以所测养分计算。同时，为了减少动物对先喂正常基础料，后喂顶替的混合料的不适应而带来的误差，可用两组动物进行交叉试验，参见表12-9。

表12-9 交叉试验步骤示意

步骤	第一组	第二组
第一次消化试验	基础饲粮	基础饲粮+待测饲料
	5~7 d 过渡期	
第二次消化试验	基础饲粮+待测饲料	基础饲粮

三、离体消化试验

因常规消化试验和指示剂法都要耗费大量人力、物力和时间，所以一般采用离体消化试验。离体消化试验是指模拟体内消化过程的试验方法，通过在体外环境（试验室）中模拟胃肠道的物理和化学条件，研究食物或饲料的消化特性。离体消化试验的优点是操作方便，环境条件、处理方法和时间易控制，更容易标准化。缺点是体外条件与动物的生理系列化过程有一定的差异。

按照消化液的来源，离体消化试验可分为消化道消化液法和人工消化液法。两类消化液也常混合使用。

（一）消化道消化液法

主要利用动物消化道分泌液（如胃液、小肠液等）对饲料进行消化处理，以测定饲料中养分的消化率或降解率。用安装瘘管的办法收取小肠液或瘤胃液，在试管中进行孵化。

反刍动物离体消化试验一般分为两步，故名两步法。先是用瘤胃液消化，然后再用胃蛋白酶加盐酸进一步消化，洗净残渣，测其各种养分含量或能值。也可通过测定消化过程中 CH_4 和 CO_2 的生成量来估计有机物质的消化率，或直接用瘤胃液消化测定饲料蛋白质降解率。

单胃动物（猪）离体消化试验也是模拟消化道的消化生理过程，分为两步。第一步用胃蛋白酶加盐酸溶液消化，第二步用小肠液在 pH 6.5~8.0 的条件下进一步孵化。用此法测得的结果与全收粪法无显著差异。

安装收取小肠液的瘘管位置，以离幽门 1.5~2 m 处为宜，此处小肠液中酶的活性最高。收取小肠液前，应饲喂日常的全价饲粮，测定结果较符合实际情况。

（二）人工消化液法

人工消化液法的消化液不是来自消化道，而是采用人工合成的消化酶和缓冲液，模拟制成消化液。主要用于反刍动物饲料消化率以及瘤胃饲料蛋白质降解率的测定。消化率的测定分为两步，第一步是用纤维素分解酶制剂加盐酸溶液，第二步仍是用胃蛋白酶加盐酸溶液，所以又称为"HCl-纤维分解酶法"。

四、尼龙袋法

反刍动物蛋白质营养新体系，如美国的可代谢蛋白体系与英国的降解和未降解蛋白体系，都需测定饲料蛋白质在瘤胃的降解率。采用十二指肠瘘管法测定其内容物的非氨氮和微生物氮，需用同位素进行双重标记以区分瘤胃微生物氮和过瘤胃饲料蛋白氮，难度较大。

尼龙袋法是将被测饲料装入特制尼龙袋，经瘤胃瘘管放入瘤胃中，48 h 后取出，冲洗干净，烘干称重，与放入前的饲料蛋白质含量相比，差值即为饲料可降解蛋白量。国际上普遍采用此法测定饲料蛋白质的降解率。优点是简单易行，重现性好，试验期短，便于大批样品的研究。需注意的是，尼龙袋的通透性要好，网眼大小要恰当，样品要有一定细度，便于瘤胃液作用而充分发酵。由于饲料的降解速率并不一致，而且受外排速度影响，在实际测定中，为掌握不同时间的降解情况，往往要测定多个时间点，以分析降解程度与时间的关系。

第三节 代谢试验

营养物质或能量被吸收后，经过体内代谢从尿中排出。代谢试验是在消化试验的基础上，增加尿液的收集，测定尿中排泄的养分和能量，一般用于饲料的代谢能或养分的代谢率的测定。

代谢试验只是在消化试验的基础上增加尿液的收集和分析，其过程和要求与消化试验相同。但家禽的粪便和尿液均经过泄殖腔从肛门排出，难以分开。因此，测定家禽饲料的养分利用率要比测定消化率容易。

目前比较公认的家禽饲料代谢能或氨基酸利用率的测定方法为 Sibbald（1976）提出的真代谢能（TME）快速测定方法，该方法采用饥饿-强饲-收粪法。其主要操作程序为：选用成年家禽单笼饲养，试验前饥饿一定时间（通常 24~48 h），然后强饲适量（30~70 g）待测饲料，收粪 32~48 h，最后将收集的粪样冻干，粉碎过筛，测其能量或氨基酸含量。根据摄入和排出差额计算代谢能或氨基酸利用率。真代谢能或氨基酸真利用率用内源排泄量校正。

一、养分代谢率测定方法

家禽代谢试验程序与家畜消化试验相同，粪便收集方法同样分为全收粪法和指示剂法。全收粪法有在代谢笼下放置收粪托盘与肛门周边缝合收集瓶盖之分；指示剂法也分外源指示剂法与内源指示剂法。

此外，其他一些家畜的养分代谢率测定，可通过粪尿分离采集，分析尿液中的养分含量，并结合消化试验中的方法计算得出。

二、TME 方法的优缺点

TME 方法的优点是操作简单，准确性高，适用范围广，用少量的成年公禽短时间内就能测定大量饲料原料的氨基酸消化率。不足之处是忽视了肠道微生物的干扰；对于某些适口性差或难消化的饲料，直接强饲可能导致测定值偏低；用成年家禽测得的数据应用到母禽、生长禽等的饲料配制上会存在一定误差。在实际测定时，需要注意动物的选择、排空时间、强饲量、排泄物收集时间、盲肠切除与否等。

三、影响代谢率的因素

（一）实验动物的选择

由于畜禽的品种多样化、品系多元化和地域化，所选取的试验对象必须具有代表性，要明确交代动物的品种及来源、性别、年龄及生理阶段等。在制订试验方案时，必须全因素考虑，分品种、性别、生长阶段具体实施。

（二）代谢试验周期的控制

代谢试验的周期通常包括饥饿禁食期、预饲期和正式期。饥饿禁食期主要起排空作用，避免不同饲粮在消化道残留的干扰。一般家禽预饲期为 3~5 d，取决于实验动物对代谢环境的适应情况。正式期（收粪期）多为 2~4 d，以 3 d 为主。在对配合饲粮进行代谢率测定时，可以省略预饲期。

（三）实验动物样本容量

试验过程中动物受强饲应激后的存活率、取样样本数以及所需样品的量都决定了试验的重复数及动物数量。通常，大多家禽代谢试验以 6~8 个重复数为主，而每个重复所包含的家禽数为 4~6 只。

（四）测定方法

在提倡动物福利的时代，研究中更倾向于低应激的托盘式收粪法，而较少采用高应激的外科手术缝合收集瓶盖方式。此外，在指示剂法测定中，多数研究认为内源指示剂法测得数据低于全收粪法。虽然外源指示剂法（如 Cr_2O_3）采用居多，但其重复性较差。

第四节　饲养试验

饲养试验也常称为生长试验，是在接近实际生产条件下，通过饲喂动物已知营养物质含量的饲粮或饲料，观测动物的各种反应（如生产性能、理化指标、健康状况等），以此确定动物的营养需要、饲料养分的利用率或比较饲料或饲粮的优劣。

饲养试验原理是营养物质摄入量变化对机体增重、组织中营养物质含量及有关各种理化指标的影响，如胫骨强度、功能酶、代谢产物异常及缺乏症。饲养试验的优点在于可综合评定营养物质的需要量和营养物质的相对生物学效价，条件接近生产，结果便于推广应用，也可作为验证试验，评定其他研究方法的有效性。饲养试验是动物营养研究中应用最广泛、最基本的综合试验方法，但缺点是不能获得动物消化、代谢、利用、沉积等各阶段的具体利用参数；周期长，成本高；影响试验结果的因素很多，试验条件难于控制得很理想，试验精确实施较困难。

因此，在进行饲养试验时，对试验设计、饲粮养分水平、动物分组、考察指标、饲喂时间、饲喂方式等均需要注意。

一、原则

确保试验目的清晰，明确想要研究因素，例如：饲料的种类、不同营养成分对动物的影响、益生菌添加对动物生长的作用等。

（一）重复性

在实践中做到动物的起始条件完全相同比较困难。因此每一个试验应设多个重复（多个或多组动物），再将动物随机分配到各个处理组，使每个处理组动物总的情况尽可能一样。一般是大家畜大于等于 4 头；猪、羊大于等于 6 头；家禽大于等于 30 只。

(二) 随机化

动物或试验单元的分配应随机化，这可以避免偏差，确保试验结果的可靠性和代表性。

(三) 局部控制

除试验组的主要变化因素外，其他可能影响试验结果的因素（如环境温度、湿度、饲养条件等）应保持一致，避免干扰变量影响结果。

二、设计方法

1. 对照试验

在动物营养研究中，如需观察某一营养因素或非营养因素对动物是否有影响，就可以采用对照试验。将所有实验动物按随机化的原则分成两组，一组为对照组，另一组为试验组（加入试验因子）。对照试验是最简单的饲养试验设计。

2. 配对分组试验

当试验处理因素或水平只有两个，在供试动物中可以找到各个方面相同的个体双双搭配成对时，即可采用此法。采用此法时同一对动物之间的差异应尽量小，最好是年龄和性别相同、体重相同或相近的同胞或半同胞，但不同对动物间允许有差异。配对分组时，每对的两头供试动物采用完全随机的方法（随机数字表、抓阄、抽签等）将其分到两个处理组内。该方法处理组间的动物因素比较统一，试验误差小，试验结果的准确性较高。

3. 不配对分组试验

一般条件下不易找到符合配对条件的实验动物，这时就不要勉强配对，可选用不配对分组试验。该法不要求组成条件严格的动物对，只要求各处理组动物的条件基本相同。试验开始时组间体重等指标差异不明显（统计学检验不显著，$P>0.05$）。供试动物的分组方法以用随机数字表为好。分组个数可依试验目的要求及供试动物多少而定。

4. 单向分类试验

与对照试验和配对试验相比，单向分类试验一般不设对照组，而设多个处理组。例如，要研究生长猪的赖氨酸需要，一般将赖氨酸饲粮设多个水平，食用某一个赖氨酸水平的猪生长最快、饲料利用率最高和胴体品质最好，此即为最佳水平。

5. 随机区组试验

在研究生长猪赖氨酸需要的试验中，如果试验猪来自三个养猪场，尽管猪的品种、年龄、体重和以前的饲粮都基本上一样，但为了考察不同的养猪环境、水质等是否会给试验带来影响，可把三个养猪场看成三个区组，采用随机化区组试验设计。

6. 复因子试验

上述试验设计只能测定两个处理因素对动物的影响，如果希望通过一次试验得到两种或两种以上处理因素对动物所产生的影响，即可应用复因子试验。复因子试验的结果，不仅能比较出各因子的单独效应，而且还能进一步分析各处理组间的相互作用，使试验能较全面而完整地反映出事物的本质规律。在实验动物相同的情况下，一次考虑的试验因素越多，获得的资料也就越多，越能得到更相近的结论。但考虑的因素越多，试验过程也越麻烦。饲养试验中，超过三个因素的复因子试验是很少的，除了统计麻烦外，也难以控制试验条件，结果不一定很理想。

例如，研究生长猪对能量和蛋白质的需要，同时要研究其交互作用。假设能量和蛋白质各设高、中、低三个水平，每个处理设三个重复，则需选择品种一致、性别相同、体重和年龄相近的生长猪27头，分组模式如表12-10所示。

表 12-10 复因子试验

蛋白质水平	能量水平			总数（头）
	高	中	低	
高	×××	×××	×××	9
中	×××	×××	×××	9
低	×××	×××	×××	9
总数	9	9	9	27

7. 拉丁方试验

拉丁方试验设计常用于产蛋家禽和泌乳母牛短期的试验以及饲料养分消化率的测定。因试验时间短，同一动物（试验组）可在不同时间接受多种处理。尤其在供试动物头数受到限制、动物生理阶段对生产性能等试验结果影响比较明显的情况下，应用拉丁方试验更为适宜。例如，要用3头奶牛进行三种不同饲料对泌乳性能影响的试验可采用下面的设计（表12-11）。

表 12-11 拉丁方试验

试验期	饲料种类		
	1号牛	2号牛	3号牛
第一月	A	B	C
第二月	B	C	A
第三月	C	A	B

三、设计要求

（一）实验动物

在饲养试验中，最困难的是实验动物的一致性。按统计学的原则，除被考察的因子外，其他条件应完全一致，即遵循"唯一差异原则"，才能提高试验的准确性，以达到预期目的。在营养研究中，由于试验的效应是以动物的生长变化和饲料营养物质的利用率来反映，而动物自身的遗传特点、性别、年龄、体重和健康状况则是影响效应的重要因素，因此，选择条件一致的实验动物对于保证试验的成功具有重要的意义。但在实际研究中，特别是当试验所需动物较多时，要选择各方面条件一致的动物非常困难，需要有比目标数量更加庞大（至少是1倍）的畜群。如果试验各处理组可能产生的差异较小，对动物的一致性要求则更高。解决办法是可适当增加重复，但最好是从母畜配种时就考虑其血缘、体况的一致性及产仔时间的同步性，同时保证有足够数量的母畜配种，以便提供较多的、条件较一致的可供选择的动物。

（二）饲粮

试验饲粮的配合也很严格，除必须明确试验的目的和影响试验的一切营养及环境因素外凡用作试验饲粮的原料也必须标准，并要测定所需的各种营养成分的含量，以保证试验饲粮尽可能符合设计要求。不容易测准确的指标，如氨基酸等可多测两次。如果试验期较长，试验饲粮需配几次，饲料原料应一次备齐，并妥善保存，天热应放冰柜或冻库中。

在动物营养研究中，常需要使用纯合饲粮。纯合饲粮是指配制饲粮时不使用天然饲料，所有成分都是由纯的营养物质组成，如合成氨基酸、纯化的淀粉、葡萄糖或蔗糖等。这样易于配制除被考察的营养因子外，其他营养物质都适量的试验饲粮。但饲粮全部由纯化物质组成，成本高昂。因此，只要能满足试验要求，可采用半纯合饲粮，即采用部分天然饲料，部分纯化饲料。

（三）环境

要使试验获得成功，除了动物的一致性，试验的环境条件是否理想、一致也要考虑，主要是温度、湿度、气流速度及空气的清洁度。除了尽可能创造理想的试验条件外，在安排处理组实验动物时，应尽可能在畜舍的不同位置，即不同的小气候区，如靠近门窗与畜舍中央，笼子的上层与下层等，每个处理设一或两个重复。

（四）饲喂方式

1. 群饲与单饲

在饲养试验中，动物可群饲（几个动物同圈饲养），也可单饲（一个动物单独饲养）。群饲的优点是动物吃食有竞争，可能采食量较多，长得更快，也节省设备和减少工作量。缺点是单个动物实际消耗的饲料无法进行统计，只能获得平均数。在个别动物健康状况不佳或死亡时，对其饲料消耗难以做出准确估计。群饲对于小动物较适合，可多设重复（群）。在要求限制采食的试验中，群饲有可能使弱小动物采食不足，增大组内动物体重差异。单饲能避免群饲的缺点，但动物可能会减少采食量，从而影响试验结果。在实验动物体重均匀度不够理想时，将增加组内误差，影响处理间差异的显著性。

2. 任食与限食

任食是指动物自由接触饲料、任意采食或自由采食。限食则是对动物的采食量进行一定的限制。饲养试验常涉及任食与限食。评定动物的营养需要、比较饲料或饲粮的差异以及环境温度和其他非营养因素对生产性能的影响，为使动物都有同等的机会，充分发挥动物和饲料的最大潜力以达到试验目的，任食是必要的。限食多用于评定饲料的利用率和考察受采食量影响的指标,如动物生长速度、能量和蛋白质沉积与采食量的关系。

(五) 记录

准确记录试验指标也十分重要。根据试验的目的一般都要观察、测定相关指标,例如增重和饲料消耗几乎是任何饲养试验都必须测定的。因此,体重和饲料消耗必须尽可能准确,并做好记录。一般是早上空腹称重,每次称重都应在同一时刻。

饲料的消耗统计要做到绝对准确是有困难的。在动物自由采食情况下,饲料难免有所损耗。为尽可能准确,最好采用颗粒饲料。掉在料槽外面的饲料,应尽量不受粪尿污染,而且要便于收集。

四、饲养试验的结果分析

(一) 整理资料

在样本数目比较多的情况下,特别需要对有关数据进行统计处理,从数据中计算出三个主要的统计量,即平均数、标准差和标准误。用以根据样本推导总体的特征:一是资料的集中性,以平均数来表示;二是资料的离中性,以标准差来表示;三是衡量平均数的可靠性,用标准误来表示。

(二) 显著性检验

饲养试验结果分析最常用的方法是均数差异、显著性检验和方差分析。有关具体方法请查阅生物统计方面的资料。

(三) 相关与回归分析

研究两个变量之间相互关系的密切程度,称为相关,以相关系数来表示。回归是指两个或两个以上的变量存在着从属关系,即一个变量变化时,可引起另一个变量的相应变化,他们的从属关系可以用回归分析的方法进行研究。进行回归分析,可以根据具体数据建立回归方程式用以对某些指标进行预测和预报。相关与回归分析也是生物试验结果分析的常用方法之一。

(唐　倩　张民扬)

第十三章　动物的营养需要

第一节　营养需要

营养需要（Nutrient Requirements）是指动物在特定生理阶段（如维持、生长、繁殖、泌乳、产蛋、劳动等）中，为维持正常生命活动、健康生长发育及产品产出所必须摄取的各种营养物质的数量和比例。它反映了动物机体对能量、蛋白质、矿物质、维生素和水等营养成分的内在需求。

动物营养需要的确定是动物营养学的基础，是制定饲养标准、设计饲粮配方以及评价饲料利用效率的重要依据。由于动物种类、品种、性别、年龄、生产目的（如产奶、产蛋、役用、育肥等）、健康状况及环境条件等均会影响其营养需要，因此营养需要具有较强的特异性、动态性和调节性。

一、类型

动物的营养需要按生理功能划分，大致可分为以下几类：

（一）维持需要

指动物在非生产状态下，仅维持基本生命活动（如呼吸、血液循环、体温调节、神经反射等）所需的最低营养水平。维持需要不产生产品，但对保持生命、维持组织结构稳定至关重要。维持能量的主要来源是碳水化合物和脂肪，而蛋白质则用于替代机体组织的自然消耗。

（二）生长与育肥需要

用于构建新的组织结构（如肌肉、骨骼）或增加脂肪沉积。此阶段对蛋白质、能量、矿物质（如钙、磷）和某些维生素的需求显著提高。不同动物的生长速度与营养转化效率决定其饲粮营养浓度与供给模式。

（三）繁殖需要

包括母畜孕期营养需要（供给胎儿发育和母体组织变化所需）与公畜的精子生成与激素合成需要。孕后期能量和蛋白质的需求迅速上升，尤其对微量元素如铁、锌、铜的供给不可忽视。

（四）泌乳和产蛋需要

奶畜在泌乳期对能量、蛋白质、钙、磷及维生素 A、维生素 D 等需求量大；蛋禽在产蛋期对蛋白质（尤其是蛋氨酸和赖氨酸）、钙及维生素 D 的需求显著增加。泌乳或产蛋动物饲粮应高能量、高蛋白、矿物质充分平衡。

（五）役用需要

役用畜（如耕牛、马、骡）因体力劳动增加，能量代谢旺盛，对碳水化合物和脂肪的需求提高，同时需补充更多电解质和 B 族维生素以促进代谢和缓解疲劳。

二、影响因素

（一）动物

不同种属动物（如猪、牛、鸡）因生理代谢差异，对营养物质需求不同。同种动物的不同品种也因生产性能差异而有不同的营养需要。雄性动物通常生长速度快、体重大，营养需求高于雌性。体重越大，单位体重维持代谢所需能量越少，但总需求增加。生长期、妊娠期、泌乳期、产蛋期等不同阶段的营养需求侧重点各异。患病动物的营养吸收利用率下降，可能需调整饲粮配方以弥补营养损耗。

（二）环境

寒冷时动物为维持体温而增加能量需求；高温则降低采食量，影响营养摄入。过高密度或差通风环境增加应激，可能引起维生素 C 和电解质的额外需求。日照与活动量对维生素 D 合成、钙磷代谢及能量消耗等有间接影响。

（三）饲料

不同饲料的营养浓度、消化率、抗营养因子含量对营养供给的有效性影响显著。合理配比可提高营养互补性，加工处理（如膨化、发酵）能提高饲料利用率。如酶制剂、微生态制剂、合成氨基酸等可提高饲料中营养成分的实际利用度。

三、饲养标准

饲养标准（Feeding Standard）是根据科学试验和生产实践，综合考虑动物种类、体重、生理阶段、环境条件和生产目标，制定的动物每日所需各种营养物质的数量参考指标。饲养标准以单位动物、单位时间所需的干物质、能量、蛋白质、矿物质、维生素等营养物质数值为主要内容，是科学饲养的理论依据和技术指南。

饲养标准的核心作用包括：指导饲料配方设计，依据饲养标准可确定动物饲粮中各营养物质的含量与比例；规范营养供给行为，防止过度或不足供给，减少浪费和健康风险；提高生产效益与产品质量，通过精准营养提高动物生产性能与产品（如肉、蛋、奶）品质；保障动物健康与福利，合理供给营养有助于增强免疫力，减少疾病发生。

四、常用饲养标准

目前我国常用的饲养标准包括农业农村部发布的《猪、鸡、牛、羊等主要畜禽饲养标准》，以及 NRC（National Research Council，美国国家研究委员会）发布的标准。这些标准通常包括以下内容：

不同生理阶段动物的代谢能（ME）、净能（NE）、可消化蛋白质、氨基酸、矿物质和维生素等需求量；每千克或每日摄入干物质所含营养物质参考值；饲料原料的营养成分表和利用系数。例如，育成期猪的标准可能列出每千克采食干物质中应含有的代谢能（如 13 MJ/kg）、消化能蛋白（如 160 g/kg），以及赖氨酸（如 9 g/kg）等关键指标。在实际应用中，应结合动物体重、实际采食量、饲料原料特性和饲养环境，对饲养标准进行灵活修正和局部调整，以更好地满足动物个体的真实营养需求。

五、营养需要与饲养标准

传统饲养标准多基于群体平均值，适用于大规模养殖的基本参考。但随着精准营养和智能畜牧的发展，营养供给也朝着动态化、个体化、实时化方向发展。阶段营养供给：将动物生命周期划分为多个阶段，为每一阶段量身定制营养配方。个体营养调控结合个体体重、生长速度和采食量动态调整营养供给（如自动饲喂系统支持的定量投喂）。响应型饲养管理利用传感技术和智能分析，实时监测动物健康与行为，调整饲喂策略。通过动态饲养标准管理，可以更高效地利用饲料资源，降低饲养成本，减少环境污染，提高动物福利水平。

第二节　维持的营养需要

维持是指动物在不进行生产活动（如产奶、产蛋、劳动等）时，仅维持生命活动所需的基本生理状态。在此状态下，动物的体重和体成分保持相对稳定，体内营养素的分解与合成代谢处于动态平衡。

维持需要是指动物在维持状态下，为保持正常生命活动所需的最低限度的营养物质，包括能量、蛋白质、矿物质、维生素和水等。

一、维持能量需要

（一）组成

动物的维持能量需要主要包括以下三个部分：基础代谢（Basal Metabolism）指动物在安静、空腹、适宜温度等条件下，维持生命活动所需的最低能量；随意活动（Voluntary Activity）指动物在维持状态下进行的自发性活动所消耗的能量；体温调节（Thermoregulation）指动物为维持体温恒定，在环境温度变化时所需的能量。

（二）测定方法

测定动物维持能量需要的方法：直接测热法通过测量动物在特定条件下的产热量，估算其能量需要；间接测热法通过测定动物的氧气消耗量和 CO_2 产生量，计算能量代谢；比较屠宰法通过对比试验组和对照组动物的体能变化，估算维持能量需要；回归分析法通过建立能量摄入与体重变化的回归模型，推算维持能量需要。

二、维持蛋白质和氨基酸需要

（一）蛋白质

在维持状态下，动物仍需摄取一定量的蛋白质，以补偿体内蛋白质的自然损耗和更新。维持蛋白质需要量的估算可通过氮平衡试验进行，维持蛋白质需要量 = (尿氮+粪氮) × 6.25；其中，6.25 是将氮量换算为蛋白质的系数。

(二) 氨基酸

动物在维持状态下对必需氨基酸仍有一定需求，以维持正常的生理功能。氨基酸的维持需要量可通过以下方法估算：氮平衡试验，通过测定摄入和排出的氮量，估算氨基酸需要；饲养试验，通过控制饲粮中氨基酸的含量，观察动物的生理反应，确定其维持需要。

三、维持矿物质和维生素需要

(一) 矿物质

动物在维持状态下仍需摄取一定量的矿物质，以维持正常的生理功能。常见矿物质的维持需要量为 Ca 0.14~0.16 g/MJ DE，P 0.27 g/MJ DE。

(二) 维生素

动物在维持状态下仍需摄取一定量的维生素，以维持正常的生理功能。常见维生素的维持需要量为维生素 A 0.025~0.035 IU/(kg·d)，胡萝卜素 10 mg/100 kg 体重。

四、影响因素

影响动物维持营养需要的因素主要包括：动物种类和品种，不同种类和品种的动物基础代谢率存在差异；体重，通常以代谢体重（体重的 0.75 次方）来表示能量需要；环境温度，在适温区外，动物需额外消耗能量进行体温调节；活动水平，活动量越大，随意活动所需的能量越多；饲料组成，饲料的种类和组成会影响动物的维持营养需要。

五、意义

了解动物的维持需要对于制定合理的饲养标准和饲粮配方具有重要意义：提高饲料利用效率：确保动物摄取的营养物质首先满足维持需要，避免营养浪费。保障动物健康：满足维持需要有助于维持动物的正常生理功能和免疫力。优化生产性能：在满足维持需要的基础上，合理增加生产所需的营养，提高产出。

第三节　生长育肥的营养需要

生长育肥阶段是实现动物体重快速增长和提高经济效益的关键时期。合理的营养供给和科学的饲喂管理对促进动物健康生长、提高饲料利用率、优化产品品质具有重要意义。

一、特点

(一) 能量

生长育肥动物的能量需求主要用于维持生命活动和组织生长。能量的供给应满足以下几个方面：维持需要满足基础代谢和日常活动的能量消耗；生长需要支持肌肉、骨骼等组织的合成和发育；在生长后期，部分能量用于脂肪的合成和储存。

能量不足会导致生长缓慢、饲料利用率下降；能量过剩则可能引起脂肪沉积过多，影响产品品质。

（二）蛋白质与氨基酸

蛋白质是构成动物体组织的主要成分，氨基酸是蛋白质的基本单位。在生长育肥阶段，动物对蛋白质和必需氨基酸的需求量较高。高质量蛋白质应含有丰富的必需氨基酸，且比例适宜。确保饲粮中各必需氨基酸的比例符合动物的需要，避免因某种氨基酸的缺乏而限制蛋白质的合成。合理的蛋白质与能量比例有助于提高蛋白质的利用效率。蛋白质供给不足会导致生长停滞、免疫力下降；过量则可能增加饲料成本和氮排放。

（三）矿物质与维生素

矿物质和维生素在动物体内参与多种代谢过程，对生长发育、骨骼健康和免疫功能具有重要作用。在生长育肥阶段，钙和磷是骨骼发育的关键元素，需保持适宜的比例（一般为 2∶1）。微量元素如铁、锌、铜、锰等，参与酶的活性和免疫调节。脂溶性维生素如维生素 A、维生素 D、维生素 E，参与视力、骨骼和抗氧化功能。水溶性维生素如 B 族维生素，参与能量代谢和神经功能。矿物质和维生素的缺乏或过量均可能引发健康问题，影响生长性能。

二、饲喂技术

（一）饲喂方式

根据饲养管理的实际情况，可采用以下几种饲喂方式：自由采食：动物可随时进食，适用于大规模养殖，管理方便，但易导致过量摄食和饲料浪费。根据动物的营养需要，定时定量供给饲料，有助于控制体重增长和提高饲料利用率。根据动物的生长阶段，调整饲料的营养组成和供给量，满足不同阶段的营养需求。

选择合适的饲喂方式，应综合考虑动物的品种、生产目标和管理条件。

（二）饲料配制与加工

科学的饲料配制和加工技术对于提高饲料的适口性和消化率具有重要作用。合理搭配能量饲料、蛋白质饲料、矿物质和维生素添加剂，能够确保饲粮的营养平衡。饲料加工技术如粉碎、混合、制粒等，可以提高饲料的均匀性和适口性，促进消化吸收。饲料添加剂如酶制剂、益生菌、酸化剂等，有助于提高饲料的利用率和动物的健康水平。饲料的质量直接影响动物的生长性能和饲料转化效率，应严格控制原料的质量和加工工艺。

（三）饲喂管理

良好的饲喂管理是实现高效生产的保障，主要包括：建立规律的饲喂制度，促进动物的消化吸收和生长发育；保持饲槽清洁，防止饲料霉变、沉积，进而诱发消化系统疾病；生长育肥动物在不同阶段的营养需求和生理特征差异较大，应分阶段供给饲料及调整配方，实现精准饲养；固体饲料应分层或均匀混合，避免上层精料、下层粗料造成采食不均，采用湿拌料或颗粒料，可提高适口性，减少浪费，尤其适用于育肥猪；动物对水的需求量通常是干物质采食量的 2~3 倍,须保证供应清洁饮水,定期检查饮水装置,避免结垢、堵塞或漏水,夏季需考虑增加水源数量,冬季则需防止饮水结冰。

三、营养模型

(一) 猪

生长育肥猪是集约化养猪的主要经济动物,其日增重、料肉比和胴体瘦肉率等指标与营养供给密切相关。按阶段划分:生长期(体重 20~60 kg)蛋白质和赖氨酸需求高,饲粮需高能高蛋白,以促进肌肉沉积。育肥期(体重 60~110 kg)适度降低蛋白质水平,控制脂肪沉积,同时注意饲料能量密度和饲粮适口性。在此基础上,现代养猪采用"净能系统"和"理想蛋白模型"进行配方设计,提高饲料转化率并减少氮排放。

(二) 肉牛

肉牛的育肥模式分为草地放牧育肥、圈养精料育肥和半放半养模式,饲粮需提供充足的能量和 MP。能量供给采用 TDN 或 NE 系统进行评估。蛋白质需求需兼顾 RDP 与 UDP 平衡,以满足瘤胃微生物和宿主动物的双重需求。保持瘤胃健康的纤维素不可或缺,应控制饲粮 NDF 在 30%以上。

(三) 肉禽

现代肉禽(如白羽肉鸡)生长速度快,饲料转化效率高,对饲粮营养密度要求更为精细。肉禽对蛋氨酸、赖氨酸、苏氨酸等必需氨基酸的需求较高,常使用合成氨基酸精确补充。饲粮代谢能浓度应随日龄提升,以满足肉禽高代谢速率。肉禽对维生素与微量元素需量虽低,但其作用关键,特别是维生素 E、硒等抗氧化剂。

第四节 妊娠营养需要

孕期是雌性动物生命中代谢活动最为复杂的时期之一。此阶段不仅需要维持母体基本的生理代谢和组织修复,还需为胎儿的生长发育提供营养物质、能量和激素环境。因此,理解孕期合成代谢的调控机制及胎儿发育的阶段性特点,对于精准制定营养供给方案、提高繁殖效率和后代质量具有重要意义。

一、孕期母体合成代谢

(一) 合成代谢

怀孕期间,母体代谢活动由以维持自身稳态为中心逐步向优先支持胎儿发育转变。该过程伴随着蛋白质、脂肪、碳水化合物代谢模式的重构,表现出合成代谢增强、贮备能力增强和营养物质向胎盘转运增加等特点。尤其在中晚期,母体组织趋于合成状态,以储存能量和合成胎儿生长所需的组织成分。

(二) 能量代谢

孕期能量需求逐渐增加,尤其在妊娠中后期。母体通过以下机制调节能量代谢:

孕期胰岛素敏感性下降，母体对葡萄糖的利用效率降低，使更多葡萄糖供应胎儿；母体脂肪分解增加，游离脂肪酸在血液中浓度升高，以满足自身和胎儿组织的能量需要，尤其在妊娠后期，母体通过氨基酸、乳酸等底物进行糖异生，为胎儿提供持续的葡萄糖来源。

（三）蛋白质合成与氮代谢

孕期蛋白质需求增加，用于母体组织的扩张（如子宫、乳腺）及胎儿组织合成。合成代谢增强的表现包括：氮正平衡状态维持；血浆中白蛋白、转铁蛋白水平略下降，而胎盘和胎儿组织的合成速率显著增加；氨基酸跨胎盘转运能力增强。

（四）矿物质和维生素

钙、磷、铁、锌、维生素 A、维生素 D、维生素 E 等对胎儿骨骼、造血、免疫系统及神经发育至关重要。母体通过肠道吸收率提高、肝脏合成能力增强等方式满足需求。例如钙的吸收率在孕中期后显著提高；铁储备在妊娠中后期大量动员，需防止缺铁性贫血；维生素 D 有助于胎儿钙磷代谢，参与骨化过程。

二、胎儿发育

胎儿的生长具有明显的阶段性，通常分为胚胎期（受精至器官形成）、胎儿早期（器官形成至快速生长期前）与胎儿快速生长期（妊娠后期）。

（一）胚胎期

此阶段持续时间较短（如猪为 30 d、牛为 45 d），但对胎儿发育具有决定性意义。特点包括：快速细胞增殖；基本胚层分化（外胚层、中胚层、内胚层）；初级器官原基形成。营养方面，虽然总量需求不高，但对某些关键微量营养素如叶酸、维生素 A、锌等高度敏感，缺乏可导致先天性畸形或胚胎死亡。

（二）胎儿早期

此阶段器官初步成型，生理功能逐步建立。虽然体重增长速度不高，但发育过程对蛋白质、碘、胆碱、维生素 E 等有特异性需求。例如：神经系统发育需要胆碱、B 族维生素；免疫系统形成期对锌、硒依赖性高；骨骼初级骨化期开始需要钙、磷和维生素 D。营养失衡会影响器官成熟程度，导致出生后发育迟缓或功能异常。

（三）胎儿快速生长期

以妊娠后 1/3 阶段为主（如猪妊娠 85 d 后、牛妊娠 180 d 后），此阶段胎儿体重增长可占整个孕期的 70% 以上，表现出显著的组织合成：肌肉、脂肪和结缔组织迅速累积；胎盘血流量增加，营养物质大量转运；营养供给不足时，母体组织被动动员，增加疾病风险。因此，应显著提高饲粮中能量、优质蛋白质和矿物质的供给，避免低出生重、胎儿发育不良或难产。

三、胎盘的营养

胎盘是母体与胎儿之间物质交换的桥梁，其结构和功能直接影响胎儿的营养状态。

（一）胎盘的结构适应性

不同动物胎盘结构差异较大，如猪为绒毛型、牛为绒毛膜绒毛型，影响营养物质的转运效率。胎盘在妊娠过程中逐步发育成熟，面积扩大，毛细血管密度增加，为高效转运提供解剖基础。

（二）营养物质的转运机制

葡萄糖通过葡萄糖转运蛋白（GLUT）主动运输；氨基酸通过钠依赖型转运系统主动转运；脂肪酸通过游离脂肪酸和脂蛋白经载体或胞吞转运；矿物质和维生素通过离子通道、结合蛋白等多种方式实现转运。胎盘功能受激素（如雌激素、孕酮、IGF）调控，也会受到母体营养状态和慢性应激的影响，严重时可导致胎盘功能不全，进而引发胎儿发育迟缓。

四、母体营养状态对胎儿发育的影响

（一）营养不足

蛋白质缺乏会造成胎儿生长受限、出生体重低；能量不足能够促进母体脂肪动员但仍无法满足胎儿需求，可能引起流产或死胎；微量元素缺乏如锌缺乏，影响器官形成、铁缺乏导致贫血。

（二）营养过剩

过多能量摄入，导致母体过肥，易引发代谢综合征、难产；钙、磷比例失调可抑制胎儿骨骼正常矿化；维生素 A 过量可致胚胎毒性，诱发先天畸形。

（三）母体应激与疾病

应激（如高温、转群）、慢性疾病（如代谢障碍）均可影响胎盘血流与营养供给，需配合管理措施与营养干预。

五、营养调控策略

（一）妊娠早期

维持均衡营养，避免胚胎损失。控制饲粮营养素平衡，避免营养突变；适量补充维生素 A、维生素 E、叶酸、锌等关键营养素；管理应激源，保障母体健康状态。

（二）妊娠中期

稳定供应，促进胎盘和器官发育。提高蛋白质质量，重视氨基酸平衡；强化矿物质和微量元素供给；适度控制能量，防止母体过度肥胖。

（三）妊娠晚期

强化营养供应，支持胎儿快速增长。能量摄入提高 10%~20%，适当使用可消化脂类；提高优质蛋白比例（如鱼粉、血浆蛋白粉）；补充钙、磷、镁，减少难产风险；增加维生素 D、维生素 E、胆碱，增强胎儿体质。

第五节　泌乳的营养需要

泌乳是哺乳动物在繁殖后期为其后代提供营养的关键生理过程。乳汁的合成与分泌对母体的营养代谢提出了极高的要求，尤其在泌乳初期，动物常处于负能量平衡状态。

因此，合理评估泌乳期动物的营养需要，并制定科学的饲喂策略，对于保障母体健康、提高乳量与乳质、延长泌乳高峰期、促进后代生长具有重要意义。

一、代谢特点

(一) 生理基础

怀孕期间，母体代谢活动由以维持自身稳态为中心逐步向优先支持胎儿发育转变。该过程伴随着蛋白质、脂肪、碳水化合物代谢模式的重构，表现出合成代谢增强、贮备能力增强和营养物质向胎盘转运增加等特点。尤其在中晚期，母体组织趋于合成状态，以储存能量和合成胎儿生长所需的组织成分。

泌乳是在雌性动物妊娠结束后，乳腺细胞在激素调控下将血液中的营养物质转化为乳汁的过程。泌乳受下列主要激素调控：催乳素（Prolactin）促进乳腺上皮细胞分化和乳汁合成；催产素（Oxytocin）刺激乳腺肌上皮细胞收缩，促使乳汁排出；胰岛素、生长激素、胰高血糖素调控能量代谢，维持乳腺功能；胰岛素样生长因子-1（IGF-1）参与蛋白质合成与乳腺发育。

(二) 代谢重构

泌乳期是动物合成代谢最为活跃的阶段，母体营养代谢明显重构。乳糖是乳汁的主要碳水化合物，占乳干物质的 40%～50%。葡萄糖是合成乳糖的唯一前体，泌乳动物的葡萄糖需求显著增加。乳脂可来自饲料脂肪、肝脏脂肪合成和体脂动员。泌乳初期，动物常动员体脂，表现出血酮体升高。乳清和酪蛋白合成需大量必需氨基酸，尤其是赖氨酸、蛋氨酸。钙、磷、钾、钠等在泌乳期消耗剧增，用于乳汁和维持渗透压平衡。

二、营养需要

泌乳动物营养需要由基础维持需要、泌乳生产需要、活动与体组织修复等组成，主要包括能量、蛋白质、脂肪、维生素和矿物质等方面。

(一) 能量需要

能量是合成乳糖、脂肪和蛋白质的主要驱动。泌乳期能量需求与乳产量及乳成分密切相关。泌乳初期（0～30 d）：能量消耗远高于采食量，动物处于负能量平衡。泌乳中期（30～100 d）：采食量增加，能量需求与供给趋于平衡。泌乳后期（100 d 以后）：泌乳量下降，能量主要用于维持和恢复体况。不同动物的泌乳能量需要可按以下公式估算（以牛为例）：每生产 1 kg 乳汁（4%乳脂）需能量 3.2～3.5 Mcal NEL（净乳用能量）。

(二) 蛋白质需要

蛋白质用于合成乳蛋白及乳腺细胞结构更新，尤以可消化真蛋白（DIP 和 UIP）及必需氨基酸为关键。瘤胃微生物蛋白（MCP）提供大量可利用氨基酸；过瘤胃蛋白（RUP）确保氨基酸直达小肠；赖氨酸/蛋氨酸比值应控制在 3∶1 左右。每千克乳汁需要可消化蛋白 90～110 g。

(三) 脂肪与脂溶性营养素

脂肪提供高能量，是乳脂的主要来源之一；可消化脂肪应占饲粮干物质的 3%~6%，最多不超过 8%；饱和脂肪酸（C16∶0，C18∶0）有助于乳脂合成；添加保护脂肪（如钙皂）可避免瘤胃干扰，提高泌乳性能；必需脂肪酸如亚油酸、α-亚麻酸参与乳腺细胞功能维持。维生素 A、维生素 D、维生素 E 需要量显著增加，维持泌乳代谢与免疫功能。

(四) 矿物质

泌乳期钙、磷需求显著增加。尤其在初乳合成与泌乳高峰期，钙磷代谢异常易诱发产后低血钙（乳热症）。推荐钙∶磷比例为 2∶1；每生产 1 kg 乳汁需钙约 1.2 g、磷 0.9 g；补充镁、钾和钠调节酸碱平衡；微量元素如锌、铜、硒、碘参与乳腺代谢、免疫与抗氧化系统。

三、不同泌乳阶段的营养调控

(一) 泌乳初期（0~30 d）

缓解负能量平衡。饲料适口性与能量密度是关键；补充高效能浓缩料（如脂肪粉、糖蜜）；添加丙酸钙、丙二醇等糖异生前体，防止酮病；高蛋白质饲粮维持乳蛋白水平；注意补钙及维生素 E，预防产后综合征。

(二) 泌乳高峰期（30~100 d）

支持高产、延长高峰。饲粮应高度精制、平衡氨基酸和能量；精粗比为 60∶40 左右；加入过瘤胃脂肪、缓冲剂防止酸中毒；监控瘤胃 pH、反刍频率与粪便一致性；强化矿物质供给，防止机体耗损。

(三) 泌乳后期（100 d 以后）

恢复体况，准备干乳。减少高能浓缩料，适度提高粗纤维比例；调整蛋白质来源，防止瘤胃蛋白浪费；加强微量元素和维生素 D 供给，促进子宫恢复；渐进式减乳，准备干乳过渡期。

四、泌乳动物的饲喂技术

(一) 合理设计饲料配方

根据产奶量与乳成分设定目标饲粮；动态调整能量、蛋白质和矿物质水平；组合利用粗饲料与精饲料，维持瘤胃功能；使用瘤胃保护添加剂，如保护氨基酸、脂肪、酶制剂等。

(二) 提高饲料适口性和采食量

保持饲料清洁新鲜，防止霉变；增加投喂频率或采取自由采食；添加糖蜜、啤酒酵母等提高适口性；合理使用刺激采食剂如苯甲酸、甘氨酸锌。

(三) 阶段性饲喂管理

分阶段定量供料，防止过肥或瘦弱；群体分栏管理，依据泌乳天数、体况调整配方；过渡期饲喂计划（从产前 21 d 到泌乳 60 d）是提高泌乳潜力的关键；干乳期要预防乳房疾病、控制体况，为下一胎储备营养。

(四) 常见饲喂问题与对策 (表 13-1)

表 13-1 常见饲喂问题与对策

问题	原因分析	对策
乳脂下降	纤维不足、能量过高、酸中毒	增加 NDF、使用缓冲剂
乳蛋白下降	蛋白质质量差、能量供应不足	增加可消化蛋白与非结构性碳水化合物
产奶量骤减	应激、饲粮突变、疾病	保持饲料稳定、加强健康监控
酮病、脂肪肝	能量负平衡严重、采食量低	添加糖异生前体、提高饲料适口性
子宫恢复缓慢	营养失衡、维生素 E/硒缺乏	补充微量元素，提升免疫与抗炎力

五、泌乳特点

(一) 奶牛

高产奶牛每日可产奶 40~50 kg，对能量、蛋白质和脂肪要求极高；泌乳高峰期常添加保护脂肪、酶制剂、瘤胃缓冲剂；过瘤胃蛋氨酸、赖氨酸可显著提高乳蛋白产量；干乳期管理对乳房健康至关重要。

(二) 奶山羊

乳脂率较高，饲粮需适当提高脂肪含量；易感寄生虫感染，微量元素如锌、铜补充需加强；可利用多样化植物性饲料提高成本效益。

(三) 猪

初乳质量决定仔猪成活率；饲粮中应含丰富能量与易消化蛋白质；哺乳中后期易体况下降，需提高采食量和能量密度；哺乳期补充维生素 E 与胆碱有助于泌乳稳定。

第六节 产蛋的营养需要

蛋禽（尤其是蛋鸡、蛋鸭、蛋鹅等）在产蛋期间对营养的需求显著增加。蛋的形成是一个复杂且高代谢的过程，涉及蛋白质、脂肪、矿物质、维生素和水等多种营养物质的参与。产蛋禽类的营养供给不仅直接影响产蛋率、蛋重、蛋壳质量和蛋的营养成分，还关系到其健康、寿命与经济效益。因此，合理制定蛋禽的营养策略，是实现高效养殖、保证蛋品质量的基础。

一、代谢特点

(一) 蛋的形成与产出

蛋的形成需 24~26 h，主要过程包括：卵黄合成（卵巢），主要由肝脏合成卵黄前体（如卵黄蛋白），经血液运输至卵巢内的卵泡，逐步形成卵黄；卵白分泌（输卵管峡部），蛋白质（如卵白素、溶菌酶）由输卵管腺体合成，包裹在卵黄外部；蛋壳形成

(子宫)，以碳酸钙为主的蛋壳由子宫壁的腺体分泌，蛋壳膜与角质层最终完成鸡蛋的结构。

(二) 代谢重构

蛋禽在产蛋期的代谢特点如下：蛋白质合成活跃，用于合成卵黄、卵白、蛋膜和角蛋白，要求饲粮中含有充足的优质蛋白质和理想氨基酸比例；钙与磷代谢剧烈，尤其是钙，日排出量显著上升，形成蛋壳需快速动员钙源；脂类与胆固醇合成上升，卵黄富含脂肪，母体肝脏脂质合成活跃；维生素需求增高，维生素 A、维生素 D、维生素 E、B 族维生素等参与激素合成、蛋白质代谢与免疫维持；能量代谢提高，高频次蛋形成需持续的能量供给，尤其是非结构性碳水化合物和脂肪供能。

二、营养需要

产蛋禽类营养供给的关键在于维持高产与健康之间的平衡。各类营养素的供应需依据产蛋量、体重、环境条件和饲养阶段动态调整。

(一) 能量

能量是维持生命活动和蛋形成的基础。常用能量供给标准（以蛋鸡为例）：每只蛋鸡日需代谢能 270~310 kcal，产蛋率每提高 10%，代谢能需增加约 20 kcal。

(二) 蛋白质与氨基酸

蛋白质是产蛋禽最核心的营养物质之一，直接用于合成卵黄蛋白、卵白素和输卵管上皮更新。氨基酸的平衡是实现高产、优质蛋的关键。产蛋禽的必需氨基酸为赖氨酸、蛋氨酸、苏氨酸、色氨酸等；蛋氨酸和赖氨酸是限制性氨基酸，对产蛋率和蛋重影响最大；总蛋白质含量应在 16%~18%，依据产蛋期和日龄调整。

(三) 脂肪与必需脂肪酸

脂肪是能量密集型营养素，参与卵黄合成并提供不饱和脂肪酸（如亚油酸）：总脂肪占饲粮 5% 以下；亚油酸水平不应低于 1.0%，否则蛋重和卵黄比例下降；添加植物油（如玉米油、豆油）可提升蛋黄色泽和能量密度。注意脂肪氧化问题，需配合抗氧化剂（如维生素 E、乙氧喹）。

(四) 矿物质

产蛋禽对矿物质尤其是钙、磷的需求极高，钙直接决定蛋壳质量，钙日需 3.5~4.5 g，50%~60% 用于蛋壳形成；磷日需 0.35~0.5 g（非植酸磷），参与骨骼代谢和卵黄合成；钙磷比例推荐为 (7~10):1；钠、钾、氯维持电解质平衡，调节渗透压；锌、锰、铜、硒、碘等微量元素维持卵巢功能、抗氧化能力和免疫反应；钙源粒径应多样化，满足不同阶段钙释放速率需求。

(五) 维生素

产蛋禽对维生素的依赖度高，缺乏时会导致产蛋下降、蛋壳变薄、免疫低下。维生素 A 维持上皮组织与生殖系统完整性；维生素 D_3 促进钙磷吸收和骨骼钙化；维生素 E 抗氧化，维持卵巢功能；维生素 K 维持凝血机制；B 族维生素（维生素 B_1、维生素 B_2、维生素 B_6、维生素 B_{12}、烟酸、泛酸、生物素等）参与能量代谢和胚胎发育。

三、营养调控要点

(一) 产蛋前期 (18~24 周龄)

支持性腺发育与产蛋启动,提前 15 d 过渡到产蛋料,促进采食量增加,适度提高蛋白质与钙含量,增强骨骼钙储备,营养密度需适中,避免因肥胖延迟产蛋。

(二) 产蛋高峰期 (25~45 周龄)

营养供给必须达到最优配比,能量水平适度提高,防止过肥,必需氨基酸严格平衡,确保蛋白质沉积,高钙配方支撑蛋壳完整率,维生素 D_3 与锰添加量提高,防止壳薄和异形蛋。

(三) 产蛋后期 (46 周龄以后)

产蛋率逐步下降,营养需随之调整,控制能量摄入,防止体重增长过快,维持较高钙水平以维持蛋壳质量,补充维生素 E、硒提升免疫力,降低淘汰率。

四、饲喂策略与管理技术

(一) 分阶段配方设计

根据日龄与产蛋曲线,实行分期饲养策略(如育雏料、育成料、产蛋前料、产蛋高峰料、产蛋后期料),可实现精准供给。

(二) 提高采食量与适口性

饲粮多样化组合,提高采食主动性;控制粉料粒度(中等粉碎最佳);饲料中添加糖蜜、油脂或香味剂;投喂时间固定,避免应激。

(三) 营养调控与蛋壳管理

高温期注意调整钠钾比例,提高电解质平衡;大粒石粉延缓释放,小粒粉末快速供钙;添加维生素 D_3 与有机锰增强蛋壳韧性;适当使用益生菌或酶制剂改善肠道吸收率。

(四) 营养相关疾病 (表 13-2)

表 13-2 营养相关疾病原因及预防措施

疾病	原因	预防措施
薄壳蛋	钙、维生素 D_3 或锰缺乏	补充石粉、大粒牡蛎壳粉等
白蛋白稀薄蛋	蛋白质质量差、缺乏维生素 E/B_2	增加优质蛋白源、维生素补充
蛋重下降	能量或亚油酸不足	添加油脂、提高脂肪酸比例
脂肪肝综合征	饲料能量过高,缺乏胆碱	添加胆碱、限制饲料能量密度
产蛋停滞	营养失衡、应激、疾病	加强监测、调整饲粮与管理

五、新技术与研究进展

近年来,随着家禽营养科学的发展,针对蛋禽产蛋期的营养调控逐渐向精准、高效和绿色方向转变,涌现出多项新兴技术与研究成果。在精准营养方面,利用数字化管理系统和智能饲喂设备，可实现对蛋禽采食行为、产蛋数据和环境参数的实时监测与分析，从而动态调整饲粮组成，优化营养供给，提升饲料转化率。功能性添加剂的研究也取得了进展，诸如酶制剂、有机酸、植物精油（如迷迭香、肉桂油）和多糖类免疫调节剂，能有效改善肠道健康，增强抗病能力，提高蛋品质和产蛋稳定性。此外，微生态制剂如益生菌、益生元与合生元的联合应用，已被证实可重塑肠道菌群，提高饲料利用效率，降低病原菌感染风险。在蛋白质利用方面，研究者通过开发高效植物蛋白源、昆虫蛋白及其酶解产物，部分替代传统动物性蛋白，降低生产成本。环保营养亦日益受到重视，如通过降低植酸磷排放、使用有机微量元素替代无机盐类等手段，减少养殖废弃物对环境的负面影响。上述技术的融合应用为现代蛋禽养殖提供了可持续发展的新路径，也标志着动物营养学从传统粗放管理迈向精细化与生态化阶段。

（唐　倩　边高瑞）

主要参考文献

陈代文，余冰，2020. 动物营养学［M］. 4 版. 北京：中国农业出版社.

邓凯东，1998. 反刍动物瘤胃真菌的作用［J］. 草食家畜，2：33-34.

邓凯东，Fletcher I C，等，1999. 棉籽粕补饲对新疆细毛羊氮代谢的影响［J］. 西北农业学报（1）：23-26.

邓凯东，刘丽娟，古丽格娜，等，1998. 天山北坡天然草场牧草和新疆细毛羊生产水平的季节性变化［J］. 甘肃畜牧兽医（5）：14-17.

刁其玉，2019. 中国肉用绵羊营养需要［M］. 北京：中国农业出版社.

丁静美，邓凯东，成述儒，等，2016. 反刍动物饲粮纤维组分与 CH_4 排放的研究进展［J］. 家畜生态学报，37（11）：1-5+10.

冯仰廉，2004. 反刍动物营养学［M］. 北京：科学出版社.

计成，2008. 动物营养学［M］. 北京：高等教育出版社.

刘洁，刁其玉，赵一广，等，2012. 肉用绵羊饲料养分消化率和有效能预测模型的研究［J］. 畜牧兽医学报，43（8）：1230-1238.

楼灿，姜成钢，马涛，等，2014. 饲养水平对肉用绵羊妊娠期消化代谢的影响［J］. 动物营养学报，26（1）：134-143.

陆治年，黄昌澍，1982. 家畜饲养原理［M］. 南京：江苏科学技术出版社.

聂海涛，游济豪，王昌龙，等，2012. 育肥中后期杜泊羊湖羊杂交 F_1 代公羊能量需要量参数［J］. 中国农业科学，45（20）：4269-4278.

许振英，1979. 家畜饲养学［M］. 北京：农业出版社

杨凤，2000. 动物营养学［M］. 2 版. 北京：中国农业出版社.

张丽英，2021. 饲料分析及饲料质量检测技术［M］. 北京：中国农业大学出版社.

赵江波，魏时来，马涛，等，2016. 套算法用于估测肉用羊单一谷物饲料代谢能值及养分消化率的探索［J］. 畜牧兽医学报，47（7）：1405-1413.

赵江波，魏时来，马涛，等，2016. 应用套算法估测肉羊精饲料代谢能［J］. 动物营养学报，28（4）：1217-1224.

中国农业科学院饲料研究所 & 内蒙古自治区农牧业科学院 & 河北农业大学 & 南京农业大学 & 山西农业大学 & 新疆畜牧科学院，2021. 肉羊营养需要量：NY/T 816—2021［S］. 北京：中国标准出版社.

周明，2014. 动物营养学教程［M］. 北京：化学工业出版社.

AFRC, 1993. Energy and protein requirements of ruminants: An advisory manual prepared by the AFRC Technical Committee on Responses to Nutrients [M]. Wallingford: CAB International.

CSIRO, 2007. Nutrient Requirements of Domesticated Ruminants [M]. Collingwood: CSIRO Publishing.

Deng K D, Diao Q Y, Jiang C G, et al., 2012. Energy requirements for maintenance and growth of Dorper crossbred ram lambs [J]. Livestock Science, 150: 102-110.

Deng K D, Jiang C G, Tu Y, et al., 2014. Energy requirements of Dorper crossbred ewe lambs [J]. Journal of Animal Science, 92: 2161-2169.

Deng K D, Ma T, Jiang C G, et al., 2017. Metabolizable protein requirements of Dorper crossbred ram lambs [J]. Animal Feed Science and Technology, 223: 149-155.

Deng K D, Ma T, Jiang C G, et al., 2020. Requirements of metabolizable protein by Dorper × thin-tailed Han crossbred ewe lambs [J]. Journal of Animal Physiology and Animal Nutrition, 104: 831-837.

Deng K D, Xiao Y, Ma T, et al., 2018. Ruminal fermentation, nutrient metabolism, and methane emissions of sheep in response to dietary supplementation with *Bacillus licheniformis* [J]. Animal Feed Science and Technology, 241: 38-44.

Galvani D B, Pires C C, Kozloski G V, et al., 2008. Energy requirements of Texel crossbred lambs [J]. Journal of Animal Science, 86: 3480-3490.

INRA, 1989. Ruminant Nutrition: Recommended Allowances and Feed Tables [M]. Paris: John Libbey & Co. Ltd.

Ma T, Deng K D, Jiang C G, et al., 2013. The relationship between microbial N synthesis and urinary excretion of purine derivatives in Dorper × thin-tailed Han crossbred sheep [J]. Small Ruminant Research, 112 (1): 49-55.

Ma T, Deng K D, Tu Y, et al., 2015. Effect of feed intake on metabolizable protein supply in Dorper × thin-tailed Han crossbred lambs [J]. Small Ruminant Research, 132: 133-136.

Ma T, Deng K, Tu Y, et al., 2017. Net protein and metabolizable protein requirements for maintenance and growth of early-weaned Dorper crossbred male lambs [J]. Journal of Animal Science and Biotechnology, 8: 40-45.

Ma T, Xu G S, Deng K D, et al., 2016. Energy requirements of early-weaned Dorper cross-bred female lambs [J]. Journal of Animal Physiology and Animal Nutrition, 100: 1081-1089.

Maynard L A, Loosli J K, Hintz H F, et al., 1979. Animal Nutrition [M]. 7th ed. New York: McGraw-Hill Book Co.

National Research Council, 1974. Nutrients and Toxic Substances in Water for Livestock and Poultry [M]. Washington D. C.: National Academy Press.

NRC, 2007. Nutrient Requirements of Small Ruminants: Sheep, Goats, Cervids, and

New World Camelids [M]. Washington, DC: National Academy Press.

Pond W G, Church D C, Pond K R, 2005. Basic Animal Nutrition and Feeding [M]. 5th ed. New York: John Wiley & Sons.

van Soest P J, Robertson J B, Lewis B A, 1991. Methods for dietary fiber, neutral detergent fiber, and nonstarch polysaccharides in relation to animal nutrition [J]. Journal of Dairy Science, 74: 3583-3597.

Xu G S, Ma T, Ji S K, et al., 2015. Energy requirements for maintenance and growth of early-weaned Dorper crossbred male lambs [J]. Livestock Science, 177: 71-78.